サステナブル・フード革命

食の未来を変えるイノベーション

アマンダ・リトル　加藤万里子訳

インターシフト

母ナンシーと父ルーファス、
兄のルーファスとブロンソンに捧げる

The Fate of Food
What We'll Eat in a Bigger, Hotter, Smarter World

This translation published by arrangement with Harmony Books,
an imprint of Random House,
a division of Penguin Random House LLC
through Japan UNI Agency, Inc., Tokyo.

サステナブル・フード革命

食の未来を変えるイノベーション

【目次】

原注は www.intershift.jp/food.html よりダウンロードいただけます
＊文中、〔　〕は訳者の注記です

はじめに　食の危機をイノベーションで超える

これまでさまざまな場所を訪れたが、「ポット・パイ」室ほどシュールな部屋は珍しい。白い壁とセメントの床の広い空間に、大きな機械がところ狭しと並び、裏通りにあるごみ箱にそっくりなステンレス製のじょうごが1基ある。機械類がブンブン、シュッシュッとうなるなかを、ベルトコンベヤーが原料を乗せてゆっくりと進んでいく。しかし、私を引きつけたのは、じょうごとその中身だ。そこには、大量のフリーズドライのジャガイモの塊、細切れのニンジン、セロリと玉ねぎの薄切り、エンドウ豆、乳清タンパクから成る灰色の混合物が入っている。私は、手袋をはめた両手をくすんだかけらの山に突っこんで、ビーチできれいな貝殻を探すように混ぜ返す。驚くほど軽い。紙吹雪のように重さのない数百ガロンの野菜の山だ。しばらくそこに立ったまま、ポップコーン菓子の箱からおまけを探す子供のように、山のあちこちをほじくり返す——何を探しているのか、自分でもわからないままに。

野菜の混合物は、じょうごの底からシュートをゆっくりとすべり落ちると、別の機械へ運ばれる。そこで一定量に分けられたあと、今度はベージュ色の粉が噴き出す機械へ移動して、粉ミルク、セロリソルト、粉末のにんにくとチキンブイヨンで味つけされる。味つけが終わると、数秒ごとに1食分（7オンス：約200グラム）ずつマイラーバッグ〔耐久性と耐熱性にすぐれたポリエステル樹脂の袋〕に投入され、鉄、粘土、塩でできた脱酸素剤の小袋と一緒に密封される。袋のラベルには、「チキン・ポット・パイ」とある。

ここは、ユタ州ソルトレイク・シティにあるレディワイズ社の製造工場だ。見学がはじまって、最初に通されたのがこの部屋だった。案内してくれるのは、CEO〔最高経営責任者〕のアーロン・ジャクソン。43歳の彼は、すらりと背が高くて、人あたりがすこぶるいい。私と同じく全身を衛生服で覆っているが、そのカリスマ性は、きっちり七三分けにした髪をヘアネットにたくしこんでいても健在だ。この会社を任される前、彼は世界最大の食品多国籍企業タイソン・フーズで、冷凍チキンナゲットとチキンカツ製品の販売を統括していた。私の取材後にレディワイズを退職し、今度はキヌアの大量生産を目指すノークイン社にCEOとして招聘されることになる。彼ならタンザニアの草原で除雪機だって売ることができるだろう。実際、不吉な未来を想像させるこの空間に引き気味の私でさえ、「ハーティ・トルティーヤ・スープ」室と「メープル・ベーコン・パンケーキ・ブレックファスト」室の説明を聞きながら、感嘆の声をあげている。「ポット・パイ」室よりもさらに大量の金や銀のマイラーバッグが、大型容器へ雪崩のように落ちていくさまは壮観だ。各部屋では、白衣とヘアネットをまとったウンパルンパのような技術者たちが、レバーを引いたり、ボタンを動かしたり、不良品をチェックしたりと忙しく立ち働いている。見学中、袋の気密性を証明するため、ある体格のいい技術者が、床に置いた袋の上にブーツをはいた足で飛び乗ってみせた。

　その光景は、ウィリー・ワンカの工場を連想させた。ひとつには、ジャクソンたちがワンカと同じことを実現しているからだ。子供のころ、私はロアルド・ダールの小説『チョコレート工場の秘密』に出てくる「トマト・スープ、ロースト・ビーフとベークドポテト、ブルーベリー・パイで作られた」フルコース・ガムの味を何時間も想像したものだった。レディワイズでも、ひとつですべてを兼ねる食べ物――熱湯を注ぐと家庭の夕食のようになる製品――を作るという、ほぼ似たことがおこなわれている。「救急箱の食料版ですよ。わたしたちは、食べ物が普通に手に入らなくなったときのために家庭用食料を作っている」と、ジャクソンがベージュ色の粉がびっしりついた保護眼鏡を拭いながら説明する。

　レディワイズの製品は、９食分のフリーズドライが入った20ドルの72時間セットから、４人家族の１年分の食事を賄う７９９９ドルのセットまで幅広い。１食分は約３００カロリーで、値段は１ドルにも満たない。１カロリー当たりのコストはマクドナルドと同じくらいだ。ジャクソンがＣＥＯに就任した２０１４年から２０１８年の４年間――新型コロナ感染症の世界的流行《パンデミック》で食料サプライチェーンが破壊され、大多数の消費者が警戒を強めるずっと前――で、年間売上は倍以上の約７５００万ドルまで伸びたという。同じ時期にフリーズドライ産業全体も成長し、年間売上が約４億ドルを突破した。そのことも、私がここを訪れる理由になった。この非常食人気がどの程度本物なのか、調べたくなったのだ。

私自身は、非常食ビジネスを疑わしく思っていた。地球がゾンビだらけになって世界が終わる、という妄想じみたものを感じるからだ。このビジネスの成功は、「今後何年かで深刻な食料難がアメリカを襲う」という脅威が——それが本物であれ、思いこみであれ——どのくらい高まるかにかかっている。しかも、インドやケニア、エチオピアの壊滅的な干ばつで飢饉が拡大する一方で、アメリカは食料不足ではなく、カロリーの過剰摂取と国をあげて戦っている。国民の実に40パーセント近くが肥満に悩み、3分の2以上が標準体重を超えている。

先ごろのパンデミックで世界中の食料生産者が大打撃を受けたにもかかわらず、先進工業国では食べ物があふれ、かつてないほど多様な食品がたやすく手に入る。たとえば、私が住むテネシー州ナッシュビルでは、近所のスーパーマーケット「クローガー」が週に7日、1日19時間も営業し、台湾やジンバブエ産を含め5万種類以上の食品を置いている。コロナ禍とはいえ、こんな状況で食べ物の心配をするなんてばかげている、と多くの人が思うだろう。

それなのに、非常食を購入する人が増えている。レディワイズを教えてくれたのは、インディアナ州ジオンズビルで警官をしていた義理の従兄だ。その従兄は、家族の半年分の食料をこの会社から買いこんで、地下室に蓄えていた。また、ワシントンDCの中心部に住む企業経営者の義兄は、1年分の飲料水と長期保存食を買い置きしている。国際環境NGO「ネイチャー・コンサーバンシー」で働く科学者の実兄も、ウェストバージニア州の山小屋の地下に食料を備蓄しはじめた。彼は仕事の一環として、「気候変動に関する政府間パネル（IPCC）」——今世紀末までに地球の平均気温が2.2℃以上上昇する、と予測する3000人以上の科学者の団体――の報告書に目を通す。「わが子が飢えるほど悲惨なことはない」と、彼は訴える。「ほとんどの情報によると、わたしたちが死ぬ前に環境の変化から食料難になる可能性が高まっている」

兄、従兄、義兄の例は、いささか偏っていると言える。3人とも男性で、銃を所有している。そのうちふたりは、コンパウンドボウという近代的な弓と矢で狩りをする趣味がある。つまり、2008年にレディワイズの創業を後押しした運命論者、「プレッパー（世界の終わりに備える人）」の感覚を、わずかながら持ちあわせている。「当初の主な顧客は、アルマゲドンに備えて地下壕を作ったり、銃の没収を恐れて政府に抵抗する人たちでした」と、ジャクソンは語る。多くの非常食製造企業と同じように、レディワイズもユタ州で創業された。対象顧客は、末日聖徒イエス・キリスト教会（モルモン教）の勧めで終末の準備に励む教徒コミュニティだ。しかし、購買層は急激に拡大している。顧客はもうモルモン教徒や男性プレッパーばかりではなく、彼らが大多数でもないという。

ジャクソン自身も、モルモン教徒ではない。ロサンゼルス郊外で育ち、白衣の下にまとったキルトのジャケット、きっちりアイロンをあてたスーツパンツ、ピカピカに磨いた赤茶色の革靴を見ると、『ダック・ダイナスティ（田舎者で敬虔なキリスト教徒の大実業家一家が出演するアメリカのリアリティ番組）』というよりも、ブルックス・ブラザーズ系に見える。CEOに就任すると、取り扱う製品を数十種類に及ぶフリーズドライの家庭料理や、キャンプ・野外冒険セットにまで拡大し、国防総省や海外の軍隊などの新たな顧客層を開拓した。その結果、会社は会員制スーパーマーケットのサムズクラブ、ウォルマート、そして同社最大の販売業者となったホーム・ショッピング・ネットワーク（アメリカのケーブルテレビ・ショッピング会社）に卸すまでに成長を遂げた。「5年前は、顧客の95パーセント以上が男性でした。いまは女性が約半数を占めています。ほとんどは、子供にひもじい思いをさせたくない母親ですよ。わたしたちにとっては守護天使ならぬ〝守護ママ〟です」

男性にしろ女性にしろ、レディワイズの製品を買う人は、公衆衛生上の脅威と、変わりやすい政治と環境に一様に不安を募らせている。10年前の創業時はインフレや経済崩壊、テロ攻撃を恐れていたが、いまの脅威は自然災害だ。２０１７年9月に大型ハリケーンのハービー、イルマ、マリアが立て続けに襲来すると、アメリカ連邦緊急事態管理庁は、救援活動用にジャクソンから約２００万人分の非常食を調達した。「災害時だけではありません。〝毎年のように洪水が起きる。フロリダはあと2年足らずで水没するんじゃないか〟と心配するマイアミ在住者や、歴史的な猛吹雪で2週間も家に閉じこめられたニューヨーク州北部の住民から電話がきます」と、ジャクソンは語る。彼らは、ハリケーン・カトリーナやサンディ（2012年10月にニューヨークを機能停止に陥れた大型ハリケーン）の被害をニュースで見たり、カリフォルニア州の２０１４年の干ばつや２０１８年の山火事、２０１９年に中西部の農場や都市に押し寄せた大洪水を経験して、政府をあてにできないと知っているのだ。ジャクソンがレディワイズを去ったあとの２０２０年初め、新型コロナ感染症が全米に拡大するなか、同社の製品の需要は8倍以上へと爆発的に増えた。「食料が常に確保できるとは限らない、と消費者は気づきはじめています。だから、備えあれば憂いなしと考えるのです」

私は楽観的な性分もあって、まだこの備えをしていない。しかしジャクソンが述べるように、健康と環境上の脅威が増しているのに救援措置が心もとない、と実感する人はますます増えている。彼らにとって、非常食は妄想的であるのと同じぐらい実用的でもある。これはアメリカだけの話ではない。世界のほぼすべての国がさらなる環境の変化に直面しており、不安定な政治に苦しむ人も多い。レディワイズの顧客以外にも、何百万という人々が同じ疑問——実のところ、本書を執筆するきっかけにもなった疑問——を問いかけている。わたしたちはいったいどれくらいまずい状況なのだろうか、と。

人口増加と気候変動の脅威

食料供給への脅威、とりわけ近代農業の危機がどれほど切迫しているかを考える前に、工業型農業の功績をざっと振り返ってみよう。農業関連産業《アグリビジネス》が誕生しなかったら、地球の人口は現在より20億は少ないかもしれない。今日世界中の農場が生産するカロリーは、1990年よりも1人につき17パーセントも多い。慢性的な食料不足に苦しむ人はまだ8億人近くいるが、30年前よりもほぼ2億人も減った。そのあいだに、食品の価格も下がった。1950年代の平均的な家庭では、食費が総支出の30パーセントを占めていたが、いまは約13パーセントにすぎない。食品の値下がりは低・中所得家庭にとって家計的によいことであり、世界経済にとってもありがたい。さらに、加工食品が出現して、男性と、特に女性が毎回一から食事を作る苦労から解放された。しかしその一方で、ありあまる安価な食品は、大量の無駄、食べすぎ、栄養価の低下、集約化が進む農場への依存をはじめ、少なからぬ問題を生み出した。集約・統合された大規模農場から処理センターまでが遠くなり、サプライチェーンの脆弱化が進んでいる。そればかりか、増加した人口を養う方法があだとなり、環境破壊の危険が増している。

レディワイズの工場を見学する前に、私はアメリカ国内13州と11カ国を訪れて、食システムに起きている大小さまざまな変化を調べた。ここで言う「食システム」とは、80億近い世界人口に食料を供給する国内外の栽培者、加工業者、販売業者が織りなす広大なネットワークを指す。これだけ多くの場所に赴いたのは、成長著しい中国、インド、サハラ以南アフリカなどで、人口増加と気候変動が農業にどんな影響を及ぼしているか知りたかったからだ。2014年3月にIPCCが発表した報告書によれば、干ばつや洪水、侵入種（生物多様性を脅かす可能性のある侵略的外来種）、天候の不安定化のせいで、世界の農業生産性はすでに下がりはじめている。今世紀半ばには、アメリカ南西部――カンザス州からカリフォルニア州をメキシコへ下るまでの人口集中地域――を含むほとんどの人口大国で、国土の大部分が常時干ばつ地帯と化すという。実に恐ろしい予測だ。人口が増えていくというのに、10年ごとに作物生産量が2パーセントから6パーセント減っていく、つまり10年ごとに数百万エーカー（1エーカーは約4000平方メートル）の農地が消えていくかもしれないのだ。

2018年10月、IPCCは報告書の続きを発表し、次のように結論づけた。いまのペースで温室効果ガスが排出されれば、地球の平均気温は2040年までに産業革命前より1.5℃も上昇し、生活環境が激変する。「台所で煙探知機がけたたましく鳴っているようなものだ。急いで火を消さなければならない」と、国連環境計画（UNEP）の事務局長エリック・ソルヘイムは警告している。

アメリカ農務省（USDA）国立農業環境研究所のジェリー・ハットフィールド所長によれば、気候変動の最大の脅威は食システムの崩壊だという。「洪水や嵐、森林火災は、突然発生して被害も大きいかもしれませんが、地域が限定されます。しかし食システムの崩壊は、ほぼすべての人に影響を与えます」と、彼は語る。貧困と不正を根絶する支援団体オックスファムの食料政策・気候変動責任者のティム・ゴアも、こう述べる。「ほとんどの人は、主に食を通して気候変動を実感することになるでしょう。自分が食べるものやその栽培方法、価格、それに入手しやすさや品揃えが変わるからです」。UNEPの事務局長代行ジョイス・ムスヤは、貧しい国ほど打撃が大きいと警告する。「開発途上国の大部分は、農業が主要産業です。こうした国では、環境の問題で食料の供給が減っているのに、需要、つまり養うべき人口は膨大なのです」

IPCCによれば、食品価格は2050年までにほぼ倍増するかもしれない。そうなれば、限られた廉価な食品をめぐって争いがエスカレートし、公衆衛生と世界中の食料安全保障《フード・セキュリティ》（食料の安定的な供給の確保）がいっそう危うくなるだろう。私の兄も、せっせと備蓄した非常食を使わなくてはいけないかもしれない――それまでに底をついていなければの話だが。紛争が国家間に発展すれば、貿易が途絶え、流通網が麻痺する恐れがある。そうなれば、近所のスーパーマーケットで多くの棚が空っぽになるだろう。アメリカは果物の実に半分以上、野菜の約3分の1を輸入しているのだ。

この状況を見越して、レディワイズのほかに新たな「ポスト食」企業が出現しているのも不思議ではない。シリコンバレーに拠点を置くソイレントという新興企業《スタートアップ》は、約７０００万ドルを調達して大人向けの粉ミルクのようなものを作っている。カーボン・フットプリント（原料調達から消費まで、製品のライフサイクル全体で排出された温室効果ガスを二酸化炭素に換算したもの）を減らし、食事にかかる時間とお金も節約できる、植物由来の完全栄養代替食だ。これが大成功を収めたため、スーパー・ボディ・フューエル、アンプル、コイアのほか、6社ほどの代替食品ブランドが誕生した。その一方で、国防総省《ペンタゴン》の研究部門は、携帯用３Ｄプリンターで必要に応じて作成できる戦闘糧食《コンバット・レーション》を開発中だ。兵士の体に取りつけたセンサーが、カリウムやビタミンＡの不足などを検知して、３Ｄプリンターにデータを送る。すると、味のついた液体と粉末から、その兵士に合った栄養補助食品のバーや錠剤《ペレット》が出力されるというわけだ。この技術は、２０２５年までに実用化が見込まれている。こんな未来がくるなんて、ほとんどの人は想像もできないだろう。

食料生産を根本から見直す

レディワイズの工場見学から帰宅した私は、さっそく1食分のポット・パイを作ってみる。実際には、子供たちに作るよう頼んだのだが。彼らは電気ケトルのスイッチを入れて、沸いた湯をボウルに注いでかき混ぜたあと、粒状の塊がふやけるのを待っている。簡単な科学の実験と考えているのだろ

フリーズドライの野菜が詰まったじょうご（レディワイズ社の工場）

う。が、私にとっては、敬遠したい未来との対面だ。

未来といっても、フリーズドライは目新しい技術ではない。紀元前1200年ごろにインカではじまったことの21世紀版と言ってよい。当時、インカ人はジャガイモと、チャルキという古代のビーフ・ジャーキーのようなものを石板の上で一晩凍らせたあと、天日で一気に乾燥させていた。現代的な製法が登場するのは、第二次世界大戦がはじまってからだ。このときは、負傷兵用の血漿の保存技術として開発された。現在の製法が完成したのは、1970年代末だ。石油危機とスタグフレーションへの不安に駆られ、大勢のアメリカ人が食料の買いだめに走ったときだ。レディワイズは、この製法にほんの少し手を加えた。まず、新鮮な原料を−80℃で「瞬間凍結」する。これは、質感や栄養分を損なう恐れがある氷晶の生成を防ぐためだ。その後、真空室で過熱して、液体の状態を経ずに固体から気体へと「昇華」させる。こうすれば、湯を加えたときに、氷が消えたあとの空洞に水分が即座に再吸収されるというわけだ。このプロセスは缶詰製造の倍近いエネルギーを要するが、食材の栄養素が90パーセント以上保たれるうえ、缶詰よりもはるかに長期間保存できる。レディワイズが保証する保存可能期間は25年だが、「何世紀たっても」食べられるだろう、とジャクソンは自信を見せる。

熱湯を注いだポット・パイは、市販の冷凍食品とは似ても似つかない。まるで黄褐色のどろどろの粥のようだ。私は少しのあいだためらってから、勇気を出して口に入れる。吐き気をこらえて、ヴァイオレット・ボーレガード〔「チョコレート工場」でさまざまな食べ物の味がするガムを貪欲に試食する少女〕になった気分で飲み下す。それはするりと喉を通り、子供のころ大好きだった祖母のチキン・キャセロールのような味がした。とは言え、大人になったわが子たちが、地下室でマイラーバッグ入りの食事で飢えをしのぎ、マーク・ワトニー〔映画『オデッセイ』の主人公。火星に取り残されて、野菜を育てて生き延びる〕よろしく屋内栽培と格闘する世界を想像すると、食欲が失せた。そして、こんなことを考えた。2050年におばあさんになった私が孫たちと感謝祭を祝うとき、テーブルにはどんな食事が並ぶのだろう？　未来の歴史家は、ディケンズが18世紀末のヨーロッパを顧みたように、いまの農業を振り返るのだろうか。信念の時代でもあれば不信の時代でもあり、「前途は洋々たる希望にあふれているようでもあれば、暗黒のようにも見えた」と。

ＩＰＣＣの報告書には、地球が暗黒に向かっているかに思わせる次のようなくだりがある。今世紀半ばまでに、「現在の農業方法では人間の文明を支えきれないほど温暖化が進む」かもしれない。しかしその運命は、今後も農業方法が変わらないという前提の上に成り立っている。そして本書の取材でわかったのは、世界各地で農家や科学者、活動家、技師たちが、食料生産を根本から見直していることだ。

『DRAWDOWN ドローダウン──地球温暖化を逆転させる100の方法』（山と溪谷社）を編集した環境活動家のポール・ホーケンは、彼の科学者チームが提案するもっとも有望な20の温暖化解決策のうち、農業に該当するものが8つもあることに気がついた。「社会と産業の全カテゴリーを網羅した100の戦略のなかで、いちばん効果的で影響力が大きいのが食料の解決策だ」と、述べている。

この30年で世界の食システムは劇的に変わった。今後数十年でどのように、どれくらい変化するのかはまったくわからない。このあとの各章では、その変化がどんなものになりそうかを探っていく。

たいていの人と同じように、私も食べることが大好きで、将来フリーズドライのチキン・ポットパイの世話になるなんて願い下げだ。（「よい食事をしなければ、よい考えを思いつくことも、よく愛することも、よく眠ることもできません」と、バージニア・ウルフも書いている）。それに取材を進めるうちに、そんな悲惨な未来を避けられると思える十分な理由も見つけた。食システムがめちゃくちゃになったのは、わたしたちのイノベーションと無知のせいだ。だから、イノベーションを適切な判断力をもって駆使すれば、それを修復できるはずだ。

以下の章では、いまより気温が上昇し、人口が増えて不安定な世界を、持続可能《サステナブリイ》かつ公平に──そして水で戻した家庭料理よりずっと多様な食品で──養える可能性と、その方法を探る。そのために、各章でさまざまな人や場所を訪れる。たとえば、ケニア初の遺伝子組み換え（GM）トウモロコシを育てる畑。中国で台頭する精密農業のスタートアップ、土も日光も使わずに野菜を栽培する世界最大の垂直農場。培養肉を作る研究室や、3Dプリンターによる個人化された栄養補助食品を開発する陸軍の研究所。それにイスラエルの賢い水道ネットワークや、ノルウェーの世界最大の養魚場。昔ながらの知恵を現代に活かすパーマカルチャーの実践者、古代植物の復活を目指す植物学者にも話を聞く。

その過程で、気候変動はわたしたちが舌で実感できるもの、つまり文字通りにも、比喩的にも、食卓で話題になるような問題になりつつあることがわかってくる。さらに、私はあのフリーズドライの野菜が詰まったじょうごで探していた質問の答えを見つけ出す。それは、わたしたちが陥っている苦境だけでなく、よりよい時代を生きるための方法だ。

第1章 持続可能《サステナブル》な「第3の方法」とは？

富める者はくつろぎ、飢える者はさすらう。
——南アフリカの諺

本書の種は、2013年4月にわが家の裏庭に蒔かれた。記憶力のいい読者は、この一文に見覚えがあるかもしれない。実を言えば、ジャーナリストのマイケル・ポーランの著書『欲望の植物誌――人をあやつる4つの植物』（八坂書房）の冒頭を拝借させてもらった。同書は、私と多くの読者の心に眠る家庭菜園熱に火をつけた。しかし、私が蒔いた種は、ポーランの種のようには実らなかった。彼の種はすくすくと成長し、私のは惨憺たる結果に終わったのだ。

わが家の裏庭に蒔かれた種は、初めは生来の神秘的な力によって芽を押し出し、元の50倍から100倍の大きさに成長した。つややかな緑色の葉が茂り、あと少しで実がなるというところで雲行きが怪しくなった。そもそも菜園をはじめることは、私と子供両方の思いつきだった。校庭のプラ

育ちすぎたわが家の菜園

ンターでハーブとプチトマトを育てていた子供たちは、家で本格的に栽培がしたくなった。私にとって、それは願ってもない機会だった。すでにポーランだけでなく、食の啓蒙活動に励むマーク・ビットマンや、ダン・バーバー、アリス・ウォーターズらの本を読んで、すっかり自然食品教の信者になっていたからだ。裏庭で野菜を育てれば、慌ただしい日常にいくらかゆとりが生まれるだろうと、夫も賛成した。野菜をたくさん食べるようになり、ｉＰａｄを見る時間も減るはずだ。それに、自然に親しむと子供の集中力が高まり、視床下部の活動が活発になると、どこかに書いていなかったか。家族の結束というおまけもある。菜園づくりは、健康的で思考を豊かにするだけでなく、一家がまとまる。食費の節約にもなり、世界をよくする素晴らしい週末の活動になるだろう。

　私が住むテネシー州ナッシュビルには、カリフォルニア州バークレーにはとうてい及ばないが、よりよい世界を作ろうと奮闘する人が大勢いる。なかでも子供を持つ親たちは、食に関わる活動に熱心だ。裏庭で野菜を育てる人のほか、ビーガン〔動物性食品をいっさい食べない完全菜食主義者〕、人工物をとらないパレオダイエットの実践者やニワトリを飼う住民が増えている。親しい友人のなかには、食へのノスタルジアが高じるあまり、昔の方法で食料を作れるなら雄牛やメソポタミアの鋤まで借りかねない人たちもいる。私は家族の食事についてそこまで真剣に考えていない。身体によいものが並ぶファーマーズマーケット〔生産者が直接販売する青空市場〕は大好きだが、ふだんは地元のスーパーで買い物をするし、子供に季節外れの果物はもちろん、公立学校の無料ランチを食べさせても後ろめたいとも感じない。オーガニック食品は気が向けば買う程度、つまり買わないことが多く、大量生産されたリンゴ――いじられすぎた糖分過剰な爆弾、と考える意識の高い人は決して買わない――を週に6個は食べる。そんな私でも、工業的なアグリビジネスが成立する前の時代、ファーマーズマーケットや家庭菜園家が守ろうとしている昔ながらの味を懐かしく思うことは多い。

そういうわけで、あの2013年の春、数百ドルを投じてフェンスで囲まれた約3メートル×4メートルの揚げ床と山もりの堆肥、トマト用の囲い、魚油肥料、それに木箱に詰めたエアルーム品種〔農家に代々伝わる特定の品種〕のオーガニック苗を購入して、一家総出で菜園づくりに取りかかった。しかし、結論から言えば、自分がまったくの園芸オンチだと思い知っただけだった。種を植えてから2カ月後、金網フェンスのなかにあったのは、枯れかけたトウモロコシの残骸が6本、育ちすぎてアライグマほどに肥大化したキュウリ、合体してひとつの有機体と化したアブラムシだらけのトマトが5本――。私にとって、食べ物を育てるよりも、回路基板を直すほうが向いているのは一目瞭然だった。21世紀版「勝利の庭〔戦時中にアメリカ政府が食料不足を補うために奨励した家庭菜園〕」というきわめて実用的に思えたアイデアは、少なくともわが家ではまったく役に立たなかったというわけだ。

問題は、植物栽培の基礎知識ではなく、時間と気配りと適切な判断力にあった。実をいうと、私はちょっと変わったハンディキャップを抱えている。食用植物を剪定すると、まるで幼子を殺めるような罪悪感に駆られるのだ。だから、その作業から逃れた。ついでにナメクジやダニ、アブラムシ、カメムシからも目を背け、害虫を防いでくれそうな有機農薬も使わなかった。さらに、裏庭に大量発生した蚊に辟易し、テネシー州中部の煮えたぎるような夏の暑さもあいまって、水やりと草取りをしょっちゅうさぼった。勇気を奮って雑草と格闘しても、苗木と区別できないことがままあって、伸び放題にしてしまった。

あれから何年もたったいまも、家庭菜園は続いている。私より農作業が上達した夫と子供たちの助けもあって、以前よりはちょっぴり成果があがっている。正直に言えば、確実に収穫できるわけではなく、採れる量もごくわずかだ。しかも、節約できる食費よりも維持費のほうが明らかに大きい。それでもやめないのは、気持ちがいいからだ。野菜の栽培は五感を使うし、住んでいる土地と一体になれる。それに、菜園は遠くから眺める限り、見栄えがする。食料源を確保したとは言いがたいが、日常生活にテクノロジーが及ぼす影響を不安に思うことが少なくなった。

いまにしてみると、失敗した最初の菜園は思いがけない実を結んだ。野菜を育てたおかげで、食料ではなくさまざまな疑問が生まれたのだ。たとえば、崩壊しつつある食システムを修復できる人々、つまり「動物性食品を口にせず、遺伝子組み換えに反対する人や、オーガニック食品だけを食べる啓発された家庭菜園家」が足りない場合はどうすればよいのだろうか、といったことなどだ。また、菜園をきっかけに、農業と農業を変えた技術の歴史についても調べてみたくなった。その結果、文明がはじまって以来、個人で食料を育てることがいかに労多くして報われない作業だったのかがよくわかった。

歴史が教えてくれること

紀元前4000年の、現在のバグダッドからそう遠くない場所を想像してほしい。ひとりのメソポタミアの農夫が、チグリス川とユーフラテス川に挟まれた農場でコムギを育てている。彼（彼女かもしれない）は、犂《すき》のようだが実際は犂の原型となる道具を、1頭の動物につないでいる。この時点で耕作がはじまってから約6000年がたっており、人間がなぜどのように植物の採集者から栽培者へ移行したのか一致した説はない（それから6000年が過ぎたいまもない）。しかし、同じ疑問をこの農夫にぶつけたら、単純な話だと言うかもしれない。家族が1カ所に留まりたがったからだと（あるいはわが家のように、ある日子供が帰ってきて、外で見た植物を植えてみたいと言ったのかもしれない）。

農耕のおかげで人間が定住し、やがて文明が生まれ、長期にわたって繁栄するようになったことはほぼ間違いない。しかし、農業開始以前にも多くの定住地が存在したという証拠がある。宗教的な遺跡のなかには、神殿に永続的な住居が併設され、植物栽培がはじまるずっと前に建設されたものがある。ペルー西部のピキ・マチャイ洞窟や、トルコ東部のギョベクリ・テペ遺跡は、紀元前1万年ごろに、魚の豊富な川の近くや、食料をたやすく調達できる地域に存在していた。そこには穀物や果物、肉、魚が野生にふんだんにあり、いつでも手に入れることができた。しかし、そんな生活もやがて終わり、干ばつや葉枯れ病の蔓延、人口増加のせいで、定住者は残された食用植物で食いつなぐ方法を見つけなければならなくなった。

誰がどんな理由で最初に種を土に押しこみ、苗の手入れをしたのかは永遠に謎だろう。しかし、有史以前のメソポタミア人が、必要なものを探すより育てたほうがよいと考えていたことは明らかだ。人間は自然界を歩き回るのを止め、自分たちで自然を作るようになった。移動生活に定住社会が取って代わり、古代経済が築かれはじめた。出生率が飛躍的に上昇し、人口が爆発的に増えた。家族が大きくなると、移動しないほうが世話をしやすい。また、子供が増えると畑の働き手も増えた。

歴史学者のユヴァル・ノア・ハラリは、『サピエンス全史——文明の構造と人類の幸福』(柴田裕之訳、河出書房新社)で次のように述べている。「私たちが小麦を栽培化したのではなく、小麦が私たちを家畜化したのだ。家畜化や栽培化を表す〝domesticate〟という英語は、ラテン語で〝家〟を意味する〝domus〟という単語に由来する。では、家に住んでいるのは誰か? 小麦ではない。サピエンスにほかならないではないか」

しかし、家が建てられ人口が急増するにつれて、人間が摂る栄養は減った。農業への移行によって、入手できる食べ物の種類が激減したのだ。狩猟採集生活ではタンパク質に富んだ多種多様な食べ物を口にしたが、単一栽培《モノカルチャー》〔1種類の作物だけを栽培する農業〕の農耕生活では、生産できる穀物が限られる。初期の農耕社会の人間の頭蓋骨からは、栄養不足による成長阻害の痕跡とともに、重度の鉄分不足を示す病変が見つかっている。初期の農耕民は、狩猟採集民だった先達よりもほぼ例外なく身長が低く、病気になりやすかった。また、1日の労働時間も長く、労働自体も過酷だった。農業は土地の開墾、耕起、種蒔きのほか、除草や害虫駆除、穀物を収穫して保存と分配をする必要があり、野生の恵みを集めるよりも大量のカロリーを消費した。

「重労働と飢えは、道具を作り出す動機となった」と、コロンビア大学の歴史学者ルース・ドフリースは説明する。「すべての農具は、以前より少ない労力で、より多くの食料を土から引き出すために設計された」。この事実は、いまより気温が上昇し人口が増えるこれからの数十年、食料をどう確保するかを考えるとき役に立つ。人間は、1万年前に農耕をはじめて以降、月日の大半を道具の開発に費やしてきた。だが、どの道具も決定的な解決策ではなく、もっと大規模に使えるように別なものに取り替えたり、改良を重ねてきた。

わたしたちはまず小川を、次に川をせき止めた。最初は石や木で道具を作り、のちに金属を使い、やがて機械がそれに取って代わった。人や動物の排泄物で肥料を作り、その後、複雑な化学物質を用いるようになった。いまはセンサーやロボットを使って、作物に必要なものを検知している。日光や土を使わずに野菜も栽培できる。マイラーバッグ入りの代用食も開発した。「人間は、以前より少ない労力で、食料をより多く確実に生産するために新しい方法を試してきた。技術がひとつ開発されるたびに、歴代の農業技術という長い鎖に新しい輪が加わった」と、ドフリースは述べる。この技術の鎖の探求は、本書で繰り返し登場するテーマでもある。各章で食料生産技術の長い歴史をたどりながら、これからわたしたちがどこへ向かうのか、どうやってここまで到達したのかを考察したい。

初めて犂を雄牛につなげたメソポタミアの農夫は、この鎖の最初の輪の作成者と言ってよい。彼は動物の力を活用することを思いついた。これによって、人力のみよりもずっと少ない時間とエネルギーで畑を耕せるようになった。子孫たちの代になると、回転すると種を落とす仕組みを犂に加え、種蒔きが自動化されて収穫量が増えた。

収穫量が増えて余剰食料が豊富になると、農夫たちは商人になった。密封容器や乾燥、発酵、塩漬けなどの保存・貯蔵技術の進歩のおかげで、さらに遠くまで食料を運べるようになった。鉄器時代に入ると、大きくて頑丈な船が作られ、交易は海を越えて拡大した。新たに出現したスパルタ、ローマ、周などの帝国や王朝が、穀物やナッツ、香辛料、それに油や果物、ワイン、塩漬け肉、干物などの特産品を輸出するようになった。

紀元700年になるころには、イスラム教徒の商人が世界経済の初期基盤を築き、アフリカ北部、中国、インドの作物を仕入れては国中に普及させた。輸入のおかげで食生活が多様化し、栄養豊富な食事をとるうちに人々の健康が増進された。商人が拡散させたのは、食べ物だけではない。彼らはアイデアや信仰も運んだ。イスラム教の創始者である預言者ムハンマドは、香辛料売りとして説教をはじめた。そうして弟子たちが、人気商品のシナモンやクローブ、ナツメグ、コショウの実を売りながら、1000年以上かけてコーランを広めていった。

狩猟採集をする生活から、どのようにして食べ物を売りながら布教するようになったのか、詳しい経過はわからない。しかし、農耕が幸運な偶然ではなく、自ら選択したり必要に迫られてゆっくりと時間をかけて発展したこと、しばしば苦難をともなったことは想像に難くない。最終的に、食料の供給を管理できること、飢餓のリスクが減ること、移動せずにすむ快適な生活、という農耕のメリットが犠牲を上回るようになったのだろう。食料が余ると、経済活動の幅が広がる。人々は畑を耕さずに、道具の設計や、家の建築、芸術品の制作などで生計を立てることができた。食べ物を求めて放浪しなくなった社会では、生徒が学び、大工が家を建てることができ、統治機関を形成することも可能だ。こうして新石器時代の農耕集落から最初の文字が生まれ、わたしたちは陶磁器やガラスを作り、灌漑システムや車輪で動く輸送システムを生み出し、ついには金属と機械を使いこなすようになった。

堅固な食システムは、政治力も与えた。このことを裏づけるのが、旧約聖書のなかのヨセフの寓意物語だ。エジプトの地下牢に捕らわれたとき、彼は看守の見た夢を解き明かした。その話を聞いたファラオは、ふたつの不思議な夢を見たあとにヨセフを呼び出した。最初の夢では、痩せ細った弱々しい7頭のウシが、太った健康な7頭のウシを食べた。ふたつ目の夢では、7本のしなびた穀物の穂が、7本の豊かに実った穂を飲みこんだ。ヨセフはファラオにこう告げた。「7年間大豊作が続いたあと、7年間の大飢饉がエジプトを襲うでしょう」。そのお告げに従って、ファラオは豊作の年に穀物の備蓄に励んだ。はたして、その後に起きた大飢饉はきわめて広範囲に及び、人々が穀物を買いに世界中からエジプトに押し寄せた。感激したファラオは、ヨセフに最高級の服と宰相の地位を与えたのだった。

何千年ものあいだ、メソアメリカのマヤやスカンジナビアのバイキングなど、さまざまな文明が豊かな食料をもとに繁栄し、食料が尽きるとともに衰退してきた。現代でも、食べ物を確保できない国は総じて経済の多様性が乏しく、政府の力も弱い。たとえば、国防総省は2014年に、かつて肥沃な三日月地帯だった中東地域で干ばつと不作が続き、飢えた難民がイスラム国などの過激主義集団に傾倒している、と警告した。その少し前の2011年には、干ばつによるロシアとアメリカのコムギの減産が世界中のコムギ価格の高騰を招き、飢餓がアラブの春を扇動した。

こうした傾向は、今後さらに強まるだろう。そのなかで繁栄する可能性が高いのは、食料供給問題にもっとも独創的に取り組む国家でありコミュニティだ。

不足から過多へ

社会に初めて強い食料不安が広がったのは、1700年代末のことだ。都市居住者の増加ととももに耕作可能地が減りはじめた１７９８年、イギリスの司祭で経済学者でもあるトマス・マルサスが、食料生産は需要に追いつけないと発表したのだ。彼はこのように述べた。「人口が増える力は、土地が人間の食料を生産する力よりもはるかに大きい。人類は近い将来、何らかの形で滅びるに違いない」。この説は当初はほとんど無視されたが、１８４０年代半ばにイギリスが飢饉に襲われるとにわかに注目を浴びた。しかしその後、幸運なことに科学界がある発見をした。植物の成長には、窒素とリン――過剰耕作によってヨーロッパの土壌から失われた栄養素――が不可欠だとわかったのだ。それから数十年もしないうちに、ドイツの物理化学者フリッツ・ハーバーが空気中の窒素原子を切り離し、世界初の合成肥料の主原料を作り出した。

マルサスは、化学物質や機械化の時代がくることを予想していなかった。１８００年代半ばに最初の自動刈り取り機が登場すると、鋼鉄製の犂があとに続き、１９０３年にはアメリカの工場で内燃機関式トラクターが製造されるようになった。おかげで以前は人間と動物で何日もかかった作業が、たった数時間で終わるようになった。同時期、作物の育種〔生物の持つ遺伝的性質を利用して改良種を生み出すこと〕も劇的な変化を遂げた。１８５６年、オーストリア人修道士グレゴール・メンデルが、男子修道院の庭でエンドウマメの遺伝を調べる有名な実験をはじめたのだ。続いて、チャールズ・ダーウィンが植物の異花受精について本を書いた。それからほどなく、ふたりの発見と学説をもとに、アメリカの科学者たちがトウモロコシとコムギの品種改良をおこなった。彼らは、作物の特定の形質を分離・結合させることで、成長が早くて収量が多く、害虫にも強い作物を作り出した。このハイブリッド種子〔異なる性質の種をかけ合わせた雑種の1代目。親よりすぐれた品種を作り出せる。F1種とも呼ばれる〕と、化学農薬、そして化学肥料の誕生が、農業に「緑の革命」と呼ばれるパラダイムシフトを引き起こした。

緑の革命で達成されたものは何だろうか？　爆発的な増産だ。第二次世界大戦後の50年で、世界の食料供給量は3倍に跳ね上がった。その結果、人口も倍以上に膨れ上がった。家族経営の農場は工場式農場に組みこまれ、作物は化石燃料からエネルギーを得はじめた。アグリビジネスは、突如としてコムギ、ダイズ、トウモロコシを大量に生産できるようになった。特にトウモロコシは、コーンシロップ、マルトデキストリン（食品添加物）、肉などの幅広い製品に活用された。なかでも注目すべきは肉だ。成熟した約540キロの去勢雄牛は、一生にトウモロコシとダイズでできた飼料を数千キロも消費し、体重の約半分弱にあたるおよそ230キロの食用肉となる。

緑の革命のよい面はたくさんある。工業化された農場は、個人がおこなう小規模な食料生産の効率の悪さや多くの無駄を解消した。ジャーナリストのポール・ロバーツは、現代の食システムは「人類最大の成功物語として称えられてきた」と書いている。さらに、このように続ける。20世紀末になるころには「食品の生産量は穀物も肉も果物も野菜も増える一方で、逆に価格はどんどん安くなった。種類の豊富さや安全性、品質の高さや簡単に手に入れられる手軽さは、古い世代が戸惑いを覚えるほど輝かしいものだった」。食料が豊富になり価格が安くなるほど、経済は広範にわたって繁栄してきた。しかし、考慮すべき重要なことがある。わたしたちが食べる穀物の1粒1粒が、何かを犠牲にし

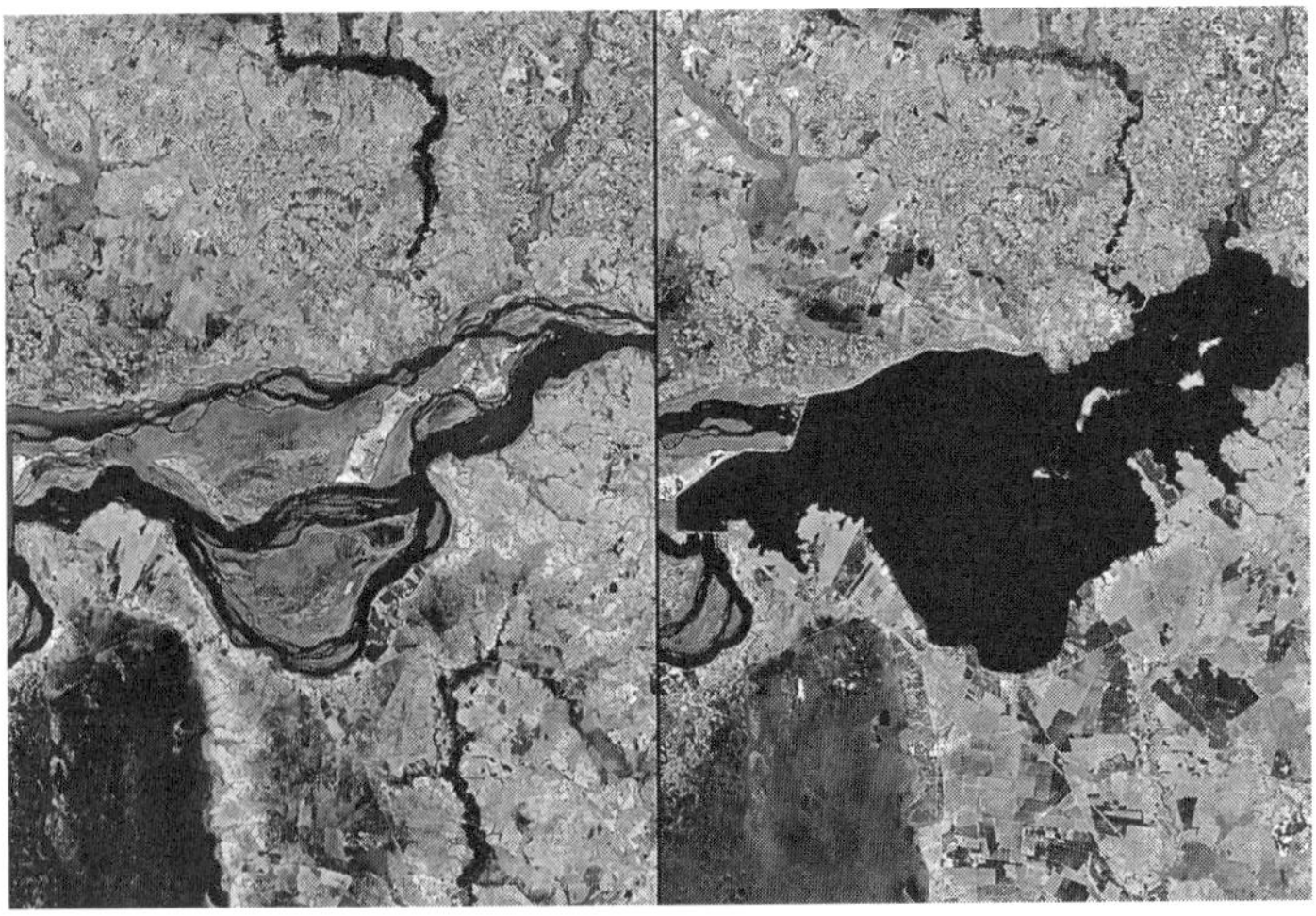

ダムは農業地帯を変える

て生産されたということだ。

新石器時代の農夫は、自分たちがはじめた壮大な活動が、のちにどんな影響を及ぼすのか予想することはできなかっただろう。その辺で見つけたヒトツブコムギの種を蒔くという行為が、1万2000年後に世界中の居住可能地の半分近くを変えるかもしれないなんて想像できるわけがない。人間の活動のなかで、農耕ほど地球の自然体系を変えたものはない。主要な河川はほぼすべて開発されるかダムでせき止められ、大きな湖や帯水層はことごとく利用されて、水の大半（約70パーセント）が農場へ流れこんでいる。漁業は、海洋の沿岸水域における可食バイオマスの3分の1以上を消費している。アグリビジネスは、この20年だけでペルーと同じ面積の森林地を破壊した。畜産業では、30年前より25パーセントも多い50億頭近いウシ、ブタ、ヤギ、ヒツジの肉を生産する。これらの動物が草を食む放牧地の総面積は、アフリカ大陸よりも広い。

　緑の革命の立役者たちは、壮大な目標を掲げていた。その目的は、世界から飢餓をなくすことだ。ふたつのコムギ品種をかけ合わせた「ハイブリッド小麦」の父ノーマン・ボーローグは、１９７０年のノーベル平和賞受賞時にこう述べた。「世界中の飢えた人たちを救いたい」。その願いは叶わなかった。近代農業が生産する1人当たりのカロリーは、第二次世界大戦終結時より驚くほど多い。世界中に等しく配分されれば、1人当たり約８００カロリーも増えたことになる。しかし実際は、等しくないどころか、平等な配分にはほど遠い。富める者と貧しい者の栄養格差は、この半世紀でさらに拡大した。つまり、富める者がずっと多くの食べ物を手にしている。先述のドフリースは、こう警告する。「開発途上国の小規模な農業システムは、最新ツールに侵蝕されていないという理由だけで理想化されがちだ。しかし、実際には収穫高が低い。農家は、高いリスクと多額の負債を抱えながら、食べていくのに精いっぱいだ。その結果、飢餓が広く根づいている」。栄養不良人口は8億を超え、食料配分の不均衡は緑の革命の大きな失敗のひとつとして、いまも解消されていない。あまつさえ、安価な食料と時間のかかる非効率なサプライチェーンのせいで、無駄が蔓延した。世界中で生産される食料のおよそ3分の1は、輸送中に腐ったり食べられずに廃棄されている。

　農業用化学物質の弊害も、無視できない。農地に大量の肥料が投入され、その肥料が湖や海に流れこむと、藻が異常発生して、水生生物を酸欠で窒息死させる。また、除草剤と殺菌剤は、表土の微生物叢《マイクロバイオーム》の働きを抑制し、作物の成長を妨げる。殺虫剤は、受粉を媒介するハチや甲虫、チョウの大量死を招いている。さらに、農耕開始期より数千年続いてきた単一栽培は、機械を使って安くて早い効率的な植えつけと収穫ができる一方で、害虫に恐ろしく弱い。同じ作物が延々と続く広大な土地は、その作物を餌にする昆虫や菌類にとって食べ放題のバイキングにほかならない。これらの害虫が化学物質への耐性をつけたせいで、1960年から2000年までのわずか40年で、アメリカ国内の農薬使用量は15倍以上に膨れ上がった。

農薬の製造、そして食料の生産と流通を担う機械と輸送ネットワークには、大量の化石燃料が使われる。これらを合計すると、膨大な量のカーボン・フットプリントとなる。気候変動は、緑の革命の最大のしっぺ返しなのだ。あきれたことに、農場の未来を脅かす温室効果ガス発生の大きな割合を、農場そのもの、とりわけ機械化された大規模農場が占めている。わたしたちは、食べることによって地球の気温を上げているのだ。年間の温室効果ガスの総排出量のおよそ5分の1は、食料生産から発生する。つまるところ、農業はエネルギーや輸送と同じく、気候変動を助長している主要な産業部門なのだ。

ルース・ドフリースは、これまでの食料生産の問題は、肥料や耕作可能地、エネルギーの「不足」から生じていたと指摘する。しかしいまは、化学物質や二酸化炭素、食品廃棄物の「過多」から発生するものが多い。この過多には、環境への影響以外にも否定的な側面がある。まず、収量の増加により作物の栄養価が減少した。政府の調査を見ると、この50年で数十種類の野菜と果物のタンパク質、カルシウム、カリウム、鉄分、ビタミンC、ビタミンB2含有量が減っている。そのあいだに加工度の高い食品が大量に販売されたせいで、消費者、なかでもアメリカ人が、カロリーばかり高くて栄養価の低い食べ物を好むようになった。国内の砂糖の平均消費量は30年間で20パーセント以上も急増し、平均的な成人の体重も約20パーセント増加した。糖尿病の有病率にいたっては、7倍に跳ね上がっている。

緑の革命は多くのメリットを生んだものの、栄養が公平に行き渡らない食システムを作り出した。そこには極度に食べ過ぎの人たちと、極度に栄養が不足している人たち、それに食べ過ぎで栄養も不足している人たちがいる。なかでも急激に増えているのが、最後のカテゴリーだ。世界の半分近くの国で、重度の栄養不足と重度の肥満の両方に悩む人が増えており、深刻な問題となっている。

度を越した料理文化

家庭菜園で挫折した私は、そのことだけで食システムを変えられないと落ちこんだりはしなかった。それまでも、ビーガンになりそこねたことがある。ベジタリアン〔卵や乳製品は摂る菜食主義者〕やペスカトリアン〔魚を食べる菜食主義者〕にも挑戦したが、やはり続かなかった。せめて道義心ある肉食者を目指そうと、人道的に生産された地産の肉だけを食べるようにしてみたが、それも失敗に終わっていた。旬の食材や完全オーガニックのものを選び、遺伝子組み換え（GM）食品を避けようとしたこともある。子供のことを考えると、体によい新鮮なものを与えたいと思うのだが、フルタイムで働く身では料理の時間もままならない。それに、実を言うと、加工されたスナック食品に目がない。おまけに、ハンバーガーやブリスケット〔ウシの胸肉をグリルした料理〕をはじめ、フライドチキン、ロースト・ターキー、朝食用ソーセージ、それにテネシー州民なら食べずにはすまないバーベキュー・リブも好物なのだ。

とりわけ肉食は、私の良心を苛む。昔ながらの畜産経営がいかに残酷かはよく知っているし、気候変動は私の専門分野だ。環境保護主義者としての自負があれば、これを無視することはできない。1人分の牛肉のカーボン・フットプリントが鶏肉の7倍、レンズ豆の9倍に及ぶこともわかっている。それなのに、何週間も肉を断っても、結局はバーベキューに逆戻りしてしまうのだ。

従来の持続可能な食の提唱者たちは、食システムの欠陥を事細かに分析する。ところが、彼らが検討してきた――検討したのかさえわからないが――解決策は、限られた人にしか実践できない。地域支援型農業（CSA）〔消費者が生産者に代金を前払いして、定期的に作物を受け取る会費制サービス〕の作物を調理する時間と収入と創造性に恵まれ、CSAを知っているくらい教養がある人たちだ。彼らはよく、アメリカの農作物の大半を作る工業型農場を解体しろと叫び、国産のトウモロコシやダイズ、ワタ、コメの70パーセント以上に使われる遺伝子組み換え（GM）種子のボイコットを提案する。そんなことをすれば食品価格が跳ね上がるが、高額な食費に慣れるべきだと言う。多少の値上がりは仕方ないとしても、急激な値上げは大半の消費者にとって負担になるだろう。食の歴史家ビー・ウィルソンが述べるように、「飽食の金持ちのために値上げをすれば、栄養不良の貧困者が苦しむ」のだ。

いまは高級な美食文化によって、高価な料理がもてはやされる。その一例が、オクトポップだ。オーストラリアの有名シェフ、アダム・メロナスの説明によると、「弱火でじっくり火を通したタコを、オレンジとサフランで味つけしたカラギーナン・ゼラチンに浸し、ディルの花の茎に刺した」料理らしい。ネットフリックス配信の『シェフのテーブル』や、PBS放送の『マインド・オブ・シェフ』などの人気番組が、1000ドルもする「ヴィンテージ・コート・ド・ブフ」や、食用金箔をまぶした100ドルの砂糖菓子を特集して、数百万の人々を魅了している。しかも、視聴者のほとんどはソファに寝そべったまま、これ以上ないほど質の悪い、加工されまくった食べ物をむしゃむしゃとほおばっている。限られた食費をやりくりする貧乏主婦の私でも、メディアが垂れ流す幻想的な生活には心が動く。たとえばグルメ雑誌『サヴール』で「エスプレッソをすりこんだザブトンの蒸し煮」のレシピを見たら、ザブトンの意味さえわからないのに、ホールフーズ・マーケット〔アメリカの大手有機食品スーパー〕に駆けこみたくなる。それからハッとわれに返り、食システムが重大な危機に瀕しているのに、度を越した料理文化に加担しているという奇妙な矛盾に気づくのだ。地球が煙を上げているときにザブトンにかかずらっている、という感覚を拭えない。

魔法使いvs.予言者

社会には、食料に使われるテクノロジーへの不信が深く根づいている。理由のひとつは、食品産業があまりにも多くの失敗を重ね、大きな犠牲を強いてきたからだ。たとえば１９４０年代に開発された化学農薬ＤＤＴは、鳥を死に追いやり、乳がんの罹患率を4倍に増やしたことが、数十年も散布されたあとになって判明した。ほかにも、アメリカ政府の承認後に長らく害を振りまいた末、ようやく禁止になったものもいくつかある。また、人工甘味料のサッカリンとアスパルテームは、低カロリーの革新的な砂糖の代用品ともてはやされたが、ネズミの実験で発がん性が確認された。マーガリンもそうだ。常温保存ができて心臓によいバターの代用品として普及したが、心臓病のリスクを高めるトランス脂肪酸を含むことが明らかになった。さらに、トウモロコシを原料とするマルトデキストリンやグルタミン酸ナトリウムなど、多くの食品成分が、革新的で利益も大きかったが、健康にはよくなかった。これらはほんの一部にすぎない。数え切れないほど多くの例で、テクノロジーは裏目に出た。食システムをより賢くするどころか、欠点を増やしてしまったのだ。

ほかにも、大々的に使用されている除草剤（ラウンドアップという除草剤は、発売から41年後の２０１５年に、世界保健機関［ＷＨＯ］が人間におそらく有害だと発表した）、合成着色料（子供の多動性障害との関連が指摘されている）、サケの養殖（自然の水生系にはないトウモロコシの餌で魚を太らせる）、作物の遺伝子組み換え技術（『ニューヨーク・タイムズ』紙の第一面によれば、「期待に及ばなかった」方法）の安全性について、もっともな懸念が生じている。

開発中の農業テクノロジーの新たな波を、「次世代の緑の革命」と持ち上げて『ナショナル・ジオグラフィック』誌や『ワイアード』誌が特集しても、消費者がちっとも熱狂していないのも当然と言えよう。ビル・ゲイツは、2014年にマイクロソフト社の株主総会で、「食料改革のときがきた」と華々しくぶちあげた。新しいテクノロジーには、官民両方から莫大な投資資金が流れこんでいる。そのなかには、従来の農産業だけでなく、マイクロソフト、グーグル、IBMなどが出資する数十億ドルも含まれる。植物遺伝学、アクアポニックス〔魚の養殖と植物の水耕栽培を組み合わせた循環型の有機農法〕、ビッグデータ、人工知能——さまざまな分野の起業家が、以前よりすぐれた「より賢くて」回復力のある食システムを編み出して、成果を役立てようと張り合っている。

ある者は、慈善的な精神から気候変動の防止と食料の均衡配分を目指し、またある者は90億の扶養人口という宝の山を狙っている。食料不足の時代がきたら、聖書のヨセフのように食料を安定的に供給して力を得ようというわけだ。動機が何であれ、議論はふたつの陣営に分かれている。ほとんどの持続可能な食の推奨者は、「食の改革」をいまいましく思っている。昔のやり方に戻りたいのだから、改革など大きなお世話にほかならない。したがって、産業革命や緑の革命以前の、化学肥料を使わないバイオダイナミック農法〔人智学のルドルフ・シュタイナーが提唱した循環型農業〕などに戻ろうと主張する。当然のことながら、懐疑論者はこう返す。「それはいいね。でも、そのやり方は拡大できるかい？」。確かに身体によいものが採れそうだが、生産量は足りるだろうか？

改革派と回帰派の対立は、ノーマン・ボーローグがコムギの品種改良をはじめたときから存在し、いまや誇大広告と反動思想、ありきたりな言いぐさの激しい応酬に発展している。一方は、テクノロジーは生態系を蝕むと主張する。もう一方は、テクノロジーであらゆる問題が解決すると譲らない。

過去に戻りたい者と未来に進みたい者のせめぎ合いだ。アメリカのジャーナリストのチャールズ・マンは、先ごろ出版した自著で改革派を「魔法使い」、回帰派を「予言者」と呼んでいる。「魔法使い」は、ボーローグのモデルに従って、技術的な解決方法を開発する。予言者は、その軽率さが悲惨な結果を招くと予言する」。わかりやすく言えば、こういうことだ。「予言者は、ボーローグ式の高収量の工業型農業について、短期的には効果があっても、長期的には生態系に大きな打撃を与えると主張する。過剰耕作で土と水が使えなくなり、環境が破壊される。そうなれば社会が崩壊するぞと声高に叫ぶ。すると魔法使いは、こう反論するのだ。〝われわれは、まさにその人道の危機を防ごうとしているんだ！〟」

この議論を長年見てきた私は、対立が少しもよい結果を生まないことを知り、こう思うようになった。なぜどちらかひとつを選ばなければならないのだろう？　なぜ両方はできないのか？　このふたつを統合したやり方もありうる、いや、あるに違いない。高校で学んだ古典的なヘーゲル派哲学の弁証法に登場する、両側が反対を向いた矢のようなものがあるはずだ。わたしたちのすべきことは、昔ながらの知恵と最先端テクノロジーを取り入れて、食料生産の「持続可能な第3の方法」を作り出すことだ。その方法を実践すれば、農業が基盤となる生態系を損なうのではなく、復活させながら収量を伸ばすことができるだろう。

入手しやすさ《アクセシビリティ》格差

菜園づくりに失敗した2013年から数年後、私はバージニア州東岸の半島で農業をするクリスとアニー・ニューマンという若い夫婦と会う。もともとアニーは芸術家、クリスはソフトウェア・プログラマーだ。ふたりは、環境にやさしい農業と技術革新が共存できるだけでなく、強力な相乗効果を発揮すると確信させてくれる。本書のリサーチを通して、私はほかにも大勢に話を聞く。それぞれが科学者や活動家として、あるいはシェフやエンジニア、企業重役、プログラマーとして、教育者、農場経営者として、ニューマン夫妻のように第3の方法のモデル作りに励んでいる。

このあとの各章で彼らの多くを紹介したあと、最後にポトマック川のほとりにあるクリスとアニーの農場を訪問する。農場には、夫婦のほかに子供ふたりと、数千羽のニワトリ、数百頭のブタ、50頭のウシがいて、果物とナッツの木立もある。

クリス・ニューマンを初めて知ったのは、彼が投稿プラットフォーム「ミディアム・ドットコム(Medium.com)」で発表したマニフェスト、「クリーンフード——世界を救いたければこだわりを捨てよう」を読んだときだ。それから数週間後、彼が書いたほかの投稿(大量にある)にひとつ残らず目を通したあと、自宅を訪ねた。クリスは、ワシントンDC南東部にある黒人が圧倒的に多い地区で、アフリカ系アメリカ人の母親と先住アメリカ人の父親のもとで育った。子供時代は数学の神童と呼ばれ、成人するとソフトウェア・プログラマーとして国防総省のために高度な仕事をこなした。しかし業務は過酷をきわめ、腹痛に悩まされるようになる。何カ月も生検と結腸の内視鏡検査を繰り返し、大勢の専門家を転々とした。その結果、まずアニーに、のちに医者によって原因はストレスだと診断された。

2013年に療養生活に入ると、隣人から山のように借りた本からマイケル・ポーランの『雑食動物のジレンマ』（東洋経済新報社）を見つけて読みふけった。すると、そのなかで紹介されたジョエル・サルトンという「ポリフェイス農場（たくさんの顔を持つ農場）」の創設者に興味を持った。ジョエルは、自然の生態系を模倣して、さまざまな作物と家畜を統合する包括的《ホリスティック》農牧業を実践している。その方法は、クリスが子供のころに触れた先住民の農業に通じていた。数日後、クリスはサルトンのワークショップに申し込んだ。それからしばらくして、アニーとふたりで農業をはじめようと計画する。その後、5年にわたってきわめて質の高い有機肉と有機野菜を販売するが、2018年になるころに、こんな疑問を持ちはじめた。自分がしていることは、はたして効果があるのだろうか？　倫理的と言えるのだろうか？

彼のマニフェストは、こうはじまる。「私はパーマカルチャー〔家畜の生産と穀物、果物、野菜の栽培を統合して、自然生態系を模倣する有機農業の一種〕を実践し、食料を生産する自然生態系を作ろうとしている。私の夢は、消費者を健康にする食べ物や、生産者に生計手段を与える食べ物が、いつでも手に入る世界を作ることだ。地球が喜びにあふれた、住みやすい場所であり続けられるような食べ物を、みなに届けられるようにすることだ。パーマカルチャリストも、自然農家も、園芸家、食通を自称する多くの人も、同じことを夢見ている。しかし一方で、こんな危惧も抱いている。わたしたちは

ニワトリを調べるクリス・ニューマン

排他的になっていないだろうか。地球を救うということは、そこに住むすべての人を救うことであり、安いハンバーガーやコーラが大好きな人も含まれる。そのことを忘れかけていないだろうか。自分たちだけの狭い塹壕を掘って、意見が違う人や、わたしたちを理解しない人、理解しても行動できない人たちを敵対視していないだろうか」

続けて、彼が「クリーンフード」と呼ぶ持続可能な食料生産物の問題点「入手しやすさ《アクセシビリティ》格差」について訴えた。彼とアニーが売るポークチョップは、1ポンド〔約450グラム〕12ドル、鶏肉は1ポンド4ドルもするため、高級スーパーマーケットやレストランしか仕入れることができない。値段を下げれば、赤字になる。「わたしたちが生産するものは、誰でも買えるわけではない。高額すぎて、大半の人には手が届かない。そこが従来の持続可能な食システムの最大の問題だ。それなのに、こうした食料の生産者や販売者、購入者も、この問題をどうするかをまったく考えていない……解決策を話し合うまでは〝地球を救え〟と叫んでも意味がない」

ひとしきり批判を連ねたあと、プログラマー出身の36歳の農場経営者は、テクノロジーを強く推奨する。ロボット農具や、屋内の垂直農場で水をほとんど使わずに育つ野菜を賞賛する。生きた動物を使わずに、実験室の培養皿で育つ肉を求めさえする。「もしテクノロジーを使って、環境に害を与えずにそこそこおいしくて手ごろな価格の肉を作れるなら、そのテクノロジーが新しいとか、不自然だとか、自分の収入を脅かすかもしれないというだけで一蹴する権利は私にはない」

最後にクリスは、パーマカルチャーをやめたいのではなく、ただ農業の回帰派と改革派の仲立ちをしたいのだと説明している。そして「土を耕してよい食べ物を作ろう」と、仲間たちに呼びかける。「でも、実験室にいる人たちにも、彼らの仕事をさせようじゃないか。わたしたちは、好むと好まざるとにかかわらず、お互いが必要なのだ」

クリスとアニーを訪問した私は、彼らが同業者の一部が忌み嫌う新しいやり方とツールを組み入れていることを知る。「わたしたちは、革新的であるとともに伝統的なんだ。矛盾しているわけじゃなく、単にそれが最善の方法ということだ」。そう言ってから、クリスはこう続けた。農業にはもともと高いリスクがつきものだが、気温が上がり、人口が増えた世界では「いままで以上に賢く取り組まなくては、やっていけない」

ふたりは、農業をはじめてからの5年間で、21世紀の食料生産にはリスクがついて回ると学んだ。進んでリスクをとり、それを管理する方法を学ぶことが必要だと。「農家が直面しているリスクを全力で理解しなければならない」と、クリスは説く。「ただでさえ食料の栽培は難しい。変化する状況ではなおのことだ」。そのことばを心に留めて、ウィスコンシン州オークレアにあるアンディ・ファーガソンのリンゴ農園から、この物語をはじめよう。2代目農家のアンディは、弱冠32歳にして、家業のリスクが年々増していること、やりがいが決して消えないことを身に染みて知っている。

第2章 気候変動と闘うリンゴ農家

冬の嵐で損なわれる果樹などない。
けれども、ひとつだけ用心すべきことがある。決して気温が上がってはいけない。
「何度も言い聞かせているが、
寒いままでいてくれ、若い果樹よ。さようなら、寒いままでいてくれ。
10℃下がるより、10℃上がるほうが怖いのだよ」
——ロバート・フロスト

2016年5月15日、アンディ・ファーガソンは、いつものように午前4時29分——目覚まし時計が鳴る直前——に起きると、すぐに寝室の窓を霜が這い上っているのに気がついた。ベッドから抜け出してそっと着替えをすませると、魔法瓶にコーヒーを入れて、外に停めてあるフォードのF-350ピックアップ・トラックのほうへ大股で歩いていった。まだ夜は明けておらず、あたりは真っ暗で何も見えない。呼吸をするたびに、吐く息が氷のような冷たい霧に変わる。この時点では、アンディはまだ落ち着いていた。天気予報が伝えた夜間の最低気温は、−1℃。そのくらいの寒さなら、リンゴの木は耐えられるはずだ。だが、凍てつくような冷たい空気は、不吉さをはらんでいた。

果樹園の端にあるデジタル気象観測所まで車を走らせ、夜間の温度変化の記録を確認する。気温は午前2時ごろに−3℃まで冷えこんだまま、微動だにしていなかった。アンディの胃がきゅっと縮む。−1.7℃以下が少しでも続けば、事態は深刻だ。リンゴの花の組織内で水分が凍り、氷晶が生成される。それによって細胞膜が破裂して、生まれかけた実が死んでしまう。

すぐにいちばん近いハニークリスプ〔甘みが強くて食感のよいリンゴの品種〕の木に近づくと、枝から花をひとつ摘まみ取り、腰につけた作業用ベルトから小さなポケットナイフを引き抜いた。花を左の手のひらに置き、中央にナイフの先を押しこんで、ボトルのような形をした腹の部分をふたつに開いた。なかには幅が1ミリほどの、できはじめたばかりの実があった。「緑色の生体組織があるはずなのに、黒褐色に変色していた」。数カ月後に私と会ったとき、彼はそう振り返る。「その黒い染みほど恐ろしいものはない。こうなるともう実がならないんだ」。ほんの数年前に、彼は同じものを大量に目にしていた。２０１２年の晩春に、季節外れの霜のせいでリンゴがほぼ全滅したのだ。「この業界は、いちいち絶望してたらやっていけない。母なる自然のパンチをかわし続けるか、ほかの仕事を選ぶしかない」。アンディは、ナイフで開いた花を携帯電話で撮影すると、丘の上のほうへ移動しはじめた。果樹園は丘陵地にあり、低い場所のほうが冷気が集まるため、ダメージが大きいのだ。

当時、アンディと父親は、ウィスコンシン州西部に3つの果樹園を所有していた。どれも車で30分足らずで行き来できる距離にあった。通常なら、そのくらい――約30キロ――離れていれば、リスクを分散するには十分だった。たとえば1カ所で雹《ひょう》が降っても、ほかの場所は被害を免れるかもしれない。オークレアにある果樹園は、3つのうちでもっとも規模が大きかった。アンディは、この場所に妻と9カ月の娘と暮らす家を建てた。ここは、彼が初めてキスをした場所であり、プロポーズもした思い出の土地だ。結婚式もここで挙げた。年を経てごつごつした枝を広げるマッキントッシュ、コートランド、リバーベル、ハラルソン、ハニークリスプの木は、1本1本を名前で呼べるくらい知り抜いている。新しい栽培品種のゼスターやパザーズのひょろりとしたしなやかな木も、ひとつ残らず把握している。彼は2012年にウィスコンシン大学マディソン校で法律の学位を取得したあと、父親の家業に加わった。以来、親子でタッグを組んで敷地を350エーカーまで拡大した。豊作の年はおよそ700万個のリンゴを生産する。一部は地元住民に人気があるリンゴ狩りで直売し、残りはウォルマートとサムズクラブ、地域のスーパーマーケットに卸している。

今回の霜が降りる前の晩、アンディの家を囲む果樹園は、月明かりを浴びて幻想的なまでに美しかった。木々が突然開花しはじめ、そこらじゅうがリンゴの花であふれかえり、まるで淡いピンクのブリザードが通り過ぎたようだった。その年の冬は暖かく、史上最高の暖冬を記録した。そのせいで、例年より1週間ほど早くつぼみがほころび、木々が「芽吹き」はじめたのだ。いま、花弁はすっかり成長し、大きく外へ開いている。唯一の問題は、数が多すぎることだった。花が大量に咲きす

満開になったリンゴの花。アンディ・ファーガソンの果樹園にて。

ぎて、80パーセントほど間引く必要がある。特に気がかりだったのが、若い枝だ。実がなりすぎると、若い幹や枝から栄養とエネルギーが奪われる。そのせいで成長が遅くなり、生産量が徐々に減ってしまう。5月14日のあの晩、彼はそのことを考えながら眠りに落ちた。1本の木につき若い枝が4万、花が80あるとすると……1週間以内に300万は摘花しなければならないだろう。

しかし翌朝になると、花を処分するのではなく、救うために敷地を回る羽目になった。最初に確認した木の何列か上で、別の花を摘まんで切り開くと、やはり組織が破裂していた。丘の上のほうへ移動しながら、自然と歩調が早くなった。歩きながら、次々と花に小さな外科手術を施していく。切開した花の写真を携帯電話で父親に送り、こう打ちこんだ。「こっちの被害は26だ。ずいぶんやられた」。30キロほど南の果樹園で、父親も似たような惨状を目の当たりにしていた。

昼までに、アンディは200本以上の木の花を調べ終えた。なかの組織はひとつ残らず死んでいた。数週間後、ようやくファーガソン家の被害の全貌が明らかになった。5月に氷点下の気温がたった4時間続いただけで、生まれたばかりのリンゴが約600万もだめになった。これで一家は、所有する3つの果樹園の収穫の4分の3を失った。金額にして100万ドル近い損失だ。

霜が降りてからの数日間、アンディは起きている時間のほとんどを、さらに多くの花の採取と検査に費やした。マイクロメーターというラジオペンチに似た小さな金属製器具を使って、果実の成長を示すあらゆる値を測定した。そうやって集めたデータを集計表と図表にまとめ、果樹園全体の損失をより確実に把握しようとした。が、何をやっても無意味だった。アンディが当時を振り返る。「50か100の花のうち、ひとつが無事だったとしよう。その花の組織が火曜日には4.5ミリで、2日後に6.5ミリに成長しているのを見て〝大丈夫、生きている〟と安心する。ところが別の花は、4.5ミリから大きくならず死んでいた、という具合だ。そんなことをしても無駄だってことはわかっていた。だって、リンゴになるものはなるし、だめなものはだめなんだからね。何をしても手遅れだけど、じっとしていられなかった」

しばらくすると、アンディはもっと被害の大きい地域の果樹園を回り、同業者が損失を見積もるのを手伝いはじめた。また、前年に就任したウィスコンシン州リンゴ栽培家協会の会長として知事室を訪れて、被災宣言の発令と、保険に未加入の栽培者の損失負担を請願した。そのかたわら、暖冬と遅霜からリンゴを守る方法を調べはじめた。2016年の霜は、4年前に壊滅的な被害を与えた早咲きと遅霜に気味が悪いほどよく似ていた。こうした異常気象が「新たな常態」になるならば、この地域で栽培を続ける新しい方策が必要だった。

野生のリンゴから遠く離れて

農学者に手なずけられた多くの野生の果物のなかで、リンゴほど大きく改変され、本来の姿とかけ離れたものはほとんどない。いまのリンゴと祖先種とでは、ドローンとライト兄弟のライトフライヤー号ほど違う。紀元前1000年ごろ、現カザフスタン南東部のリンゴの種子が、交易商人たちの手でシルクロードから世界へと広がった。やがてロシアとヨーロッパに、ついにはアメリカ全土に繁殖したが、その過程で、数千あった野生品種は、現在市場向けに育種されているわずか数十にまで激減した。

野生のリンゴの木は、大きいもので高さ約30メートル、幅も同じくらいまで成長し、1世紀ほど生きる。栽培化された現在の木は、収穫を短時間で簡単にできるように高さ3メートルくらいに抑えられ、生産寿命はせいぜい20年から30年だ。しかも、多くは独立した1本の木ですらない。アンディが栽培するゼスター種とパザーズ種は、トレリス〔リンゴの木を支える格子状の果樹棚〕に固定されて、リンゴというよりもブドウの木か生垣のように見える。また、野生のリンゴは大きさ、色、味にかなり幅がある。アメリカの作家ヘンリー・ソローが書いたように「元気がよく、独特な風味がある」ものもあれば、「やたらに酸っぱくて、リスの歯が浮き、カケスが悲鳴を上げる」ものもあり、スーパーマーケットに並ぶ甘くてまろやかな赤や緑の球体とは似ても似つかない。

何よりも大きな違いは、繁殖方法だ。リンゴの遺伝子型はヘテロ接合型といって、それぞれの実からできる種子が遺伝的に親と異なる。どんな野生のリンゴも親とまったく違う可能性があり、その種子からできる実も、また別の遺伝子コードの組み合わせを持っている。この多様性は、進化論的に見れば素晴らしいが、同じ実を確実に繁殖させたければ厄介だ。だからいまのリンゴ園は、ふるいにかけた少数の市販品種をクローニングで繁殖させる。親木の枝を台木に接ぎ木して、遺伝的に同一の複製を大量に栽培するのだ。

リンゴのシャキシャキした食感と甘さを1年中楽しみたい私にとって、いまの品種には愛すべき点がたくさんある。しかし、クローニングがもたらす確実な成果は、この木に巣食う虫や菌類、病気にも愛されている。コドリンガ、ハモグリムシ、リンゴ黒星病、火傷病《かしょう》など、実に多くの天敵が、リンゴの木と実にうまく潜りこむ技を、ゆっくりと時間をかけて磨いてきた。いままでのところ、害虫や病気は、育種家と農学者によってほとんど制圧されている――たいていは、化学物質で即時に排除することで。果樹のなかでも、リンゴほど大量に殺虫剤と殺菌剤を散布される木はほかにない。栽培者と自然界の攻防は、収穫期が終わったあとも続く。

アメリカ国内で販売される平均的なリンゴは、店頭に並ぶまでに6カ月から12カ月間保存される。リンゴの木は2年生植物で、1年おきに9月にだけ実をつける。しかし、消費者は1年中この果実を食べたがる。数十年前に「CA貯蔵」という保存システムが開発されて、販売者はその需要に応えられるようになった。このシステムは、貯蔵設備内の温度と湿度、酸素と窒素の濃度を操作して、果皮の小さな気孔を通じておこなわれる「呼吸」を最小限に抑制するのだ。これによって熟成が大幅に遅れるため、1年以上倉庫に保存されたあとも鮮度が保たれる。

意外なことに、保存中のリンゴは抗酸化作用がほとんどなくならないことが複数の研究から判明した。栄養に関する学術誌『ジャーナル・オブ・ニュートリション』が公表した別の研究は、最適ではないとされる保存条件では、半年で抗酸化物質が最大40パーセント失われると述べている。どちらにしても、近代的な繁殖方法と長期保存の実現により、この果物はぐっと身近になった。1950年代まで、国内のほとんどの家庭にとって「1日に1個リンゴを食べよう」というスローガンを実行するのは、経済的にも地理的にも不可能だった。それがいまや、リンゴはアメリカの40億ドル産業に成長し、世界の供給量の半分以上が中国から運ばれてくる。アメリカのスーパーマーケットと同じ赤と緑のつやつやした球体のピラミッドを、世界中の店で見ることができる。私自身、ノルウェーの田舎町からケニアの村の市場まで、行く先々でリンゴに出くわす。どれも見た目はほぼ変わらず、甘くてカラフルなレンガの山のように、どっしりと陳列されている。こう見ると、まるでリンゴを延々と作り続けることが神聖な掟でもあるかのように思えてくる。この果物がいまも自然界で生まれ、自然に翻弄されているなんて想像できない。しかし、当然のことながら事実なのだ。

スマートな果樹園への道

5月の霜害から2カ月後の7月のある晴れた日、私はオークレールにあるアンディ・ファーガソンの果樹園を訪れた。素人目には、すべてがこのうえなく順調に見える。きれいに並んだリンゴの木にはつややかな葉が茂り、地面は青々とした草で覆われている。その年の春に私が調べていた気候変動の影響は、ひと目でわかるものばかりだった。ブラジルのコーヒー農園ではサビ病菌が蔓延し、エチオピアのトウモロコシ畑は干ばつで干からびていた。そうした場所に比べると、ここウィスコンシン州のダメージは、ほとんど目に見えない。だがしばらくして、実は同じくらい深刻であることがわかる。

オースチン・ストローベル国際空港があるグリーンベイ市から車でオークレールに着くまでは、高さ30センチほどのトウモロコシ畑が延々と続く。夏の日差しを受けた広大な畑は、まるで水を張ったようにきらきらと輝いていた。ウィスコンシン州は「アメリカの酪農地帯」と呼ばれている。国内のチーズとバターの4分の1を生産し、牛乳の供給量は第2位を誇る。農地の大半は、ジャージー牛とホルスタイン種、その飼料となるトウモロコシ畑のためにある。ふいに単調なトウモロコシの波が途切れ、ファーガソンの農場の入り口が現れた。木製の看板に、「ファーガソン果樹園——リンゴ、カボチャ、お楽しみ」と書かれている。「お楽しみ」が何を指すかは、すぐわかった。入り口の向こうの納屋の隣に、手作りの木製の大きなジャングル・ジムと、フェンスで囲まれたふれあい動物園が見える。

小さいころのアンディは、ずっと先の目標に向かって努力できる珍しい子供だった。13歳のときに最初の事業を立ち上げ、手押し芝刈り機3台を元手に、従業員ひとりきりの芝刈り会社をはじめた。芝を刈った報酬により、1984年式のトラック、GMCジミーを買う4000ドルを稼いだ。彼は、仮免許証を取得できる年齢になるまで、家の私道にそのトラックを停めていた。10年生に進級すると、その旺盛なエネルギーは果樹園に注がれた。週末と夏のあいだそこで働き、接ぎ木から帳簿のつけ方まで、リンゴの売買のあらゆることを学んだ。「早いうちに、この仕事には向き不向きがあると知った。物事を長い目で考え、忍耐強く、神経が図太くなくちゃ務まらない。自分に向いているとわかっていた」と、アンディは言う。

彼は法科大学院を優秀な成績で卒業し、ふたつの会社と、中西部にあるフォーチュン500企業から内定をもらった。6桁の給料を提示されたが、父親に倣って退けた。アンディの父は、世界的な科学・電気素材メーカー、スリーエムのプラント・マネジャーをしていたが、100エーカーの果樹園を購入すると、実業界を飛び出して農業に身を投じたのだ。アンディの外見は、リンゴ園経営者と聞いて誰もが思い浮かべるイメージとほぼ一致する。長身、広い肩幅、リンゴのような赤い頬、がっしりした手は大きくて、片手でハニークリスプを6つもつかめる。アメリカ中西部の青年農場主の典型と言ってよい。32歳でも、相対的に言えばこの業界ではまだひよっこであり、高齢化する食料栽培者のなかでは異色の存在だ。

アメリカの農業従事者は、1910年には600万人を超えていたが、いまでは200万人まで落ちこんでいる。その一方で、農場の規模はこの50年で急激に拡大した。かつてトーマス・ジェファーソン大統領は、農家の生活をアメリカの理想と讃え、こう述べた。「大地で汗を流す者こそは、神に選ばれた人々である。神は彼らの胸に、豊かな真の道徳という神固有のものを与えた」。しかし、その理想の生活の参加者はときとともに激減し、特に若者の流出が激しかった。現在、国内の農業従事者の平均年齢は57歳で、70歳をゆうに超える者がかなりいる。国民の1パーセントにも満たない農場保有者が、国土の約40パーセントを管理している。その土地は、彼らがいなくなったあとも生き続け、次の世代の繁栄を大きく左右することになるだろう。

クリスとアニー・ニューマン夫妻のように、アンディも農業を新旧のやり方が共存する魅力的な分野だと考える。「あらゆる産業のなかで、農家は自然にもっとも近い。自然の力はコントロールできないが、わたしたちは先を見越して行動を起こさなくちゃいけない。母なる自然は、人間の成長の源だ。太刀打ちはできないが、方向転換させることはできる」。アンディは、近年農家を悩ます雹嵐や早咲き、非情な季節外れの霜や、夏の常軌を逸した干ばつなどの異常気象が気候変動そのものと関わりがあるとは考えていない。「地球温暖化の議論はあまり気にしてない。肯定派も否定派も、言ってることが極端だから」。彼だけではない。一般に「アメリカのハートランド」と言われる中西部の農家は、気候変動への不安をあまり口にしない――少なくとも、政治問題としては。私が気候科学の見解について意見を求めると、「その問題は手に余るよ。私は作物学を使って農業をするけど、農業をする科学者じゃないからね」と答えようとしない。

それでも、「少なくとも自分の農場とこの地域では」と限定したうえで、先の予想がしづらくなっていること、以前ほど確実な収穫が望めないことを認めている。だが、新たな現実で成功すると心に決め、その方法がきっと見つかると楽観もしている。「植物と同じように、人間も環境に適応する。人間がほかの種より向上するのは、道具を作って適応するからさ」

ファーガソン果樹園が、彼のことばを証明している。例として、いま栽培している新品種は、変化する消費者の嗜好に合わせてさわやかな甘みがある。1本ずつ独立していたリンゴ樹を、絡み合った「果樹の壁」に変えたのは、高まる需要に応えるためだ。また、2015年に雹嵐に襲われると、いちばん高価な品種を植えた場所を防雹網で広範に覆いはじめた。園内に設置された次世代の「フェロモントラップ」は、合成性ホルモンで害虫を誘引して、毒性のない殺虫剤で退治する。アンディは、フェロモントラップやほかの方法で害虫を防除し、殺虫剤の使用量をほぼゼロにするつもりだ。収穫経費を削減できる収穫ロボットにも、大いに期待している。ほかに、害虫抵抗性品種や耐乾性品種を作る遺伝子操作にも前向きだ。しかし、「賢い《スマートな》」果樹の繁殖ができるとしても、少なくとも数十年はかかると話す。

植物の原始的な意志

私は、アンディが毎週おこなう偵察旅行のひとつに招待されていた。この作業では、トラックと徒歩で果樹を調べて回り、病気や害虫が発生しそうな兆候を見つけて問題を解決する。彼は青のジーンズとTシャツに、ファーガソン果樹園のロゴのついた野球帽、顔に沿ってカーブしたサングラス――ごくまれに外したときは、目の周りに日焼けの跡がくっきりと見える――という格好で現れた。偵察がはじまると、木立に入るたびにさまざまな危険の兆候を指摘する。原因は、5月の遅霜であったり、よくある環境の問題のせいだったり、いろいろだ。出発から2時間もしないうちに、青々とした果樹園が、まるで植物版救急処置室の優先治療室《トリアージ》のように思えてくる。手足の切断、致死的な腫れ、皮膚火傷、心停止などに苦しむ重傷患者であふれかえっているようだ。

わたしたちは、パザーズの若木の木立を通る。この新品種は、州内の民間育種家がハニークリスプの変種として開発したものだ。ハニークリスプと同じように細胞組織が通常より大きいので、齧ったときに果肉が「裂けるのではなく、弾ける」。そのため、食感が既存種よりもみずみずしい。また、糖と酸の含有率が高いので、強い甘みと酸味をともに楽しめる。従来のリンゴにはないさわやかさが特徴で、アンディは大いに売れると期待している。2年前に4万本を高密植栽培用の格子状《トレリス》システムで植えており、成長した木々がすでに蔓のように絡みはじめ、果樹の壁が途切れなく続いていた。

霜が降りる直前にアンディが間引こうとしていたのは、このパザーズの木々だった。言うまでもなく、その反対の作業に追われる羽目になったのだが。こうして歩いているあいだも、普通の実をつけた木は驚くほど少ない。そのうちに、7月半ばの若木にしては異様に大きい、ネーブルオレンジほどの実がまばらになる木の前にきた。「見てくれ、もうこんなに育ってしまった。まだあと2カ月も成長するのに」。アンディはそう言って、大きな片手で実をつかんだ。「秋には小さなカボチャくらい

上空から見ると、果樹園の格子状の壁は、
リンゴの木というよりも列状に栽培された作物のように見える。

大きくなるぞ」。この若木は、普通なら通常サイズのリンゴを20くらいつけられただろう。しかしいまはそのエネルギーを、霜をかろうじて生き延びたいくつかの実に一心に注いでいた。果樹の生物学上の目的は、動物においしい実を食べさせて種子を散布することだ。この若木の場合、わずかな実を特大サイズにすることによって、草食動物を引きつけようとしている。だが、努力は報われそうになかった。エネルギーを調整し直すことができず、「実が急激に育ちすぎた。収穫前に皮が裂けてしまうだろう」と、アンディがため息をつく。私はそれから数カ月のあいだ、きゃしゃな木が生き延びようと必死になって、皮の裂けた巨大な実を産み落とすイメージに悩まされることになる。

パザーズの木を調べ終えると、今度はトラックに乗りこみ、高さ5メートルほどのハニークリスプの木立に向かう。どれも樹齢7年ほどの青年期にあり、実をたわわにつけている。アンディが、霜害を免れた枝の奥を指で示す。通常サイズの丸いリンゴが、ぎっしりと連なっている。そのすべてに、真ん中に茶色い筋が入っている。「フロスト・リング（霜の輪）」といって、5月15日のあとにもう1度やってきた遅霜の爪痕だ。次に、アンディが1本の木から数本の枝が折れて落ちているのを指さした。おそらく根がやられたのだろう。別の木立では、握りこぶしのようないびつで小さなリンゴを見せてくれた。やはり霜から生き残ったものの、細胞障害を引き起こし、歪んでしまったのだ。筋の入った実も、節くれだった実も、そのまま木に残しておいて、馬の餌にしたり、すりつぶしてアップルソースにするという。

あるハニークリスプの木で、アンディは葉にじっと目を凝らす。「くすんでいるのがわかるかい？」。わからなかった。問題ないように見える。彼は葉をむしり取ってしげしげと眺めると、作業用ベルトにぶら下げた小さなポーチを開ける。なかには、高さ15センチほどの小型の顕微鏡が入っている。通信販売で購入した高校生用生物学セットの一部だ。彼は顕微鏡の下にその葉を滑りこませると、レンズを覗きこむ。「ダニだ」。そうつぶやくと、私に証拠を見せて、木の場所をメモする。

日暮れが迫るころ、樹齢20年ほどの成熟したマッキントッシュの木立に着く。そのなかの1本に、私は強く目を引かれる。痩せ細り、見るからに病気で、ほかの木よりも背が低くて葉はほとんどない。それなのに、弱々しい黒い枝に、どういうわけか数百もの実をびっしりとつけている。「あれは死にかけた木の最後のあがきなんだ。いつ見ても妙な気分だよ。この木は自分の寿命が尽きかけているとわかっていて、血統を残すために大量のリンゴを産み落とそうとしているんだ」と、アンディが説明する。ウィルス病に侵されて弱っていたところに、どうやら遅霜がとどめを刺したらしい。老齢で病気のために開花が遅れ、そのおかげで花への霜害は免れていた。これは奇妙な幸運だ——病気のおかげで、試合終了の直前に、遺伝子情報という起死回生のロングパスを放つことができたのだから。クローンの木を栽培するこの果樹園では、遺伝子情報に意味はない。しかし不思議なことに、私はこの様子を目の当たりにして胸に希望が湧いてきた。勝算が消えていく一方でも、子孫を通して必死に生き続けようとする——そんな植物の原始的な意志を、はっきりと感じることができたからだ。

スーパーチル現象

リンゴの木は進歩的だ。チェリーやモモなどの核果〔中心に大きな種がひとつある果実〕と同じように、四季のはっきりとした地域を好み、春に実をつけるために冬のあいだ一定の寒さにさらされる必要がある。さらに、冬でもときおり暖かくなること、気候が変わりやすいことを数千年の経験から知っていて、花のダメージを避ける巧妙なサバイバル手段を編み出した。

リンゴの木は、冬の休眠期間中、たとえ気温が暖かくても成長が抑制される。寒さが増し、日が短くなる秋のあいだ、つぼみは休眠期間をコントロールするホルモンを蓄積する。リンゴの木は、春に休眠から覚醒するために、「チル〔低温〕ユニット」という低温要求時間を一定量貯めなければならない。1ユニットは、氷点より少し高い0℃から約7℃の低温に遭遇した1時間を表す。春に休眠を打破して新芽を生じさせるホルモン変化は、この狭い気温範囲でしか起こらない。低温遭遇期間は、保険制度のように機能する。保険で免責金額を支払うと補償がはじまるように、リンゴの木も低温要求時間を満たしたときだけ芽吹くことができるのだ。休眠から目覚めると、一定量の「ヒート（高温）ユニット」――ある範囲の暖かい気温に遭遇した時間――を蓄積しはじめることができ、そうすることで成長促進ホルモンを生成して開花を促す。

低温要求時間は品種と地域によって異なるが、だいたい800から1800ユニットだ。ジョージア州やノースカロライナ州のようなアメリカ南部では少なめだが、最近は暖冬傾向のせいでそれでも要求時間に届かない。「低温不足」は、受粉プロセスを脱線させる。花がいっせいに受粉できないようにばらばらに開花するか、まったく開花せず、結果として実が少なくなる。

北部のリンゴ栽培州では、信じがたいことに暖冬が「スーパーチル」現象を引き起こしている。ウィスコンシン、ミシガン、ニューヨークなどの冬は、木が氷点下よりかなり低い気温にさらされ、深い冬眠状態に入る。暖冬だと、この寒くて深いレム睡眠が減少する。氷点より少し高い気温に触れる時間が増えて、必要以上のチルユニットを蓄積する。チルユニットを貯めすぎた木は、開花しやすくなる。子供がキャンディを食べすぎるとかんしゃくを起こしやすくなるように、チルユニットを必要以上に蓄積した木は、普段より少ないヒートユニットで芽吹いてしまう。

2016年春にアンディのリンゴ園で起きたのも、この現象と思われる。暖冬のあいだに果樹がチルユニットを蓄積しすぎ、4月初旬にほんのつかの間暖かくなっただけで、開花しようと勇み足を踏んだ。気温のサインを、春の訪れと読み違えたのだ。4月に入ってすぐに、つぼみを覆う外皮を、例年より1週間も早く花びらで押し出しはじめた。そのせいで、遅霜に耐えることができなかったのだ。

2016年の異常気象に戸惑ったのは、中西部北方の果樹園だけではなかった。その数カ月前にニューイングランド全域で記録的な暖かさと激しい温度差が観測され、2月14日に「バレンタイン・デーの桃の大虐殺」と呼ばれる惨劇を引き起こした。その年、ニューハンプシャー、コネティカット、ロードアイランド州では、モモが予定より6日どころか、約5週間も早く開花しはじめていた。2月13日には、多くの果樹園が満開になった。そこへ翌日のバレンタイン・デーに、気温が一気に−25.5℃まで下がった。3州のその年のモモは、文字通り「全滅」した。生産量第4位のニュージャージー州は収穫の約40パーセントを、ニューヨークのハドソン・リバー・バレーにいたっては90パーセントを失った。地域全体の損失額は、およそ2億2000万ドルにのぼった。

「近年の果物の被害を見ると、これまでとは規模と頻度がまったく違います」と、ウィスコンシン大学マディソン校の果実園芸専門家アマヤ・アトゥチャが語る。「数千年も安定していた気候が、変わりつつあります。リンゴだけでなく、ブドウ、チェリー、モモ、クランベリー、ブルーベリーの栽培状況も変化しています。しかも、これが一部の地域ではなく、いたるところで起きているんです」。アメリカ農務省（USDA）のジェリー・ハットフィールドは、もっと率直だ。「果物業界では、作物の全滅が7年や10年に1度ではなく、繰り返し起きている。以前よりも確実に頻度が増えた」

暖冬や早咲きだけでなく、気温の変動も果実を混乱させる。たった数日で24℃から−4℃まで一気に下がれば（近年、テネシー州の冬にそういうことが何度かあった）、木に途方もないストレスを与える。果樹は、厳しい天候を乗り切るために、ハードニングという「順応」プロセスを長い時間をかけて開発してきた。人間が筋肉を鍛えるのとほぼ同じやり方で、植物組織が層ごとに徐々に寒さに耐性をつけるのだ。気温が下がり日が短くなるにつれて、樹皮とつぼみは氷の生成を防ぎ寒さから身を守る化学成分を作り出す。ボディビルダーが練習を重ねて180キロのバーベルを持ち上げるように、リンゴの木もこの化学的バリアを少しずつ築いて、−18℃を超える寒さに耐えられるようになる。しかし、バーベルを45キロからいきなり180キロに上げれば怪我をするように、果樹も温暖な気候から厳寒に急変すれば簡単には対応できない。たとえ冬の休眠段階であっても、気温が激しく変動すればつぼみがダメージを受け、開花時に花が弱々しく、散りやすくなる恐れがある。

根にも同じことが言える。冬のあいだ、雪は毛布のように土の暖かさを封じこめ、根を寒害から守ってくれる。しかし、気温がしょっちゅう変動すると雪が降っても溶けてしまい、厳しい寒さが襲ったときにダメージを受けやすい。根の損傷は、長い目で見ればつぼみの損傷よりはるかに深刻だとアンディは言う。「木そのものがダメになって、その年だけでなく、その後20年の収穫もなくなってしまうんだ」

未曾有の出来事

ウィスコンシン州のリンゴとニューイングランド州のモモが壊滅状態になった年は、世界中で気候関連の未曽有の出来事が続発した。まず、大洪水がテキサスを襲い、多数の死者を出した。南極の棚氷が割れた。インドの一部で53℃という史上最高気温を記録し、アラスカの大規模な森林火災がおびただしい土地を焼いた。ニューヨークでは、2日間で68センチも雪が積もった。2016年は、気候科学を完全否定するドナルド・トランプが大統領に選出された年でもあった。地図を見ると、激戦州であるウィスコンシンを含め、カリフォルニアを除く主な農業州は、ひとつ残らずトランプを支持していた。アグリビジネスの業界紙『サクセスフル・ファーミング』の記者で、ビッグ・アグ州〔大企業が農場を支配している州〕の気候変動の影響を追ってきたジル・ガリクソンによれば、「ほとんどの農家は、気候がおかしいと気づいていながら、気候科学などどうそっぽちだとまだ信じている」という。

しかし、現地で実施された農業研究の結果はそうではない。モンサント、シンジェンタ、カーギル、ジョンディアなどの大手農業企業はすべて、2016年よりずっと前から気候科学を認め、対応策に特化した研究部門と製品を立ち上げてきた。その一方で、国内のいくつかの主要農業大学が、気候変動による地元の食料生産への影響を調査報告書で示し、ときに目を瞠る結果を発表していた。

そのひとつであるチェリーの生産に関する報告書は、ミシガン州立大学のあるチームがまとめたものだ。同州は、リンゴが国内第3位、チェリーは第1位の生産量を誇る。どちらの木も開花パターンは似ているが、チェリーのほうが低温要求時間が少なく、樹皮が薄い。つまり、リンゴよりもっと気温の変化に敏感だ。2012年の冬のあいだ、同州のチェリーは打ちのめされていた。2月だという

凍りついたリンゴの花

のに21℃が1週間も続く暖冬が終わり、3月初旬にはもうつぼみがほころびた。そこへ4月に霜が発生し、州内のチェリーの花はほぼひとつ残らず霜枯れした。「ミシガンの果物産業は5億ドルの損害を被り、なかでもチェリーの被害は甚大だった」と、同州立大学の農業気象学者ジェフ・アンドレセンが思い起こす。リンゴの生産量は、約90パーセントも落ちこんだ。

しかし、果物栽培者にトラウマとなったものが、ある研究の追い風になった。霜が発生する前、アンドレセンと大学院生のチームは、1895年から2013年の1世紀以上のチェリーの開花期間の推移を分析するため、1年かけて気象データを収集していた。どれも州内各地の気象計測設備と、政府の保存記録から選り抜いたものだ。2012年の霜害をきっかけに、この調査に注がれる資金と関心が増大した。チームは一段と力を入れて、開花時期、遅霜、降水量の3つについて解析した。2016年に初めて結果が発表されると、容赦ない現実が明らかになった。3つのすべてのカテゴリーで、1895年から1945年までの50年は安定していたが、第二次世界大戦後の数十年で明らかな変化が見られたのだ。

ひときわ目を引くのが、開花時期だ。「この仕事をしていると、データが紙から浮き上がって注目してくれと訴えることが何度かある。まさにこれがそうだった」と、アンドレセンは語る。春に最初につぼみをつける時期が、第二次世界大戦以降の75年間で10日以上も早まっていた。この期間は、温室効果ガスの排出が急増した時期と一致する。1945年は、花びらが押し出される直前の「緑色のつぼみ」の平均時期が4月5日だった。その時期がじわじわと前倒しされ、2013年には3月26日になっていた。

霜のデータも驚くべきものだった。1940年まで、遅霜は年に10回も発生していなかった。ところが1940年以降は20回近くに達し、年平均で5回も増えている。「程度の差はあるが、頻度が増した」——以前よりずっと気候が変わりやすくなった証拠だと、アンドレセンが指摘する。最後のカテゴリーの降水量は、チェリー業界にとってきわめて重要だ。チェリーの果皮は薄いため、収穫直前にたとえ少量でも雨が降ると、裂けてしまうからだ。調査の結果、1945年以降、春の降水量が平均10パーセント増えていることが判明した。

アンドレセンが続ける。「春の雨が増えた、開花が早くなっている、霜が以前より頻繁に発生する、という声を多くの栽培者から聞いてきた。でも、その話が数字で裏づけられる、つまり広範な時間的な傾向がチェリーによって裏づけられるなんて、私の専門分野ではめったに起こらない」。このデータから果樹栽培全体について何がわかるか尋ねると、こんな答えが返ってきた。「栽培者として成功したければ、よっぽど根性がすわってないと無理だということさ」

これはアメリカ南東部のモモ農園に特に当てはまる。フロリダ大学のホセ・チャパーロ園芸学教授によれば、暖冬で十分な低温要求時間を蓄積できないと、実が小さくていびつになるうえ、新種の害虫や病原菌が現れるという。リンゴと同じように、モモも低温不足だと少数の花がばらばらに咲き、「悪夢のような収穫」を迎えることになる。温暖化傾向がエスカレートすれば、フロリダ、ジョージアほか南東部州のモモ産業が崩壊する恐れがある、とチャパーロは警告する。現在、彼とチームは、低温要求時間の少ない「少低温《ロー・チル》」のモモの木から形質を選抜しているところだ。「簡単に言えば、新たな常態を生き延びるために、モモの木を設計し直そうとしているんです」

試行錯誤を重ねて

気候変動と奮闘しているアメリカの農家は、果樹栽培者だけではない。ずっと西では、USDAのジェリー・ハットフィールドが10年前からトウモロコシ栽培に関する時期的な傾向を調べている。彼は、アイオワ州中部のふたつの期間の春の降水量について、数十年分のデータを掘り起こした。その結果、1900年から1960年にかけて、1日に1・25インチ〔約3センチ〕以上の雨が降った年は2年しかないことがわかった。ところが、１９６０年から２０１７年では、これと同量の雨が降った日が8日以上観測された年が7年もあった。全般的に春の雨が多くなって、そのせいで雑草と害虫が増え、菌類と病害が広がっていた。重要なこととして、雨の降り方が集中的になり、豪雨が増えた。また、１９８０年から２０１０年のあいだに、4月から5月半ばまでに屋外で農作業ができる日数が３日半減ったことに気がついた。土砂降りの日は土が水浸しになり、重い農機具を使って仕事ができないのだ。「たった1日畑仕事ができないだけで、莫大な損失になることもある」と、ハットフィールドは言う。

同じアメリカでも、西部および南部は状況がまったく異なる。こちらのほうは、熱波と山火事、それに厳しい干ばつに喘いでいる。植物は一定の温度を超えると通常より多くの水を吸収・蒸散して体を冷やさなければならず、これによって光合成のエネルギーが奪われて収穫量が減る。冷却に必要なだけの水がないと、熱でやけどをして枯れてしまう。アメリカの農家の大半にとって、水を利用できるかどうかが、今まで以上に作物生産を妨げる主な環境要因になりつつある。２０１１年のテキサス州の干ばつでは、50億ドル分の家畜、ワタ、トウモロコシ、コムギ、ピーナッツが失われた。２０１２年から２０１４年には、南部の大平原《グレートプレーンズ》に「新たなダスト・ボウル（１９３０年代に米国中西部の大平原地帯の農業を崩壊させた土砂嵐）」が発生した。熱波と干ばつにより、数万エーカーのコムギとトウモロコシが全滅した。この困難な３年間で農作物保険の支払い総額は約３００億ドルに達し、納税者がそのほとんどを負担した。そこへ２０１５年、カリフォルニアの干ばつが追い打ちをかけた。

州の農作物の損失は70億ドルに及び、2万近い雇用が失われた。

その直後、内務省と農務省が気象報告書を発表し、今世紀末にアメリカ西部の平均気温が2.8℃から3.9℃――従来の4倍以上――も上昇し、かつてない大干ばつが起きると予測した。さらに、西部の貯水池の水源である雪塊が急激に少なくなり、主な河川流域の流量が最大20パーセントも減少すると述べている。流量が減る河川には、乾燥したカリフォルニアの南半分とほかの6州が水を引くコロラド川も含まれる。

「どれほど深刻なことか、ようやくわかりはじめたところです」。そう語るのは、USDA気候変動プログラム室の上席生態学者、マーガレット・ウォルシュだ。「気温や降水量の変化をはじめ、侵略的な害虫、新しい病気、海面上昇など、地域によって検討すべき変数が実に多い」。さらに、最悪の影響のいくつかは、世界のサプライチェーンと流通網の混乱によって生じるかもしれない、と強調する。問題を十分に把握しないうちに解決策を練りはじめるのは時期尚早だ、とウォルシュは続ける。どのみち、これはトップダウンで決めることではない。何より効果的な新しいツールと方法は、地元に拠点を置くミシガン州立大学やアイオワ州立大学などの公共機関によって、そしてアンディ・ファーガソンのような農業従事者によって、試行錯誤を重ねながら、地域の状況に合わせて編み出されていくだろう。それぞれが、食料生産技術の長い鎖に新しい輪を加えながら。

気候変動が食料生産に及ぼす影響

カリフォルニア州中部は、700万エーカー〔約2万8000平方キロ〕の広大な土地が農場の市松模様に覆われ、国内で生産される果物とナッツ、野菜の半分以上を産出している。最近までは、豊かな土壌と温和な気候に恵まれた、現代の肥沃な三日月地帯と見られていた。国内産のイチゴ、アーモンド、ブドウは、ほぼすべて――80パーセントから95パーセント――がこの州の中部と北部で栽培される。クルミやピスタチオ、イチジク、レモンのほか、ブロッコリ、コメ、アーティチョーク、ジャガイモ、トマトも同様だ。葉物野菜も、4分の3がここで採れる。牧草地で草を食む乳牛は、国内の牛乳の20パーセントを生み出している。『ニューヨーカー』誌の編集者ダナ・グッドイヤーは、この〝黄金州〟の中央部を「アメリカのフルーツ・バスケットであり、サラダ・ボウルであり、乳製品棚でもある」と表現した。

しかし2015年、草木も枯れる干ばつがはじまって3年が過ぎ、雨がまったく降らない期間が6カ月続くと、肥沃な農地の大半は土がむき出しになり、からからに乾いてしまった。貯水池の水は半減し、灌漑用水が給水されるありさまだった。約50万エーカーの農地が、作付けされずに休閑中になっていた。果樹園では、干からびた果物とナッツの木が、葉がすっかり落ちた枝を、雨ごいするように天に向けて差し伸ばしている。むき出しになった湖底には、ぼろぼろのソファや錆びた車が散らばっている。そんな映像がニュースで繰り返し流された。思いがけない損害も取りざたされた。たとえば、花蜜を分泌する作物が壊滅状態になったせいで、養蜂家は蜂に糖液や加工した蜂の餌〔油と花粉を混ぜ合わせたもの）を与えなければならなかった。北カリフォルニアの名産品であるワインも打撃を受けた。原料となるブドウは暑さを好むが、暑すぎると熱衝撃のようなものを引き起こし、風味を損ないやすいのだ。

気候変動が食料生産に及ぼす影響を、アメリカの主流層がようやく実感して慌てふためいたのは、おそらくこのときだろう。何年も前からハートランドのトウモロコシやダイズ農家で起きていたかすかな変化は、たやすく無視することができた。しかし、イチゴやシャルドネとなれば話は違う。

数年後の２０１９年、フランスでは度重なる夏の熱波でワイン産業が打撃を受け、生産量が10パーセント以上も減少した。同じ年、オーストラリアで発生した山火事が畜産に壊滅的な被害を与え、国内の食肉価格が過去最高にまで急騰した。そのころには、すでに世界中の特産品生産者が厳しい状況に置かれていた。異常気象がメキシコのアボカド農場とイランのピスタチオ農場に甚大な被害をもたらしていた。イタリアでは斑点細菌病が数百万エーカーものオリーブ畑を枯らした。脅威はチョコレートにも及んでいた。アフリカ西部と中南米のカカオ農園では、熱帯植物病原菌による「霜白鞘病」や「カカオウィルス病」などが蔓延していた。そこへ温暖化傾向が追い打ちをかけたのだ。

ピスタチオとアボカドが手に入りにくくなっても、アメリカ人はやっていけるかもしれない。チョコレートとワインを控えることも、できなくはないだろう。しかし、ほぼ世界中の人に欠かせない重要な輸入品がひとつある。コーヒーだ。もし深煎りコーヒーがなくなったら、わが家はもちろん、アメリカのＧＤＰがどうなるか、考えただけでぞっとする。ところが、気候変動政策の研究・調査を実施するオーストラリアのシンクタンク、気候研究所《クライメート・インスティチュート》が、２０１６年に恐ろしい報告書を発表した。そこには、エチオピアやブラジル、コロンビア、メキシコ、エルサルバドルなどの「ビーン・ベルト」主要国でコーヒー農園を襲う温暖化傾向が詳しく記されている。コーヒーの木は、ビーン・ベルトの高原地方のように、乾燥した比較的涼しい環境でよく育つ。しかし、気温の上昇が豆の成長を遅らせ、妨げはじめたという。コーヒーベリーボーラー（通称ＣＢＢ。学術名はコーヒーノミキクイムシ）のような害虫や、「さび病」という伝染力の強い真菌の発生にも拍車をかけている。さび病は、すでに南米だけで数百万エーカーのコーヒー豆を枯らしてしまった。報告書は、このままでは２０５０年までにコーヒー栽培に適した農地が半減すると予測し、その危機を防ぐには温暖化にうまく適応する方法を見つけるしかないと訴えている。

国際的なコーヒー企業は、そのためにワールド・コーヒー・リサーチという科学者団体の立ち上げを支援し、資金を提供してきた。この組織は、木の日よけの管理や根を冷やすマルチング（植物の地表面をさまざまな資材で覆うこと）などの幅広い対策を開発している。現在は、野生のコーヒーの木の遺伝的多様性を保つために、遺伝子バンクを作成中だ。野生のコーヒーの木は、数千年かけて不安定な気候条件に適応した。主任研究者のブノア・バートランドは、アラビアコーヒーの野生祖先種の遺伝情報を活用して、温暖化に適応できる新品種を作り出せると期待している。

無駄な努力？

詩人のロバート・フロストは、1920年に作った詩「さようなら、寒くしていて」のなかで、自分がカエデの世話をしているあいだに晩冬の暖かい陽気に惑わされないようリンゴの木に言い聞かせている。この詩は、遅霜が降りて果樹が枯れることを念頭に置いたものだ。当時と違って、いまはこの脅威の規模と頻度が拡大しており、早急な解決が必要だ。

ジュリアス・シーザーが活躍していた約2000年前、ブドウ栽培の黄金期にさしかかった共和制ローマで、ワイン醸造業者たちがあることを思いついた。春の冷えこむ晩は、ブドウの蔓を温めれば霜から実を守れるのではないだろうか。彼らは、小枝や枯草などの農場のごみを集め、蔓棚のあいだで小さな焚火をたいた。その方法がヨーロッパとアメリカの果樹園管理者に広まり、霜枯れが起こりそうな春の晩にリンゴやモモ、プラムの木のあいだで火が焚かれるようになった。効果のほどは定かでないが、この慣行は長く続いた。20世紀になると、アメリカ人が金属製の樽におがくずと重油か古いゴムタイヤを入れて燃やすようになり、「フロスト・キャンドル〔霜除けキャンドル〕」として知られるようになった。このキャンドルから発生する油煙が膜となってつぼみを覆い、熱が奪われるのを防ぐかもしれない。そう考えたからだ。しかし効果はなく、煙で大気がひどく汚染されたため、1970年に禁止された。

今日、作物用の屋外ヒーターはニッチ市場だ。前述のアンディ・ファーガソンは、2012年の霜の発生時、近所の栽培者たちがフロスト・ドラゴン――トラクターで牽引する巨大な送風機がついたプロパン・ヒーター――を引き回していたのを覚えている。製造元のウェブサイトによれば、この熱風機を果樹1列につき8分間あてれば、園内の気温を数℃上げることができるという。作物用ヒーター・ビジネスは、近年成長中だ。特にカリフォルニア州では、軽度の霜対策としてブドウ園やピスタチオ園で人気がある。しかし、実際に役に立つという科学的証拠は、いまのところほとんどない。

少なくともアンディは、この技術を高くつく賭けと考えており、「ろうそくで家を暖めようとするくらい当てにならない」と一蹴している。しかし、2016年5月15日の霜害のあと、もっと有望な方法をいくつか発見した。ミシガン州のチェリー農家が、冬の暖かいときに、つぼみに細かい霧状の水を吹きつける「ハイドロクーリング」を成功させていた。つぼみから霧が蒸発するときに冷却効果が生じ、チルユニットを失わずに済むという原理だ（前述のミシガン州立大学のジェフ・アンドレセンは、チェリーの調査の一環としてこの方法を研究したところ、つぼみをつけるのを最大で1週間以上遅らせられることがわかった。「2012年の冬にハイドロクーリングが使われていたら、損失のほとんどは回避できた」という）。しかし、頭上に設置するこの灌漑設備は、資金も時間もかかるうえ、多くの大規模な商業用リンゴ園ではまだ効果が証明されていない。

そこでアンディは、いちばん実行できそうな別の解決策を選んだ。「フロスト・ファン」という、高さ12メートルほどの130馬力の送風機だ。夜間に気温が下がると、暖かい空気が上がっていき、地表面の冷たい空気のすぐ上に「逆転層」と呼ばれる暖かい層が形成される。この送風機は、逆転

アンディ・ファーガソン

層から暖かい空気を引き下ろし、冷たい空気と混ぜ合わせる。アンディはコーネル大学の研究論文を読み、1台で約10エーカーから15エーカーの気温を、確実に2℃前後上げられることを発見していた。「気温が低くなりすぎたときは使えない。でも、5月15日の夜みたいに−3℃に下がったときに、−1℃に保つ効果は大いにある」と、語る。しかも、2014年から2016年にかけて、ミシガン州とニューヨーク州の果樹園が所有するフロスト・ファンの数が、それぞれ約50台から約500台へと10倍に跳ね上がっていた。彼の心は決まった。

8月、ファーガソン一家は、1台3万5000ドルのフロスト・ファンを3台購入する。オークレールの果樹園に届けられたのは、9月17日だ。その前の数日間で、アンディはパザーズの木立に小型の掘削機を運びこみ、3カ所で30本の木を掘り出した。それから1辺2.5メートル、深さ1メートルほどの正方形の穴を掘り、それぞれの穴に15トンのコンクリートを流しこんだ。フロスト・ファンを製造するオーチャード・ライト社の技術者が、クレーンを持ってきてファンを直立させた。その後、配線を施してボルトで固定すると、設置作業は完了した。ファンの取りつけは心から喜べないと、アンディはこぼす。「遅霜を制御できるのはうれしいが、その資金で収穫量を増やせたらもっとうれしい。昔は損失を防ぐためじゃなく、農園の価値を高めるために金を使ったものだったが」。フロスト・ファンと並行して、コストのかからない措置も進めている。冬の被覆作物〔土壌流失を防ぐための地面を覆うように茂る作物〕を植えて、雪が降らないときに土を覆うようにしたり、幹に特殊な塗料を塗って霜による樹皮のひび割れを減らす、といったことだ。

私はアンディのリンゴを救いたくてリサーチを進めていたが、フロスト・ファンは無駄な努力のように見えた。外気に扇風機を当てることは、屋外の空気をフロスト・キャンドルで温めようとするのと同じくらい無謀なことだ。そればかりか、エネルギー効率も悪い。地球の大気全体がひどい状態にあるのに、電気を使って気層を混ぜ合わせるという考え方に違和感を覚えた。しかし、アンディからすれば、それは短絡的だ。フロスト・ファンはすべてを解決できないが、もっと精密で持続可能な方法が見つかるまでのつなぎなのだ。それに、フロスト・ファンを無謀というなら、もっと非現実的な方法はいくらもあった。たとえば、ミシガン州の大手リンゴ園は、霜の発生中に逆転層を押し下げるため、ヘリコプターの一団をレンタルして木の上を飛ばせていた。1機で最大40エーカーを処置できたが、1時間のレンタル料が1機につき約1600ドルと桁外れのコストがかかった。「一晩でとてつもない損失を被ることを考えたら、どんなに高くてもやろうと思うさ」と、アンディは理解を示す。

奇抜なアイデア

農場訪問を終えたあとも、私は彼と連絡を取り合っている。気候変動の影響や、新しい技術の記事のリンクをメールで送り合うのだ。そのなかには、怪しげなものもあれば、期待できそうなものもある。

奇抜に思えるアイデアもいくつかあった。たとえば、「凍結保護物質」の開発だ。この物質は、南極の昆虫や魚、両生類などの体内から見つかった不凍化合物のことで、有機体を極度の低温で生きられるようにする。リンゴの花の組織を霜から守れるかもしれないが、効果はまだ証明されていなかった。また、ワシントン州立大学の研究者たちは、果実のつぼみを覆って遅霜から保護する「ナノ結晶」を試して成功した。ミシガン州立大学では、つぼみの生成ホルモンを模倣した「成長調節剤」を作り出した。果樹に散布すると、低温期間を引き延ばして、開花を遅らせることができる。しかし、どれも安全性や有効性、それにコストの点で、少なからず問題が残る。

あるとき私は、「リンゴ収穫ロボットがあるわよ」と書いて、アバンダント・ロボティクスという企業のリンクを送った。同社が開発したロボットは、真空ホースのようなアームが複数ついている。カメラを通してリンゴを「見て」、熟したものを識別すると、さっとアームを伸ばして、傷つけないように吸引して木からもぐ。さっそくCEOのダン・スティアに電話をすると、数年以内に販売する予定だという。「あと10年もすれば、スーパーマーケットの青果コーナーの商品は、ほぼすべてロボットが収穫したものになるだろう」と教えてくれた。人手不足に悩んできたアンディは、この知らせに喜んだ。「熟練した摘み手には時給25ドルも払ってるが、きつい仕事だから敬遠されてしまうんだ。目下の最大の悩みの種は、天気と労働力だ。このロボットでひとつ解決すれば、残るひとつに集中できる」

2018年の夏、アンディは兄と父と一緒にミネソタ州の大きなリンゴ園を購入し、果樹園を倍に拡大した。これは「異常気象から作物を守る分散化」戦略の一環だという。これでアンディは、32歳にしてふたつの州の合計300エーカーの土地と、25万本以上のリンゴの木の所有者となった。

その後の様子を電話で尋ねている途中、彼はこう切り出す。「きみはどうして私がポジティブでいられるのかいつも訊くけど、自分でもうまく答えられないんだ。たぶん含蓄のある引用とか、そういうものを期待しているんだろうけど、そんなものはない。でも、どうしても知りたいなら、これを見てほしい――いま送信した」。私の携帯電話に、ダッジ・ラム・トラックのコマーシャルへのリンクが現れる。2014年のスーパーボウル〔アメリカン・フットボールのプロリーグNFLの年間王座決定戦〕で放映されたもので、保守的なラジオ・アナウンサーのポール・ハーヴェイが、1978年におこなったスピーチ「だから神は農夫をお作りになった」を使っている。私はスピーカーフォンに切り替えて、コマーシャルをストリーミングする。YouTubeでの再生回数は、2300万を超えている。古いラジオのパチパチという音とともに、スピーチがはじまる。

「そして8日目に、神は計画のもとに作られた楽園を見下ろして〝管理人が必要だ〟とおっしゃった。だから神は農夫をお作りになった。生まれたての子馬にひと晩寝ずにつき添う者が必要だ。そして、その子馬が死ぬのを見守り、涙を拭いながら〝来年はきっとうまくいく〟と気持ちを立て直す者が必要だ。柿の若木から斧の持ち手を削り出し、車のタイヤの切れ端を使って馬に蹄鉄をつけ、干し草を縛る針金や、飼料袋、履き古した靴から馬具を作れるような者……足を折ったマキバドリに添え木を当てるために、草刈り機を1時間止めるほどのやさしさを持つ者。深くまっすぐに畑を耕し、決して手を抜かない者でなければならない。種を蒔き、雑草を抜き、家畜を育て繁殖させる者、そして土をならし、耕し、苗を植え、羊毛を縛り、乳を濾せる者……互いに分かち合う穏やかな強い絆で家族をまとめ、息子が〝父さんと同じことをして〟生きていきたいと言うと、笑ってため息をつき、笑みを含んだまなざしで答える者が必要だ。だから神は農夫をお作りになった」

第3章

アフリカを救う遺伝子組み換え種子

真実は痛みと苦しみからしか生まれず、生まれたばかりの真実は必ず否定される。新しい真実も古い真実も、反論されずに認められるのは奇跡に等しい。

——アルフレッド・ラッセル・ウォレス

神の完璧な農夫像を語ったとき、ポール・ハーヴェイは72歳のケニア人女性を思い浮かべてはいなかっただろう。だが、ルース・オニアンゴは彼の農夫像に一致するばかりか、さまざまな重要な点でそれを超えている。彼女は私が会った農業従事者の誰よりも穏やかで、強い不屈の精神の持ち主だ。そして、アメリカのハートランドから2万3000キロも離れた場所に住んでいる。

ルースは、ケニア西部のエミュレッチェという小さな村で育った。一家の2エーカーの農場は、丘の斜面の砂利だらけの痩せた土地にあった。ルースはよちよち歩きのころから母親を手伝って、畑に出て働いた。栽培していたのは、トウモロコシやシコクビエ、サツマイモ、モロコシをはじめ、シルナシインゲンマメ、ササゲ、バンバラマメ、ピーナッツなどの豆類、それにバナナだ。トラクターや犂はなく、自分の両手と、つるはしに似たジェンベという道具を使った。畑仕事をしないときは、村のほかの子と同じようによく野生の果物を摘んだ。周囲の森には、土着の真っ黒なプラムやグアバがふんだんにあった。川べりに自生する葉物野菜も同じだ。「正式な名前なんてなかったから、〝沼の野菜〟としか覚えてないわ。ただの森にある食べ物で、好きなだけ採っていた」

10歳のとき、ケニア西部を飢饉が襲った。この地域は雨が多く、国内のトウモロコシのほとんどがそこで収穫される。この国では、トウモロコシは家畜飼料やコーンシロップにするためではなく、主に人間が直接食べるために栽培され、国内で消費されるカロリーの半分以上を占めている。穀粒をすりつぶして茹でた、ウガリというドロドロした粘土のような粥がケニア人の主食なのだ。ルースの子ども時代、飢饉は10年から14年に1度、確実にやってきては容赦なく人々を打ちのめした。1955年の干ばつでは、国中のトウモロコシがほぼ全滅した。このときの飢饉は、「カップ飢饉」として知られている。収穫量が乏しすぎて、トウモロコシの穀粒が1家族に大袋やブッシェル〔穀物の重量単位。トウモロコシの場合は約25・4キロ〕単位ではなく、カップでしか配給されなかったからだ。ルースの家庭は、警官の父親がもらう給料で配給を補えた数少ない世帯のひとつだった。栄養失調症のクワシオルコルのせいで従兄の腹が膨らみ、髪の毛が抜け、皮膚が鱗のようにひび割れていったのをいまも覚えているという。家族を亡くしてひとりぼっちになった村の年寄りがふたり、食事のたびに皿を手にやってきて戸を叩いた。「母はよく〝困ったらいつでもきてね〟と声をかけていた。わたしたちは、近所の人に決してひもじい思いをさせないの。飢えが人の尊厳を奪うことを、小さいときに学んだから」

バルワ一家（オニアンゴはルースの結婚後の姓）は、どうにか飢饉を乗り越えた。それでも、防ぎきれない悲劇もあった。ルースの10人の兄弟のうち、5人がまだよちよち歩きのころにマラリアで死んだのだ。ルースも感染したが、ちょうどドイツの製薬会社バイエルからクロロキンという治療薬が発売され、その薬を救援活動家からもらうことができた。回復すると、彼女は母親に次の3つの約束をした。「大きくなったら人の命を救う。エミュレッチェに病院を建てる。失った兄弟の分も子供を20人産む」。大人になって、20人ではなく5人の子の母になり、7人の孫ができたいまも、「まだまだ産むつもりよ」と、冗談を飛ばす。ほかのふたつの約束は守り、さらに多くのことを成し遂げた。

高校に上がったルースは、クラスでトップの成績をおさめ、ワシントン州立大学の奨学金を獲得した。卒業後もアメリカにとどまり、生化学と栄養学の博士号を取得後、1970年代に帰国して、ナイロビのケニア大学で栄養学と公衆衛生を教えた。しばらくするとケニア政府より指名を受けて、食料安全保障政策の立案を手伝うことになった。彼女はケニア議会に加わり、5年間職務に励んだ。さらに、国連の顧問と、『アフリカン・ジャーナル・オブ・フード・アグリカルチャー・ニュートリション・アンド・デベロップメント』誌の編集長に就任した。そのあいだにアフリカのルーラル・アウトリーチ・プログラム（ROP）を創設し、ケニア西部の数千の小規模農家とともに、収穫を増やして生活を楽にする草の根運動に励んでいる。

ルース・オニアンゴ（左端）

ROPは、ふたつの目標を掲げている。アフリカの農業生産性を高めながら、小規模農家の利益も守ることだ。このふたつは、ルースが提携するパートナーの顔ぶれを見ると、ひどく矛盾しているように見える。たとえば、非営利団体のアフリカ農業技術基金は、モンサント社の協力者だ。モンサントは2018年にバイエル社（マラリア治療薬の製造企業）に買収されたが、いまも小規模農家の最大の敵と目されている。また、ROPはビル・アンド・メリンダ・ゲイツ財団からも資金援助を受けているが、この慈善基金団体は弱い立場の人々に欧米技術を押しつけると批判を浴びている。ルースと初めて会ったとき、彼女は私にこう言った。「昔の工業化を推進しようとしているわけじゃない。前世紀にアメリカがおこなった、環境をひどく汚染する時代遅れの農法には反対です。私がしようとしているのは、テクノロジー、つまり近代的な種子や方法を使って農家に利益をもたらすこと。気候変動に適応できるクリーンな食料を、小規模農家が苦しまずに量産できるようにしたい。わたしたちの核心を失わずに、食料生産を工業化するつもりなの」

ルースと彼女がＲＯＰを通して連携する農家を紹介する、と言われたとき、私はその申し出を警戒しながら受け入れた。欧米のアグリビジネスのツール、とりわけモンサントが開発した種子が、農村社会の利益になるとは思えないからだ。しかしケニアを訪問中に、アメリカ人が工業型農業をいかに狭い視野で見ているかを痛感するようになる。アメリカ以外の国、特に新興経済国で交わされる技術と農業――ＧＭ作物を含む――の議論において、重要なのはコーンチップの表示の改善でも食システムの企業支配でもない。何よりも優先されるべきは、人々の生活の向上であり、突き詰めれば「生き延びること」なのだ。

畑があるのに、なぜ飢える？

ケニア西部の乾燥した冬にあたる7月、穏やかな風が吹く朝に、私は赤道から数キロ南の未舗装の道を、おんぼろの日産パスファインダーでガタガタと揺られながら進んでいた。車内には、ナイロビからやってきたＲＯＰの職員たちも乗っている。わたしたちはナバコロという村へ向かう途中で、道に迷っていた。このあたりは道路標識がないが、ほとんどの住人が携帯電話を持っている。カウボーイ・ハットをかぶった運転手のケニヤッタも、電話で情報を集めているところだ。「左手にあるかしいだバナナの木を探せばいいのか？」と、折り畳み式の電話に向かって、エンジン音に負けじとスワヒリ語で声を張り上げる。脇道に曲がる場所を見つけようとしているらしい。車がかろうじて通れる細いわだち道に入ると、ケニヤッタは「ンディヨ（Ndiyo：〝イエス〟）」とつぶやく。どうやらこの道で正解のようだ。

後部座席にいる私は、開け放った窓のほうへ身体をかがめ、外気の匂いを吸いこむ。焼けたトウモロコシの殻と耕された大地、動物の糞やディーゼル車の排気ガス、ユーカリの木――さまざまな匂いが混ざり合って、不思議なことに元気が出てくる。最後に食事をとってからもう3日になる。第1世界に慣れた私の消化器官は、あのとき食べたヤギのシチューに猛烈な反乱を起こした。食欲は失せたが、おかげで昂っていた神経もおさまってきた。私はｉＰｈｏｎｅをかばんにしまって、目に入るものを片端から写真に収めるのをやめた。バナナを詰めこんだバスケットや、水の入った石油缶を頭に乗せて、威風堂々と歩く女たち。焚きつけを山のように積んだ牛車を動かす青年。サルが枝にびっしり並んだアカシアの木。森のはずれをはい回るヒヒの群れ。「プラネット・コンピューター・センター」という看板をつけた泥壁のあばら屋や、何もないところにぽつんと立つ、「パレス・ホテル」とペンキで書かれた窓のない小屋も。

いま車で走っている地域はケニアのアイオワ州にあたるかもしれないが、もちろんアメリカのコーンベルト地帯〔アメリカ中西部の世界最大のトウモロコシ地帯〕とは似ても似つかない。車窓から見えるトウモロコシ農場は、どれも1エーカーほどしかない。隣は菜園になっていたり、動物がぽつぽつといるところもある。畑との境界には、フェンス代わりに円柱形のサボテンが植えられている。トウモロコシは大半が枯れかけている。干ばつで黄褐色の葉が丸まり、害虫に食べられたり、病気で穴があいたり、ストライガという寄生植物がきつく絡みついている。ところどころで、突然不気味なほど青々としたトウモロコシ畑が現れる。

ようやく目的地であるマイケルとアマニ・シュカ夫妻の農場に到着する。この地域のほとんどの農場よりも大きくて、広さは2エーカーを超える。中庭で5、6人が揃いの白いTシャツを着て、今日のイベントの準備をしている。その向こうには、高さ3メートルほどもあるエメラルドグリーンのトウモロコシが、黄金色の穂を垂らして広がっている。近年、シュカ夫妻は干ばつでも収量が近隣農家より3分の1ほど多く、地元で有名になったという。ふたりは、トウモロコシを売った利益で2間の家を建てた。新居はこの地域でいちばん大きく、煉瓦で作られた家がほかにないため、「テゴ・パレス」と呼ばれている。私が家を褒めると、マイケルはにっこりと笑い、アマニは見るからに恥ずかしそうに身を縮めた。小さな十字架のペンダントをつけた、おとなしい女性だ。

ふたりは3年前にROPに参加して、「アフリカ向け水有効利用トウモロコシ（WEMA）」プロジェクトに協力している。WEMAは、ケニアと8つの近隣諸国で、夫妻を含め数千の小規模農家にハイテクのトウモロコシ種子を提供している。この「ドラウトテゴ（DroughtTego：〝テゴ〟は、ラテン語の「盾」に由来する）」という種子は、モンサントが開発したものだ。同社がバイエルに買収されたあとは、バイエルが主要パートナーとして引き続きプロジェクトを支えている。2018年にはビル・アンド・メリンダ・ゲイツ財団も加わり、WEMAが研究と支援活動を次の段階に進めるために、2023年まで2700万ドルを提供することに同意した。ほかの支援者には、ハワード・G・バフェット財団や米国国際開発庁（USAID）が名を連ねる。WEMAの活動を監督するのは、ナイロビに拠点を置く非政府組織「アフリカ農業技術基金」だ。同基金が、モンサントの種子をテストして、地域の販売業者に供給する。今日は、シユカ夫妻の農場でROPとWEMAが「野外集会《フィールド・デー》」を開く。ハイテク種子の成功を実証して、地元の農家に近代農法を教えるのだ。

「ようこそ！」。パスファインダーで到着したわたしたちを、ルースが大声で歓迎する。明るい水玉模様のドレスとショッキング・ピンクのキタンバー（ヘッドスカーフ）をまとい、大ぶりのビーズのアクセサリーをつけている。靴は、紫色のゴム製のロングブーツだ。彼女が中庭の入り口に飾り終えた垂れ幕には、「ROP──農業による貧困撲滅」と書かれている。「ジャンバ、オニアンゴ博士！」と、私も大声で挨拶を返す。どうやら発音を間違えたらしい。でも、そばにいる子供たちがなぜ体をよじって大笑いしているかわからない（「ジャンボ」は「こんにちは、ようこそ」だが、「ジャンバ」は「おならをする」という意味だとあとでわかった）。こんなふうに、尊敬すべき学者兼活動家との長い親交がはじまった。

中庭のバンドがカンバ族の太鼓で陽気なリズムを奏でるなか、ルースとマイケルが敷地を案内してくれる。200人近い農夫が開会式のために続々とやってきて、大きな白いテントの下に並べられた折り畳み椅子に座る。椅子は、中央のステージを囲むように置かれている。そこで地元の指導者やグループがスピーチをして、農業経済の課題と成功例を披露するのだ。集会がはじまり、13人の少女が、軍隊のように膝と腕を勢いよく振りながら、参加者の周りを裸足で行進する。ROP職員が農業スキルを教えている近くの学校の生徒たちだ。最前列の主賓席に座るオニアンゴ博士の前にくると、2列に並ぶ。

「これからブレスト・アカデミーの生徒たちが作った〝Mkulima Bora si Bora Mkulima（ムクリマ・ボラ・シ・ボラ・ムクリマ：農夫であるだけでなく、よい農夫）という詩を暗唱します」と、最年長の子が英語とスワヒリ語で告げる。少女たちは6歳から14歳で、赤紫色のジャンパースカートと襟つきの青いブラウスの制服を着ている。全員が髪を編んでお下げにし、オリンピックの体操選手のように落ち着いている。

「Wali Mkulima! Mbona munateseka, munateseka!（ワリ・ムクリマ！　ンボナ・ムナテセカ、ムナテセカ！）」。少女たちが声をそろえて暗唱をはじめる。スタッフが、英語で同時通訳をする。

「ああ、農夫たちよ！　あなたたちは苦しんできた、苦しんできた！
農場はたくさんあるのに、収穫はほんのわずか。
国中が貧しさに喘いでいる。
国民は泣いている。なぜ収穫できないの？
教師も泣いている。警官も、医者も泣いている。

わたしたちは農夫たちにこう尋ねる。
畑があるのに、なぜわたしたちはまだ飢えているの？」

聴衆が口々に賛同する。〝naelewa（ナエレワ：わかるとも）！〟と、ひとりが叫ぶ。〝kweli（クウェリ：その通りだ）〟と、別のひとりが繰り返す。暗唱は続く。

「問題は貧しさではなく、農家にある。
父と母は、よいトウモロコシの種子を使うようになり、子供たちを救った。
ROP、ROP、ROPアフリカのおかげで。
お祝いしよう。よいトウモロコシを見つけたから。
もうお腹を空かせなくていい。豊作になるのだから」

聴衆は拍手喝采し、少女たちがルースの周りに集まる。いちばん小さな子が金と赤のティンセルの花飾りを彼女の首にかけ、いちばん背の高い子が大きなバナナの房を差し出す。ルースは立ち上ってお礼を言うと、少女たちを抱きしめる。のちに彼女はこう語る。「子供たちにすべての希望を託しています。学校での活動は、何よりも効果がある。農業のイノベーションを牽引するのは子供たちです」。そして、気候変動のもっとも深刻な影響を受け継ぐのも、子供たちだ。その影響を食い止める

ルースに贈られたバナナ

のが「わたしたちのいちばん新しい課題」なのだ、とつけ加えた。

GM作物は禁止すべきか

ルースが子供のころ野菜を摘んだエミュレッチェを流れる川は、完全に干上がっている。これは、彼女が目にした最近の気候の影響のひとつにすぎない。2000年以降、アフリカの角〔アフリカ大陸東端の角のように突き出た地域〕では史上最悪の干ばつが続いている。私がナバコロ村にいるあいだも、エチオピアとケニア、ソマリアで、約1200万人が飢餓の危険にさらされていた。緊急食料援助が必要な住民は1000万人にのぼり、ソマリアとエチオピアは6年間で2度目の深刻な食料不足に苦しんでいた。ケニアはまだましなほうだが、私が訪問した2016年は、干ばつと害虫により、トウモロコシの生産が10パーセントほど落ちこんでいた。翌年になると状況はさらに悪化して、2018年5月には、240万人が深刻な食料不足にあると国連が宣言する事態となる。2020年の春には、大きな災害が相次ぐ。イナゴの大群により食料の供給がさらに危うくなり、鉄砲水と土砂崩れが数千の農場を押し流して数十万人が家を失うことになる。

アフリカ大陸の大半も、同じような状況にある。過去15年の平均気温は世界の傾向と見事に一致し、観測史上最高を記録した。畑に害虫が増え、農作物の病害が広まった。干ばつが以前より長びいて頻繁になる一方で、雨は短時間に大量に降ることが多くなり、パターンが予測できない。国内最高峰のケニア山の氷河は、年々縮小している。1世紀前に16あった氷河のうち、元の状態を保っているのは半分にも満たない。しかも、あと30年でひとつ残らず消失すると予想される。水不足の影響がひときわ大きいのが、家畜だ。2000年以降、国内の家畜の数は激減した。農家は、ウシの代わりに、暑さと干ばつに強いラクダを飼いはじめた。現在、ケニアには約300万頭のラクダがいる。10年前に比べて3倍以上も増えた。

気候変動により、地方の農家は新しい知識とツールに関心を寄せている。「情報を求めて野外集会にやってくる農家が増えている。栽培状況が悪化すると、もっとよい方法を探さなくてはいけないから」と、オニアンゴが語る。シユカ農場の野外集会では、参加者が15人から20人のグループに分かれて、ROPとWEMAのスタッフによるワークショップを交代で受講する。ワークショップの内容は、新しい農法から古い農法まで幅広い。堆肥科学、輪作、土着野菜の栽培方法を説明しながら、ハイテクの貯蔵材やドラウトテゴの種子も紹介する。ルースと私は、ドラウトテゴのワークショップを受ける17人のグループに加わる。参加者のうち、12人を女性が占める。「農作業の時期が変わったことには気づいているでしょう」と、WEMAの現場インストラクターがスワヒリ語で話しかける。「日照りが続いて、雨が降るのを待ちわびる。ようやく降ったと思ったら、豪雨ですべてが押し流される。いつ種蒔きをしていつ雑草を取ったらいいのか、いつ収穫できるかもわからない」。一同はその通りだとつぶやいたり、うなずいたりする。インストラクターは英語に切り替えて、「白人はこうした変化を〝クライメイト・チェンジ〟と呼びます」と説明し、全員に復唱を促す。「クラァァァイメェエエ・チェエエエンジ」。みなで声をそろえてゆっくりと繰り返すと、聞きなれない生物種の学術名のようだ。インストラクターは、さらに続ける。このトウモロコシはストレスに強く、通常は4カ月かかるところを約3カ月で成熟する。それに、収穫期にはすぐに乾くので、いつ雨が降っても大丈夫だ。「干ばつがきても、豪雨がきても、このトウモロコシはクライメイト・チェンジに耐えられるのです」

ここでオニアンゴが口を挟む。「クライメイト・チェンジなんて、最初はおかしな概念だと思うでしょう。でも、あなたたちはその影響を何年も受けてきたの。このワークショップで、新しい種子を植えたらうまくいくとわかったでしょう。実際に見るのがいちばんです」。野外集会の本当の目的は、農家が新しい考え方とツールに慣れるのを助けることだ、とルースは語る。「親と同じ作物を植えたがるのは、その作物しか知らないからなの」

ＷＥＭＡが主催するイベントは、田舎の自給自足農家に近代化を促す。このことは、当然ながら、モンサントとその親会社のバイエルにも重要な意味がある。「アフリカの収量はまだまだ増やせます。ケニアとアフリカの農家の大半は、アメリカが１９１０年か１９２０年ごろに使わなくなったような種子を、いまだに植えているんです」。私がケニアに発つ数週間前、ロブ・フレイリーはそう言った。フレイリーは、当時のモンサントの最高技術責任者（ＣＴＯ）だ（２０１８年の買収後にバイエル社のコンサルタントに就任した）。遺伝子組み換え（ＧＭ）種子の発明者のひとりとして、また、その熱心な支持者として知られている。彼は、ＷＥＭＡの科学者がアフリカの土壌と気候に強い種子を作れるように、モンサントが「最先端の育種技術と最高の遺伝学を提供してきた」こと、しかもすべて無償でおこなっていることを強調する。「要は、気候変動に適応できるトウモロコシを作る世界最大の公開育種プログラムを創設したんです」

この主張に苛立ちを隠さないのが、ヨハネスブルグに拠点を置くアフリカ生物多様性センターのマリアム・マイエット所長だ。彼女は、ＷＥＭＡとモンサントが「社会貢献に見せかけた荒稼ぎ」をしていると主張する。同センターは、ＷＥＭＡに対し訴訟を起こしているという。

ＷＥＭＡは、ナバコロだけでなく、アフリカ中・東部の6カ国にある約20万の農家でプロジェクトを実施している。このプロジェクトは多くの理由から物議を醸しており、なかでも「参加した農村をＧＭ種子市場にしようとしている」という批判が強い。テゴ種子は遺伝子操作されているが、厳密に言えばＧＭ種子ではない（その違いについては、のちほど説明する）。ＷＥＭＡは、作物の耐乾性と害虫抵抗性を高めるために、ナバコロ近くのいくつかの研究所で、テゴのGMバージョン「ドラウトテラ」の試験栽培もおこなっている。

ケニアでは、農業でGM作物が果たす役割について盛んに議論されてきた。政府は環境と人体への影響を懸念して、2012年にGM作物の輸入と商業栽培を禁止した。アフリカ大陸の54カ国中、GM作物の商業栽培を許可しているのは、南アフリカ、エジプト、ナイジェリア、エチオピアなどの7カ国のみで、その大部分は織物用のワタだ。ところが、この規制が非難を浴びている。欧米とアフリカで、GM作物禁止法に異議を唱える科学者と活動家が増えているのだ。彼らは次のように主張する。遺伝子を操作・編集した種子は、アフリカ諸国の自給自足農業を可能にし、高温や干ばつ、侵略的な害虫によるストレスを軽減する。

実を言うと、ケニアに到着したときの私は、懐疑派のひとりだった。多くの欧米人と同じように、GM作物、モンサントと聞いただけで、科学的な根拠もなく反発を覚えていた。GM作物は、アメリカの工業型農業の元凶だ。そう考える一方で、生物工学から生まれた種子が、アフリカ僻地の農場と住民を救うことができるのか知りたかった。さまざまな圧力が高まるこれからの時代には、賛否両論あるこのツールが有効なのかもしれない。

カロリー生成機

ロブ・フレイリーは、ガラスの箱を手にデスクの椅子に座っている。モンサント社の幹部にしては、思っていたよりつつましいオフィスだ。天井は低く、蛍光灯がまぶしい。ベネチアン・ブラインドはゆがみ、物やがらくたがそこらじゅうにあふれている。デスクに山積みになった本とDVDのなかには、『改造された遺伝子、ゆがめられた真実、GMO-OMG（オー・マイ・ガッド）』という扇情的なタイトルもある（遺伝子組み換えを糾弾する本は片っ端から読んでいるそうだ）。壁と棚には、師であるノーマン・ボーローグの写真や手紙と一緒に、妻と3人の子供の古びた写真が飾ってある。読書用の椅子には、どういうわけか光沢のあるエンドウ豆の鞘のぬいぐるみが置いてある。その横にあるアメリカ国家技術賞のメダルは、ビル・クリントン大統領から授与されたものだ。フレイリーは、世界食糧賞も受賞している。２０１７年には、ほかのふたりの受賞者――アフリカ開発銀行総裁のアキンウイ・アデシナと、フロリダ大学食料農業科学研究所の土壌科学者ペドロ・サンチェス――と連携して、害虫抵抗性を持つＧＭ種子で「アフリカの作物を救おう」と世界に訴えた。ちょうどそのころ、ケニアでは侵入害虫のツマジロクサヨトウの幼虫がトウモロコシ畑を略奪しはじめ、化学物質では食い止められずにいた。そのような事情から、その年にアフリカ食糧賞を受賞したオニアンゴが、彼らのキャンペーンへの支持を表明したのだ。

「これが遺伝学の力です」。フレイリーは、そう言いながらガラス箱のふたを軽く叩く。箱のなかには、左側に小さな茶色いツイズラー（細長い棒をひねった形のアメリカの菓子）の化石のような標本がある。右側には、殻を剥がした30センチほどの黄色いBtコーンの穂が見える。「縮んでいるのはテオシント〔ブタモロコシとも呼ばれる〕です。トウモロコシの起源であり、先祖となる古代の野草ですよ。驚いたことに、テオシントと現代のトウモロコシの違いは、たった5つか6つの遺伝子変異だけなんです。数千年を通じてわずか6つばかりの変異が、人間をここまで発展させたのです」。そう言いながら、指を左から右へ移動させる。

続けて、彼は植物育種の歴史を語りはじめる。人間は、数千年前から無意識または意識的に植物のゲノムをいじってきた。農業がはじまる前は、トマトはちっぽけで苦く、ニンジンは小さくて白っぽかった。ブドウは、豆粒ほどの大きさで房もまばらだった。葉物野菜にいたっては、「酸っぱすぎて食べられたものじゃなかった」という。食料生産が人間に組みこまれている、つまり文明の発達を後押ししたように、食べ物にも人間が組みこまれているのだ、というのが彼の主張だ。

初期におこなわれた穀物の遺伝子操作の大半は、偶然だったかもしれない。アメリカの進化生物学者ジャレド・ダイアモンドが科学誌『ネイチャー』に発表した小論文「植物の栽培化および動物の家畜化の進化、影響と未来」は、コムギとオオムギの初期の進化について述べている。どちらも最初は茎のてっぺんに種子ができ、それが突然脱落して広範囲に分散したため、人間が拾い集めるのは困難だった。その後、種子の脱落を止める単一遺伝子の突然変異が起きた。非脱落性は「野生では致命的（種子が落ちないため）だが、種子を集結させるので、人間が集めやすい。人々がそのような野生の穀物の種子を集めはじめ、持ち帰って、うっかり何粒かこぼし、蒔くようになると、脱落しない突然変異の種子を無意識に選択して植えるようになった」と、ダイアモンドは書いている。そういうことが数千年続いた。好ましい変異が起きると、人間はその種子を選んで蒔き、その過程で、より大きくて柔らかい穀物や、苦みの少ない野菜、果肉の多くて甘い果物を作り出した。

トウモロコシは、1930年代まで起源が謎に包まれていた。それだけに、その物語は興味深い。現在のトウモロコシは、どこにも自生していない。長いあいだ、祖先種は絶滅したと考えられていたが、1934年にノーベル生理学・医学賞を受賞した遺伝学者ジョージ・ビードルが、テオシントに比較的短いあいだに劇的な突然変異が起き、その結果、近代農業のカロリーの巨人になったことを発見した。ほんのわずかな重要な突然変異によって、穀粒内のでんぷんの生成方法と量が向上し、それにともなって穀粒の大きさ、形、色、そして穂軸の列の長さと数が増えたのだ。加えて、さまざまな土壌と気候で育つ力と、特定の害虫への抵抗性も増した。

初期のトウモロコシの強みは、きわめて高い繁殖力だった。「ぐんぐん育つうえ、もともとたくさん実をつけるので、人間が適応する気候にはほぼすべて適応できました。熱帯や温帯だけでなく、乾燥した場所や、雨が多い地域、涼しい気候や暖かい気候でも枯れません」。つまり、新品種を開発する際に、巨大な遺伝子プールから、有用な形質をいくらでも選択できるというわけだ。だからトウモロコシは、ハイブリッドまたは非GMという従来の育種法で大成功を収めてきた。メンデルとダーウィン、のちにボーローグが開発した交雑テクニックのおかげで、科学者が幅広い種類のなかから、収量を増やせそうな突然変異体を以前より効率的に特定し、活用できるようになったのだ。

フレイリーは、こうも指摘する。同じトウモロコシでもケニアとアメリカでは重要な違いがある。

アメリカでは、エタノールなど食品以外の多くの用途のために大量生産される。それに対し、アフリカのトウモロコシは、もっともな理由から大切にされている。「トウモロコシはカロリー生成機《ダイナモ》なのです。最小の土地で、最大のカロリーを生み出しますから」。これについては、『ワシントン・ポスト』紙の記者タマル・ハスペルの「トウモロコシを守るために」という記事に詳しい。彼女は、主要作物の1エーカー当たりの産出カロリーを示している。それによれば、現代のトウモロコシ種子は1エーカー当たり約1500万カロリーを産出する。ジャガイモはそれよりわずかに少なく、コメは1100万カロリー、ダイズは600万カロリー、コムギにいたっては約400万カロリーしかない。「高カロリーのトウモロコシは、自給自足農家にとってきわめて重要である」と、ハスペルは書いている。

白熱する議論

従来の育種方法には、できることに限界がある。近代遺伝学を活用すれば、メンデルやダーウィンにはなかったツールで、トウモロコシの新品種を短期間で開発できる。たとえば、ドラウトテゴの種子は「DNAマーカー利用（遺伝子マーカーで形質の遺伝を追跡し、良い遺伝子を選抜。それを同種と交雑させて導入する）」育種という方法で開発された。分類上は「従来の育種」だが、技術的に見ると決して平凡ではない。たとえば、同じ種の有用形質に関わる遺伝子を交雑・導入して、種子のゲノムを正確に変えることができる。時間がかからないため、育種期間を大幅に短縮することが可能だ。侵入害虫の増殖など、栽培環境の変化に早急に対応する必要があるときに大いに役立つ。

GM作物の種子と、従来作物の種子はどう違うのか？　従来作物が近縁種の植物から形質を得るのに対し、GM作物はまったく異なる有機体から新しい形質を得ることができる。例として、レタスにネズミの遺伝子を挿入してビタミンCを生成できるようにしたり、リンゴの木にアカスジシンジュサンという蛾の遺伝子を組みこんで火傷病から守る実験がおこなわれてきた。

テゴのGMバージョンであるドラウトテラには、ふたつの外来遺伝子が含まれている。ひとつは枯草菌という細菌だ。土壌とヒトの胃腸管に存在し、植物の水分管理の効率化を助けることが証明されている。もうひとつは、やはり土壌細菌であるバチルス・チューリンゲンシス（Bt）だ。Btは、植物が内部で独自の有機殺虫剤を生成できるようにする。驚くほどのことではないが、アメリカにも同じような作物がある。ドラウトテラは、すでに300万エーカーで栽培されているモンサントの種子、「ドラウトガード」の変種なのだ。アメリカで栽培されるトウモロコシの実に90パーセント（約8000万エーカー）が、Btなどの形質で遺伝子を操作されている。この現実は、反対派がアメリカのトウモロコシ産業を批判するときに、「キング・コーン」としてよく引き合いに出される。

干ばつと害虫に強いトウモロコシは、乾燥の激しい地域の貧困層にすこぶる有益だ、とフレイリーは力説する。ナイロビに拠点を置くWEMAの科学ディレクター、シルベスター・オイケも、モンサントと親会社のバイエルは当面のあいだ金銭的な利益が出ない、とフレイリーを支持する。「モン

ナバコロで出されたごちそうの真ん中に置かれた大量のウガリ

サントは、WEMAに育種技術を無償で提供し、現地で種子が開発できるように率先して科学者を訓練してきた。営利目的ではない」。いまのところはそうだろうが、最終的にはその種子で新しい市場を作り、そこから利益を得るはずだ。WEMAの科学者たちは、さまざまな土壌と地域に合わせて100以上の品種を開発し、ドラウトテゴ・ブランドとして販売してきた。「テゴ・ブランドは、〝インテル入ってる〟〔インテル製品が内蔵されている、というキャッチコピー〕のようなものだ。農家の人々は、このブランドを見ると高収量と回復力を連想するようになってきた」と、バイエルのマーク・エッジは語る。モンサントは、いまはまだ割増料金を請求していない。小規模農家は「先進的な種子技術を、地元の種子市場の標準価格で購入している」という。だが、この種子市場が成熟すれば、高値で売りつけはじめるだろう。

アフリカ生物多様性センターのマリアム・マイエット所長は、こう主張する。モンサントは巧妙な農業帝国主義を推進している。いまは人道的支援を声高に謳っているが、ゆくゆくは新たな市場を獲得して支配するつもりなのだ。WEMAプロジェクトの実態は「世紀のぺてんだ。単一栽培とGM種子に的を絞って、テクノロジー主導の画一的な方法を押しつけている。これでは農家が受け継いできた知識やスキルを役立てられない」

ケニアでは、GM作物をめぐる議論が大いに白熱している。100を超えるアフリカの環境保護団体――その多くはフレンズ・オブ・アースやグリーンピースなどの欧米組織の支部だ――が一致団結して規制を支持し、「遺伝子組み換えは人体に危険だ。ケニアの地域原産穀物を汚染する」と、恐怖を煽り立ててきた。政府当局も彼らに賛同してきたが、2019年1月に国家環境管理庁（アメリカの環境保護庁に相当）が国内初の商業用GM作物の導入を承認した。

安全でも信頼が得られないわけ

アメリカに初めてGMトウモロコシが導入されたとき、私は19歳だった。それからしばらくして、人生初のGMコーンチップ「フリトス」を、そうとは知らずに食べたはずだ。あれからもう20年以上、GM作物を摂り続けていることになる。読者のみなさんも、自分が思うよりずっとたくさん口にしてきたことだろう。ピザ、ポテトチップス、クッキー、アイスクリーム、サラダ・ドレッシング、コーンシロップ、ベーキング・パウダーなど、いまや国内の加工食品の70パーセントに遺伝子組み換え成分がひとつ以上含まれている。1990年代半ば以降、数百万の国民が、ほぼ無意識のうちにGM食品を食べてきた。この事実を考えると、たとえ人体に有害だという証拠がなくても、いまいましい気分になる。

現在、世界で4億エーカー以上のGM作物――ダイズ、トウモロコシ、ワタなど――が、アメリカ、ブラジル、アルゼンチン、カナダ、インド、パラグアイ、パキスタン、中国をはじめとする24カ国の農場で栽培されている〔2017年時〕。なかでも、アメリカ国内の栽培面積は、合計約1億8000万エーカーにも及ぶ。批判者は、GM作物は危険なほど性急に導入されたと主張する。「わたしたちは、遺伝子組み換え食品製造会社によって、近代史上まれに見る大規模な無規制実験のモルモットになっている」。公衆環境衛生を説く小児神経科医のマーサ・ハーバートは、そう訴える。

しかし、全米科学アカデミーや世界保健機関（WHO）を含め、主要な国立科学協会はひとつ残らず、市販のGM食品は人体に無害だと結論づけている。反対派は、アレルギーからがんまでのさまざまな健康問題と関連づけようとしているが、「どれも科学的根拠がない」。そう切り捨てるのは、カリフォルニア大学デービス校で研究室を主宰する植物遺伝学者のパメラ・ロナルドだ。GM作物をがんと関連づける唯一の主要な科学研究は、フランスの科学者ジル＝エリック・セラリーニのチームが発表したものだ。GM作物でネズミの腫瘍が増殖したと述べているが、この研究を最初に掲載した学術誌『フード・アンド・ケミカル・トキシコロジー』は、決定的ではないデータを含むとして正式に撤回している。

ロナルドはこうも述べる。「遺伝子には、どこか人を怯えさせるものがある。生命の源に細工するなんて自然の摂理に反している、と深い恐怖心を起こさせるんです」。導入当初は安全性を裏づける証拠があまりなかったが、いまは違う。「１９７０年代に遺伝子工学技術が商業化されて以来、人体や環境に害を及ぼした事例はひとつもありません。数千人の独立科学者が20年にわたって徹底的に調査をし、厳格な相互評価をした結果、世界中のすべての主要科学組織が、現在販売されている遺伝子組み換え作物は食べても安全だと結論づけています」

食のジャーナリスト、マイケル・ポーランをはじめ、きわめて辛口の批判者の一部でさえ、ほかの育種方法に比べて人体に有害とは限らないと述べている。ポーランは私にこう告げた。「この技術〝そのもの〟に問題がある、と確信するような証拠は見たことがない。問題のほとんどは、ＧＭ作物の適用方法にあると思う」

イギリスで初期の反ＧＭ運動を牽引した環境保護運動家マーク・ライナスは、植物のゲノム操作を唾棄するあまり、夜中に何エーカーものＧＭトウモロコシを破壊したほどだった。ところが２０１８年になって、著書『科学の種子――なぜＧＭ作物はこれほど誤解されたのか？（*Seed of Science: Why We Got It So Wrong on GMOs*）』で自らの誤りを認め、こう明言した。この技術を安全だとする科学的根拠は、気候変動を裏づける科学と同じくらい揺るぎない。以下は、彼の説明だ。「気候変動の科学的な統一見解は認めているのに、ＧＭ作物の統一見解は否定する。それでも科学ライターを名乗るのは、矛盾していると感じた」。『ワシントン・ポスト』紙のハスペルも、世間の認識の変化は正しいと述べる。「ＧＭ作物反対論は、実際には作物そのものではなく、企業が支配する工業化された食システムへの反対だった。ＧＭ作物はその身代わりにすぎない」

遺伝子工学を最初に活用したのは、医薬業界だ。１９７２年に科学者が酵母やバクテリアから酵素を抽出しはじめ、インスリンなどの救命薬を作り、最終的にがんの治療法を生み出した。それから今日にいたるまで、糖尿病患者はＧＭインスリンを使った治療を受けている。農学者が民生用として作物学に活用しだしたのは、１９９０年代半ばになってからだ。１９９４年に初めて導入されると、ＧＭ作物は瞬く間に広がった。「最初の栽培面積は50万ヘクタールでしたが、たった10年で５０００万ヘクタールまで拡大しました。農業史上、これほど急速に受け入れられたイノベーションはありません」と、フレイリーは言う。

新しいゲノム編集技術ＣＲＩＳＰＲ《クリスパー》〔外来遺伝子を導入する遺伝子組み換えとは異なり、もともと生物が持っている特定の遺伝子を狙って切り貼りし改変する技術〕が登場すると、Ｐｈｏｔｏｓｈｏｐでの写真加工と同じくらい簡単に、植物や動物のゲノムを改変することが可能になった。ハスペルは次のように書いている。「ＧＭ作物は高額だが、クリスパーは安い。クリスパーのキットを買えば、たった１５９ドルで、バクテリアのゲノム編集を自宅でできる。一方、ＧＭ作物を市場に送り出すには数百万ドルが必要だ」。その安さゆえ、大企業と同じくらい学術研究者にも利用しやすくなってきた。

2017年には、科学者がクリスパーを使って実験動物からHIVのDNAを除去した。さらに、豚の臓器をより安全に人間に移植できるように、子豚に潜む有害ウィルスを排除することに成功している。しかし、医学的な成果が広くもてはやされたのに対し、食品は違った。たとえば、酸素に触れても茶色くならず、捨てられにくいマッシュルームとジャガイモを開発しても、不信の目を向けられた。

きわめてもっともな理由として、農業への活用方法に重大な誤りがあったことがあげられる。以下は、ポーランの説明だ。遺伝子組み換えは「工業型農業の生産性を高め、除草剤の売上を増やし、単作などの慣習を強化しており」、消費者よりも企業の利益になるように意図されている。GM作物の代名詞と言えるモンサント社の「ラウンドアップ・レディ〔除草剤のラウンドアップに耐性を持つという意味〕」種子は、特殊な「耐性を持つ」遺伝子で作られ、ほぼすべての植物を枯らすほど強力な除草剤にも耐えられる。こうした薬剤耐性を持つ植物が、アメリカで栽培されるトウモロコシ、ワタ、ダイズの90パーセントを占めるようになった。しかし、その多くが思わぬ誤算を招いた。除草剤に抵抗力を持つ「スーパー雑草」が出現し、もっと強力な除草剤をもっと大量に撒く羽目になったのだ。それに追い打ちをかけるように、近年、世界保健機構（WHO）の下部学術組織が、ラウンドアップの主成分のグリホサートは人体に有害な恐れがあると判断した。こうした事実がGM作物の信頼性を貶めた。

「有名なGM作物には、落第点がつきはじめている」と、ポーランは語る。あまり有名ではないものも、失敗に終わっている。その最たる例が、1994年に発売された世界初の市販GM作物、フレーバーセーバー・トマトだ。ゆっくりと成熟し、日持ちがして味もよかったが、需要が低く生産コストが高いため、わずか3年後に姿を消した。ゴールデン・ライスは、期待値が高すぎたこともあり、もっと悲惨だった。ベータカロチンを豊富に含むコメを作れば、開発途上国でビタミンA欠乏症による幼児の失明を防げる、というアイデアは素晴らしかった。しかし、10年かけても思ったほどベータカロチンの含有量を増やすことができなかった。最近では、2017年にアメリカのスーパーマーケットに登場した「アークティック・アップル」も批判を浴びた。遺伝子学者たちは、ゴールデン・デリシャスという品種のリンゴが持つ、切り口が空気に触れると変色する遺伝子配列を「スイッチオフした」。そうすれば、ランチ・ボックスに入ったリンゴのスライスが捨てられずにすむと考えたのだ。ほかに、デルモンテ社が開発した果肉がピンク色の遺伝子組み換えパイナップル（〝ロゼ〟）がFDA認証を受けるなど、市販のGM食品は増えている。だが、いまのところ一般消費者は信頼しておらず、注目もしていない。

二者択一を超えて

市販のGM製品の惨状を考えると、「GM不使用」表示食品が増えているのも不思議ではない。実際に2015年の80億ドルから、2018年には260億ドルへと飛躍的に増加した。アメリカの世論調査機関ピュー研究所によれば、共和・民主両党のアメリカ人の約半分は、たとえ科学的根拠がなくても、GM食品は非GM食品よりも健康に悪いと信じている。トレーダー・ジョーズ（ロサンゼルスに拠点を置く人気スーパーマーケット・チェーン）とチポトレをはじめ、多くの店が遺伝子組み換え原料の使用と販売をやめると誓い、ダノンやトリスケット（ナビスコが発売している人気クラッカー）もあとに続いた。これに対し、『ワシントン・ポスト』紙のコラムニスト、マイケル・ガーソンは、「非遺伝子組み換えブランドを作る企業は、合理性に反する罪を犯している」と、GM食品ボイコットをボイコットするよう提案した。このGM表示狂騒曲はますますエスカレートし、いまや遺伝子組み換えが不可能な不活性成分でできた商品——塩やろうそく、猫用トイレにまでGM不使用が表示されるありさまだ。

パメラ・ロナルドをはじめ多くの科学者が、GM作物への反発はこの技術が達成した偉業を無視していると考える。たとえばBtワタは、世界中で散布される化学殺虫剤の量を大幅に減らした。ドラウトテラ製品にも導入されるBt細菌は、オーガニック食品生産者にも広く使用され、食卓塩と同じくらい人間にも動物にも無害だ。米国農務省（USDA）は、遺伝子工学で組みこまれたBt形質（害虫抵抗性）のおかげで、殺虫剤の使用量が10分の1に減ったと報告している。

ロナルドは、いくつかの実例もあげてくれた。輪斑病ウィルスに耐性を持つ遺伝子組み換えパパイヤが、ハワイのパパイヤ産業を救ったこと。また、同僚たちとDNAマーカー利用育種法で開発した「スキューバ・ライス」に冠水耐性があること。バングラディシュとインドの洪水帯では、2017年の時点で600万以上の自給自足農家がこのイネを栽培しているという。「ラウンドアップ・レディのせいで、遺伝子組み換え技術全体を悪者扱いするなんてあんまりです」と、憤慨する。

彼女はこうも指摘する。「GM作物をめぐる集団パラノイア」は、19世紀後半にハイブリッド育種が進歩したときとよく似ている。イギリスの分類学者で植物学者でもあるマックスウェル・マスターズは、「自然の法則を妨げるのは不信心だと、大勢の有力者がハイブリッドの生産に反対した」と、1899年に書いている。ようやく受け入れられた数十年後の1953年、ジェームズ・ワトソン、フランシス・クリック、ロザリンド・フランクリンがDNAの構造を解明し、ゲノム科学の門戸を開いた。「遺伝子組み換え技術は、遺伝子を解読し、順序を組み換えて生物間で移動させる驚異的な力です。恐ろしい面もあるけれど、絶大な効果もある」。GM作物を何カ月も調査した環境保護ウェブサイトGrist.orgのコラムニスト、ナサニエル・ジョンソンも同じ意見だ。「新しいことを試すのは危険がともなう。でも、新しいことをしようとしない、つまり現状から動かないのはもっと危険だ」

ナイジェリアの農業農村開発大臣ハッサン・アダムは、世間の不安のせいで、気候の影響を受けやすいアフリカ人が甚大な損害を被るかもしれないと警告した。「親切があだになることもある。農業バイオ技術に注意しろ、と助言する欧米グループの、善意だがひどく間違った行動がそうかもしれない。人騒がせな警告を真に受ければ、数百万のアフリカ人が苦しみ、命さえ落としかねない」。ジンバブエの科学者も、まったく同じことを『ウォールストリート・ジャーナル』紙の論説に書いている。飢餓が蔓延中に政府がGM作物の受け取りを拒否したことを、彼女は激しく非難した。「私の国の政府は、国民がGM食品を食べるより死んだほうがましだと考えている。GM食品の援助を拒否するのは、人道に反する。これでは、自然災害と人災の二重苦だ」

オニアンゴの見解は慎重だ。「これは善悪の問題じゃない。私がこれまで得た科学知識では、GM作物のメリットはリスクを大きく上回る。それに、そのリスクもコントロールできる」。彼女は、モンサント反対派をこう評する。彼らは「高額な食べ物を買う余裕があり」、環境の変化や人口増加に対応できない昔の農業を美化している。「ケニアでは、そんな贅沢は言ってられない。わたしたちは食べ物を恵んでもらう立場から、輸出する側になろうとしている。自力で食べられなければ、前には進めない」

アニーとクリス・ニューマン夫妻と同じように、オニアンゴも二者択一的な考えを超えた、農業の「第3の方法」を支持している。彼女が描くアフリカの食料生産では、過去と現在の戦略が融合する。「アメリカの農業議論を聞いていると、まるでふたつの道しかないみたい。つまり、昔ながらのアグロエコロジー〔生態学の知見の農業への適用〕か、ハイテクのアグリビジネスか。なぜ共存はできないの？　きっとできるはず。この国の人口は、あと30年で倍に膨れ上がる。その影響に対応できる農業部門が必要なの。わたしたちは、土着野菜も近代種子も必要なの。多様な栄養も、高収量の穀物も、両方とも大切なんです」

広大な砂漠が農地に変わる？

ナバコロのすぐ北のキタレ市にある科学研究所は、小じんまりとした大学キャンパスのようだ。研

リヤゴ博士（中央）と彼のチームと。ＧＭ作物の試験圃場にて。

究室とオフィス、宿舎が入ったコンクリートの低層の建物が数棟あり、その周りにごわごわした黄色い芝生が広がっている。敷地の隅は金網の上に有刺鉄線を巻いたフェンスで仕切られ、その向こうではフットボール競技場の半分ほどの農地に、数千のトウモロコシが青々と輝いている。およそ半分が、モンサントが開発した賛否両論のBtトウモロコシだ。ＷＥＭＡのトウモロコシ育種プロジェクトのリーダー、ディクソン・リヤゴが、チームの科学者４人を連れて研究用データを集めにきた。Btトウモロコシは、もともとヨーロッパのニカメイチュウ〔ニカメイガの幼虫〕の防除用に開発された。リヤゴたちはこの蛾の仲間であるアフリカ産ニカメイチュウと、ツマジロクサヨトウへの耐性を調べている。ツマジロクサヨトウは、アフリカ大陸中のトウモロコシを枯らしている害虫だ。リヤゴは、市販の害虫抵抗性種子と比較しながらBtトウモロコシの有効性を測定している。それが終わったら、害虫抵抗性と干ばつ耐性という「複数の《スタック》」形質を導入したドラウトテラ・トウモロコシと入れ替えて、次の段階に進む予定だ。

リヤゴが金網フェンスに巻きつけた金属鎖についた南京錠をふたつはずして、正面ゲートを開ける。わたしたちは、「バイオハザード」「関係者以外立入禁止」という表示を通り過ぎて試験区画に入り、小さな小屋のなかで丈の長い明るい黄緑色の実験用作業着を着用する（緑色の生地なら、試験用作物の花粉が落ちてもすぐにわかって除去しやすい）。それから、抗菌液の入った浅いトレイに交代で足を浸し、外から花粉を持ちこまないように靴を消毒する。

準備が整うと、リヤゴの案内に従って、迷路のようなトウモロコシ畑に分け入っていく。狭い静かなトンネルのように並ぶ茎は、みずみずしい緑色だ。順調に成長しているように見える。わたしたちの背丈をはるかに超えているため、空はほとんど見えない。すぐにジャングルで藪を漕いでいるような、図書館で本の山をかき分けているような気分になる。どの区画と列をとっても、トウモロコシは番号通りに秩序正しく並んでおり、1本1本に遺伝学的背景を書いた表示がある。風に紛れて花粉が流出入しないように、外側5列に植えられた「周縁作物」が、試験区画を保護している。圃場は長方形の6つの区画に分けられ、各区画で異なるBt品種を試験栽培している。GMトウモロコシと主な市販トウモロコシの列には、品種は同じだがBt形質を持たない種子が散在する。研究者たちは、これらを「コマーシャル・チェックス」と呼ぶ。

「アマンダ、きみに質問だ！」。ふいに、リヤゴが大声で言った。小柄でひょろっとした70代の彼は、メタルフレームの眼鏡をかけ、きれいな歯並びをいちばん奥まで見せて晴れやかに笑っている。「このなかで遺伝子を組み換えたのはどれだと思う?」。藪漕ぎと本の山から急に現実に引き戻され、私は思わず口ごもる。「先のほうまで歩いてよく見てごらん」と促されて、手近の3列をじっくりと観察しはじめる。どの葉も小さなギザギザの穴がいっぱいある。まるで爆弾の破片を浴びて、ぼろぼろになった布のようだ。隣の3列には、穴はほとんど見当たらない。「ここのかしら?」。私は葉に穴のないトウモロコシを指して訊いてみる。「Nzuri（ンズリ：素晴らしい）!」と、リヤゴが叫ぶ。「その通りだよ。すごくがっしりしてるだろう? 生育特性が強くて、元気がいい。でも、隣の列は弱っている。スイス・チーズみたいに穴だらけで、明らかに害虫に食われている!」

リヤゴの同僚のオマール・オドンゴが、Btトウモロコシの皮をむいてひげを取り、びっしり並んだ真珠のような穀粒を見せる。次に、Bt形質を持たないトウモロコシの皮を取ると、穀粒は欠けているか歪んでいる。ねばねばした茶色い部分に、もうすぐ蛾になりそうな太った灰色の毛虫が休んでいる。「Bt植物に含まれる遺伝子は、害虫を消すスイッチのようなものだ。葉を何口か齧っただけで幼虫は死んでしまう」と、オドンゴが説明する。アメリカの害虫ツマジロクサヨトウは、2016年までケニアにはいなかった。それがいまはアフリカの30以上の国で確認され、爆発的に拡散している。2017年初め以降、この害虫はトウモロコシ、ソルガム〔アフリカ産のイネ科の雑穀〕などの主要生産物に数十億ドルの被害を及ぼしてきた。生活苦に喘ぐ農家にとっては死活問題だ。

しかし困ったことに、従来の方法ではほとんど退治できない。殺虫剤を買う余裕のある農家は、フェンチオンという神経毒性のある有機リン酸エステルなどを使う。Bt剤のほうがすこぶる効果的だが、小規模農家には高額すぎて手が出ない。フェンチオンのような安価な化学物質は、葉や茎のいちばん奥まで届くように大量に使用される。ニカメイガの場合、メスは穂軸の葉の根元深くに1度に約200個の卵を産みつける。数日後に孵化した幼虫は、まず葉を食べてから茎と穂軸にトンネルを掘り、そこで成長して蛹になる。化学物質を買えない農家は、しばしば灰や砂を手作業で撒こうとする。若いトウモロコシの葉1枚1枚――1エーカーの農場に数万枚はある――に、ひとつまみずつ振りかけるのだ。これで蛾が死んでくれるように、茎のなかに入りこまないようにと願いながら。気の遠くなるようなこの作業は、めったに報われない。

「研究はいまのところ順調だ。Btトウモロコシは、非Btトウモロコシより約40パーセントも収量が多い」とリヤゴが満足そうに言う。これだけでも、GM作物の成果は明白だ、とつけ加える。導入遺伝子は、農家の資金と時間を節約するだけでなく、有毒な化学物質の使用を減らす。さらに、収量、食料安全保障、収入を増大させるという。私は、Btトウモロコシの花粉が蝶などの益虫に及ぼす否定的な影響と、遺伝的浮動（同じ生物集団内で特定の遺伝子の占める割合が、適応とは無関係に偶然に変動する現象）の脅威について尋ねてみた。すると、たちどころに一蹴された。「15年に及ぶテストの結果、Btトウモロコシの毒素は、益虫に害を及ぼすほど多くないことが判明した」。私は『ネイチャー』誌の記事で、彼の見解を確認した（「憂慮する科学者同盟」のジェーン・リスラーが、「遺伝子組み換えトウモロコシの花粉は無害のようなので安心した」と、述べている）。

Btトウモロコシは、ケニアにとって「経済にも環境にも効果的な成功例」だ、とリヤゴは手放しで讃える。その一方で、モンサントが開発する干ばつ耐性形質には慎重な姿勢を見せる。観葉植物を育てたことがある人なら、水をやり忘れても枯れない種類があるのを知っているだろう。たとえばシダ、アイビー、多肉植物は、水を与えればすぐに元気になる。しかし、そうではない種類もある。植物がなぜ水不足から復活するのか、解明することは容易ではない。70年代半ば以降、企業や機関が研究に数十億ドルを投じてきたが、水の効率性と干ばつ耐性が「ひどく複雑だ」ということしかわからなかったと、バイエル社のマーク・エッジも述べている。

国際農薬行動ネットワーク（PAN）の上席研究員で、GM作物に批判的なマーシャ・イシイ＝アイテマンは、この現状に苛立ちを見せる。彼女の主張はこうだ。干ばつ耐性を植物に組みこめる証拠は、まだほとんどない。それなのに、可能な解決策として奨励されている。「無責任だわ」。そう言って、パデュー大学の分子遺伝学者ジィェンカン・ジュのことばを引用する。「植物生物学における干ばつのストレスは、哺乳類生物学におけるがんと同じくらい複雑で難解だ」

干ばつのストレスへの反応を司るのは、ひとつの遺伝子ではない。「複雑に絡み合った遺伝子全体であり、植物によって異なる」と、エッジは語る。確かに、彼も認めるようにモンサントのドラウトガード種子（アフリカのドラウトテラに相当）の栽培結果にはむらがある。たとえば、アメリカ北西部のいくつかの干ばつでは非常にうまくいったが、同じような水不足に悩む中西部の農場では効果がなかった。正確な理由は、彼自身もわからないという。

謎を解くには、植物が水をいちばん必要とする発育段階を考えなければならない。リヤゴの説明によれば、「トウモロコシは、開花期前と後の2週間に干ばつに襲われると、花粉の発育が止まったり、穀物の発育が遅れたりする。このふたつの重要な時期に水が不足すれば、あとから足しても復活できない」。土から水を吸い上げる仕組みも、考慮する必要がある。根は長く伸びるほど、深い水源を利用できる。導管は幅が広くて数が多いほど、茎から葉に効率的に水を運ぶことができる。光合成も重要だ。葉が二酸化炭素を取りこもうと気孔を開いているときは、自然冷却の一環として水蒸気も放出しているからだ。

植物が環境ストレスをどう乗り切るか？　その謎を解明することが、植物学者の「次なる大きなフロンティア」だと、ロナルドは言う。彼女とチームは、5年前から干ばつ耐性作物の開発に取り組んでいる。きわめて複雑で巨額の費用を要するため、バイエルやシンジェンタのような巨大企業並みの研究開発予算が必要だ。それなのに、大学や政府の先駆的な科学者が、続々と参入しているという。南アフリカのケープタウン大学は、水分がほぼすべて奪われてもすぐに回復できる「復活の木」、ミロタムヌスを研究中だ。この植物は、含水量の最大95パーセントを失っても――種子の含水量より少ない――枯れない。数カ月あるいは数十年も休眠か冬眠状態を続け、雨が降ると息を吹き返す。この奇跡的なスキルを、テフというアフリカ原産のプロテイン豊富な穀物に導入しようとしている。一方、イスラエル工科大学は、タバコに同じような「復活」遺伝子を組みこむことに成功した。

これだけではない。アルゼンチンでは、ヒマワリの干ばつ耐性遺伝子を導入したダイズが開発され、政府より商業栽培の承認を得た。また、テネシー州のオークリッジ国立研究所の科学者シァォハン・ヤンは、サボテンのアガベなどが水分を保存・管理する仕組みを研究し、同じ特性を備えた作物を開発中だ。成功すれば、広大な砂漠が豊かな農地に変わるかもしれない。

私が間違っていたこと

ルース・オニアンゴにとって、こうした新しい研究の波は、善意のイノベーションを推し進める希望にあふれたストーリーだ。「世界は常に変化しています。わたしたちは、進歩せずにいられない生き物です。人間の頭脳は常に働き、医学や通信、工学、輸送分野で可能性の限界を押し広げたがる。農業も例外じゃない」と期待を寄せる。

ナイロビを発つ前日、私はルースが育ったエミュレッチェから約25キロ離れたメアリー・マテテの農場を訪れた。41歳のメアリーは、最近、近隣女性から成る「ニュー・テクノロジー・グループ」を創設し、定期的に集まって近代農法について意見を交わしている。64歳の夫ロバートとのあいだに、5歳から22歳の子供が9人いる。一家の1.5エーカーの畑をほぼひとりで耕しており、いまはドラウトテゴとダイズを輪作して、土が痩せるのを防いでいる。農地の0・25エーカーは、アメリカホドイモのほか、キャベツやタマネギ、イヌホウズキ、ヤムイモの栽培にあてている。

2012年、メアリーは2回続けてサトウキビを収穫できず、ルース・オニアンゴが創設したR

メアリー・マテテ

OPに参加した。ROPの助けを借りて肥料で土を回復させ、サトウキビをテゴトウモロコシに植え替えた。4年後、トウモロコシの収穫量は年間18ブッシェル〔約457キロ〕から74ブッシェル〔約1880キロ〕へと4倍以上に増えた。この成功をきっかけに、メアリーはニュー・テクノロジー・グループを立ち上げ、近隣の女性たちと協力しあうようになった。16人の隣人とともに、地元の供給業者との信用供与枠を設定したり、余った作物を共同で保存したり、集団購買力を活かして種子や必需品の値段を交渉している。

おかげで状況は好転したが、まだ十分ではない。メアリーとロバートが収穫する74ブッシェルは、アイオワ州の平均的な農場の200ブッシェルの3分の1にすぎない。2016年には990ドル相当の総収益をあげたが、収入の4分の3以上は翌年分の種子と肥料と保存用袋に消えた。残りの約180ドルで、11人家族を1年間養わなければならなかった。

マテテ農場を訪れて数時間後の正午少し前、一家の子供のうち13歳のジェーン・ベス・アスワニと9歳のジョナス・アクウェネノが学校から戻ってくる。学費を滞納しているせいで、授業を受けさせてもらえなかったのだ。メアリーは動揺している。私は子供たちにどんな将来を望んでいるのか、彼女に尋ねた。「農場を引き継ぐのかしら?」。するとメアリーは、肩をすくめてこう答える。将来は農場を大きくして近代農業を取り入れたい。そうすれば、小規模農家から脱け出して、新しい経済部門に加われるだろう。ほかの多くのアフリカ諸国と同じように、ケニアもテクノロジー主導経済へ向かっている。ナイロビ市は「シリコン・サバンナ」を自称し、最近グーグルとマイクロソフトが事務所を設置したと聞いた。しかし、農業はまだ国のGDPの約3分の1を生み出しており、300万人が畑を耕して生計を立てている。子供たちがどんな仕事を選ぶにせよ、成功するには教育と、ある程度の現代テクノロジーの知識が必要だろう。

会話が途切れると、ロバートが私の手を取ってこう訴える。「わたしたちに同情するなら、ひとり引き受けるだけでいい」

「ひとり引き受ける?」

「子供です」と、彼が言う。

子供のひとりを引き取ってアメリカで育ててほしい、と頼まれたのだとわかるまで、しばらくかかった。突然のことに、「光栄な話ですが、手配が簡単ではないでしょう」と私は口を濁す。それから急いでバックパックのなかをひっかき回して、財布を探す。学校の1学期分の授業料はいくらかと尋ねる。ジェーンとジョナスの1年分の学費の2000シリング（20米ドル相当）を探し当てると、それをメアリーに渡す。メアリーは明らかに当惑し、ことばが出ないようだ。ロバートが膝まずき、祈りのことばを唱えはじめる。

アフリカで会った農家の人たちと彼らが直面するリスクを、いかに過小評価していたか——私がそのことをようやく実感したのは、帰国のために空港へ向かいはじめてからだ。マテテ家にしたことと、それが何の解決にもならないことを思って、恥ずかしさがこみあげてくる。いままでの調査の前提——たとえば、アフリカの農場にどんな近代技術を導入すべきかに、アメリカ人が気を配るべきだという決めつけ——が間違っていると気づくまで、これほど時間がかかった自分を恥じた。アフリカで会った人々は、新しい農業技術の被害者ではない。目の肥えた実践者であり、技術がもたらす代償と恩恵を外国人と同じように判断できる。それに、土に親しんで暮らす人が欧米よりもずっと多く、もともと持続可能な農業に深く関わっている。彼らが技術から得るものも、わたしたちよりはるかに大きい。技術があれば、地球上の誰よりも自分たちを叩きのめす気候変動の影響から立ち直ることができる。割に合わない重労働から解放されて、アメリカの農家が1世紀以上も享受している暮らしを、手に入れることができるのだ。ルースは私にこう語る。「欧米人にとって、昔ながらの農業に戻ろうと言うのは簡単です。でも、アフリカは昔のやり方から離れようとしている。そのためには、あらゆるツールを検討する必要があります」

第4章

AIロボットで持続可能な農業へ

彼は間違いを犯した。それを消し去るときがきた。
——ディック・ジョーンズ、映画『ロボコップ』より

ケニアで私が学んだもっとも重要なことは、慎重になることだ。食料生産に抱いていた懸念のうち、少なくともいくつかは、理不尽とは言えないまでも薄っぺらで、確かな科学的根拠のないことがわかってきた。多くの人にも、同じことが言えるかもしれない。遺伝子組み換えはほかの育種法と同じくらい無害である、とすべての主要な科学組織が結論づけたにもかかわらず、GM作物の健康被害を怖れている。遺伝子を操作された作物が、工業的なアグリビジネスが生み出すあらゆる害悪——単一栽培、肥満の蔓延、藻の異常発生、耕地土壌の減少など——と密接に関わっていると決めつけている。率直に言って、こうした問題をどこから科学的に解析すればよいのか、また、どの問題から手をつけるべきか、わかっている人はほとんどいない。

ルース・オニアンゴは、ＧＭ作物や進歩的な育種法を救世主と見なす一方で、国内に入りこむ工業用肥料と殺虫剤が増えていることを大いに憂えている。最近、企業や政府が運営する広大な農地に、セスナ機が大量の肥料と殺虫剤を噴霧するのをたびたび見かけるという。湖と沿岸では、藻の異常発生が拡大している。化学物質が土壌や水質、人体にどんな影響を及ぼすのか、彼女は不安を募らせている。その気持ちはよくわかる。私自身、実は農業に使用される化学物質を何よりも（たぶんコーヒーが飲めなくなることを除いて）心配しているからだ。

きっかけは、生物学者で作家のレイチェル・カーソンの『沈黙の春』（新潮社）を読んだからに違いない。同書は、20世紀の大半にわたりアメリカで多用された農薬ＤＤＴの破壊力を、鋭い文体と明確な科学的証拠とともに暴露した。1962年の出版以来、数百万部を売り上げているロングセラーだ。この1冊から環境保護運動が広まり、1970年の環境保護庁の創設、1972年のＤＤＴ禁止が実現した。『沈黙の春』がこれほど多大な影響を与え、以後数十年も農薬禁止運動が続いているのに、ほかの強力な農薬はいまも使用され、ときに恐ろしい結果を引き起こしている。

カーソンの著書が刊行されてからほどない1967年、アメリカは敵が潜むベトナムのジャングルの葉を枯らすために、有毒なダイオキシンを含む除草剤「オレンジ剤」を500万ガロンもばらまいた。この化学作戦は、環境と人体に長期にわたってきわめて深刻な影響を及ぼした。また、1984年には、インドのボパールにあるユニオン・カーバイド社〔アメリカ最古の化学企業のひとつ〕の工場でガス漏れ事故があり、殺虫剤の原料であるイソシアン酸メチルという毒性の強いガスが放出された。推計1万5000人が死亡し、負傷者はそれ以上に及んだ。2010年には、やはり大いに物議を醸していた除草剤のアトラジンが、使用開始から数十年後に、オスのカエルをメス化して産卵させることが判明した。

問題のいくつかは抑えられたが、不安は消えない。余剰肥料の流出によって形成されたメキシコ湾の酸欠海域《デッド・ゾーン》〔化学肥料を栄養として藻類が大量増殖し、海水から酸素が奪われて生物が生きられない水域〕は、いまや約2万7000平方キロを超える。これらの化学肥料が蒸発すると、亜酸化窒素という、二酸化炭素の300倍も強力な温室効果ガスを発生する。アイオワ州では、農業排水による汚染が「ブルーベビー症候群」を引き起こす。水道水に溶け出した肥料に含まれる硝酸態窒素という成分により、乳児が血液中で十分な酸素を運べずに酸欠状態に陥るのだ。蜂が大量死する蜂群崩壊症候群（CCD）は、蜂の生殖能力を損なうニコチンに似た殺虫剤成分、ネオニコチノイドと関連していることがわかった。また、近年おこなわれた多くの学術研究では、妊婦が農業と造園に多用される有機リン系殺虫剤に大量に曝露すると、催奇形性が高まるとされている。

誤解のないように言っておくが、曝露の危険性は平均的な消費者よりも農業従事者のほうがはるかに高い。ほとんどの毒物学研究によれば、食品中の残留農薬は微々たるものだ。殺虫剤の監視団体エンバイロンメンタル・ワーキング・グループでさえ、農薬を使用した果物と野菜は、残留農薬の危険より健康上のメリットのほうがずっと大きいと述べている。しかし、生態系や公衆衛生への累積的な影響はどうだろうか？　特に、食料需要が高まり、害虫が増え、耕地土壌の量と質が低下しているとあっては、間違いなく心配だ。

どうしたらいまよりずっと少ない農薬で、数十億人分の手ごろな価格の食料を生産できるだろう？調査をはじめた私は、シリコンバレーでまさにその答えとなるロボットを開発するペルー人技師にたどり着いた。

レタスボットの活躍

ホルヘ・エローは、カリフォルニア州サリナス・バレーのレタス畑で頭がおかしくなりかけている。2014年4月の雲ひとつないさわやかな日、周囲には見渡す限り鮮やかな緑色のレタスが黒い土から突き出している。エローがこの畑にやってきたのは、「ポテト」の実地テストをするためだ。ポテトとは、1977年ごろに製作されたマイクロコンピューターの試作品「アップルI《ワン》」の農業版になるかもしれないロボットだ。成功すれば、レタス栽培はもちろん、農業全体の未来を形作るかもしれない。ルース・オニアンゴが新旧農法の相乗効果を信じるように、エローも第3の方法の可能性を信じている。その可能性を証明するものがポテトだ。AIは、彼にとって持続可能な食料生産を妨げるのではなく、それを達成する手段なのだ。

エローが見守るなか、ポテトは健康なレタスが十分に成長できるように小さなレタスを間引く、という一見単純な作業をこなそうとしている。私が想像していたように、『スターウォーズ』のC－3

POに似た二足歩行ロボットが、ペンチのような手で作物を引き抜くわけではない。台車に金属製の巨大なインク・カートリッジのようなものが並んでいて、それをトラクターが牽引している。このロボットは、台車に搭載されたカメラで苗を「見る」。そしてもっとも生育のよい苗を判別して、生育の悪い苗に小さなチューブとノズルから高濃度の肥料を噴射して息の根を止める。

あるいは止めるはずなのだが、正常に機能しない。ロボットは制御された環境で力を発揮するが、暑さと埃、それにトラクターの振動のせいで、繊細な装備がうまく反応しないのだ。電気系統がショートし、ノズルは作動せず、冷却ファンは土がこびりついて動かない。指示を出すパソコンのディスプレーは、ほぼ30分ごとにフリーズしては「死のブルー・スクリーン」を表示していた。

故障が起きるたびに、エローはどんどん落ちこんでいく。彼のチームは、ポテトのベータ版（それぞれにサラダにまつわる名前「シーザー」、「コブ」、「チキン」、「ウェッジ」、「ジェロ」をつけていた）をもう何カ月もテストしてきた。どれも正式名称「レタスボット」の初期バージョンで、すでに農家へのリースもはじめているが、どうやら時期尚早だったらしい。2日後には取締役会で投資家たちに進捗状況を報告しなければならない。彼らはエローのスタートアップに1300万ドルも注ぎこんでおり、ロボットの完成を待ちわびている。

45歳のエローは、ストレスを溜めこんでいた。このところ、肌に湿疹ができてヒリヒリ痛む。夜はよく眠れず、胸やけもひどい。レタスボットは、投資家たちに売りこんだロボットにはほど遠い。もっと複雑な作業をこなし、世界中の農薬使用量を一気に減らすはずだった。完成すれば、シンジェ

ホルへ・エロー

ンタやバイエル、ダウ・デュポン、モンサントが牛耳る除草剤産業を真っ先に破壊するだろう。また、表土の肥沃度を保ち、「不耕起」栽培〔農地を耕さずに作物を栽培する方法〕などの温暖化を防ぐ農法も後押しする。水生動物や水陸両性類を救い、残留農薬が引き起こす公衆衛生上の問題や、世界中の水路の水質も改善できる。そんな希望をこめて、自分のスタートアップに「ブルー・リバー・テクノロジー」と名づけたのだ。

実地テストがうまくいっていないことを取締役会で打ち明けると、意外にも解任されず、状況改善を求められる。それからの数カ月間、20人の技師チームと24時間体制で「サージ」と名づけたトラブル解決作戦に突入する。オフィスのクローゼットに折り畳み式ベッドを持ちこみ、交互に仮眠を取りながら、夫や妻の助けも借りてレンチを締める。チューブを固定する。冷却ファンの設計をやり直し、取付台を組み立てる。材料も変え、化学物質の調合を見直す。エローは胸やけ用の薬を大量に胃に流しこむ。そんなふうにして、2015年、誤作動のないレタスボットがついに完成する。エローは、カリフォルニア州サリナスとアリゾナ州ユマでリース事業を拡大し、生産台数を増やした。2017年初めには、国内で生産されるレタスの約5分の1が、レタスボットが間引きする畑で栽培されるようになった。

エローと投資家たちは、成功に沸き立った。そこへもっと素晴らしいニュースが飛びこんでくる。半導体メーカーのエヌビディア・コーポレーションが、桁外れの処理能力を持つコンピューター・プラットフォームを発売したのだ。自動運転車のナビゲーション用の製品だが、農業ロボットのカメラがとらえるデータをはるかに大量に高速処理できる。つまり、彼が夢見ていた除草ロボットを実現できるかもしれないのだ。さらに、2017年9月、有名農業機械メーカー、ディア・アンド・カンパニーが、ブルー・リバー・テクノロジーを3億5000万ドルで買収する。こうして1837年創業のアメリカ最古の農機ブランドが、農薬を大幅に減らし食料生産を根本から変える壮大なビジョンに賛同した。

農薬を減らす

カリフォルニア州サニーベールにあるブルー・リバー本社は、平屋の目立たない建物だ。同じ通りには、ヤフー、ジュニパー・ネットワークス、ロッキード・マーティン社の宇宙システム部門などのそうそうたる先端企業が並ぶ。「ようこそ、アグリカルチャー2.0へ」。エローが、個室とグレーのタイルカーペットのあるオフィス・スペースへと差し招く。72人の従業員のうち、畑仕事の経験者はエローと共同創業者のリー・レッデンを含む数人のみだ。あとはソフトウェア技師と機械技師で、ハーバード、スタンフォード、オックスフォード、カリフォルニア工科大学といった名門校の出身者ばかりだ。ここが農業企業だということは、エローのノートパソコンに貼ってある「アイ・ラブ（ハートマーク）・ソイル」のステッカーなど、わずかなヒントがなければわからないだろう。額に入った黄色い農薬散布用セスナ機の写真もそのひとつだ。セスナ機は、アイオワ州の広大なトウモロコシ畑にグリホサート（通称ラウンドアップ）を撒いている。「〝敵〟を忘れないように」飾っている、と青緑色の瞳と彫りの深い顔立ちのエローが淡々と説明する。

彼はペルーのリマで育った。電気技師の父と、小学校教師の母を持つひとりっ子だ。幼いころから算数が大好きで、5歳のときにはもう電話帳の6桁の番号を足して遊んでいたという。学齢期になると、イギリス人教師が教えるインターナショナル・スクールに入学した。週末と放課後は、父親が勤めるデジタという工場自動化を請け負う会社によく連れて行ってもらった。夏休みは、リマの北にある祖父母の農場で過ごした。そこでは、200エーカーの土地でトマトやコメを栽培していた。

農場生活の楽しい部分は大好きだった。たとえば、トラクターやピックアップ・トラックを運転したり、果樹園で甘いマンゴーを思う存分もいだり、鶏小屋から卵を集め、祖母が焼くケーキやパイをほおばることだ。しかし、単調な重労働はばかばかしく思えた。午前5時半には起床して、6時には従兄たちと畑でひたすら雑草を抜くのだ。「農場というのは、たとえ規模が小さくても、大きな屋外工場と同じなんだとわかった。大勢の子供が、かがんで雑草を抜く作業を延々と繰り返す——7歳ごろには、こういう単純作業は機械がやるべきだと思っていた」

彼は学業に秀で、14歳でもう父親のためにソフトウェアを設計した。南米の数学者が集うペルー・カトリカ大学に進学すると、勉学のかたわらニワトリの飼料工場の自動化を指揮し、原料の仕分け、計量、配合、梱包プロセスを作り出した。ほどなくしてスタンフォード大学から奨学金を得て、電気工学の修士課程に進んだ。卒業すると、GPS受信機メーカーの草分けであるトリンブル・ナビゲーション〔現・トリンブル〕に入社した。1990年代半ばには、グーグルX〔グーグルの未来的な技術の開発部門〕とテスラに先駆けて、世界初の自動運転トラクターの設計チームを率いた。「テクノロジー見本市で初披露すると、試乗したい人たちで長蛇の列ができた。そのとき初めて、もっと魅力的な新製品を作りたいと思ったんだ」。この技術は自動運転車の土台となり、現在先進国で生産される食料の半分以上で使われている。

トリンブル社の買収担当取締役に昇進したエローは、精密播種機や土壌水分を測定するデジタル・センサーの製造企業を買い取った。そのうちに、自分の会社を持ちたいと思うようになった。彼は会社を辞めてスタンフォード大学に戻り、企業幹部向けMBAコースを受講した。このとき大学のイントラネットに「農業界の最大の問題を解決しよう」と書きこむと、ロボット工学の博士課程にいたリー・レッデンという24歳の学生から連絡がきた。ネブラスカ州出身のレッデンも、幼いころから夏休みになると叔父の6000エーカーのトウモロコシ畑で働いていた。15歳のときには、もうプロ並みの自動車整備技術を習得し、副業としてオートバイや不整地走行車（ATV）、ゴーカートの組み立てや修理をして大金を稼いでいた。スタンフォード大学院では、卓球の練習から小児用心肺機能蘇生まで、あらゆる機能のロボットを次々と作り出した。「でも、どれも研究室の棚で埃をかぶっていた」と、彼は言う。「だから、実際に役に立てるものを作りたかったんだ」

エローは、農業が抱える問題について調べはじめた。たとえば、酸欠で海洋生物が生きられないデッド・ゾーン、蜂群崩壊症候群、残留農薬による健康被害、表土の減少——。「どれも根本的な原因は、農薬の使い過ぎだった」と、振り返る。そこでふたりはこう考えた。機械に作物と雑草の違いを教えれば、雑草を機械的に引き抜くか、毒性のない物質をピンポイントで散布して取り除けるのではないだろうか。

最初は、高温の泡や、レーザー光線、電流、熱湯を使うことを考えた。ふたりは除草ロボットの売りこみ先として、有機栽培農家を想定していた。有機農家は、農薬を使わない除草方法に大金を投資するからだ。しかも、そのひとつである機械耕起は、燃料を大量に食い、土壌にダメージを与える恐れがある。ところが、何カ月も研究を重ねたのち、除草剤は使用せざるを得ないという残念な事実が判明した。「電気や熱湯では時間もエネルギーもかかりすぎるし、効果があるとは限らない」。雑草の地表に見える部分は取り除けても、根までは排除できないのだ。それにロボットを使うなら、機械のペンチで雑草を抜くよりも、ごく少量の毒を噴射するほうがずっと早い。そこで、「化学物質をピンポイントで噴射することに焦点を移した。問題は、どうすれば正確に噴射できるかだった」

もちろん、課題はそれだけではなかった。この挑戦はダビデとゴリアテの戦いだった（少年ダビデが巨人戦士ゴリアテを倒すという旧約聖書の逸話）。ふたりの理想主義者が挑む相手は、280億ドル規模の除草剤産業だけではない。その向こうには、2500億ドルの農薬産業も控えていた。個人的なリスクもあった。レッデンはこのために博士課程をやめなければならず、苦労して得た奨学金も剥奪される。幼い子供を抱えるエローは、今後何年も無収入になり、トリンブル社が保留中の重役の地位も捨てることになるだろう。「でも、いまやらなければ一生後悔すると思った」

悪夢にもチャンスにもなる

ブルー・リバー社を立ち上げた当初、エローは敵を避けるよりも巻きこんだほうがよいと考えた。そこで、モンサントとシンジェンタの投資部門に売りこみをかけた。まさにこれから討ち入りしようとしていた農薬産業の最大手だ。両社の化学者と植物学者と協力すれば、試作品の実地テストをする一般農家からも信頼を得やすいはずだ。

初めは、興味を持たれなかった。シンジェンタの投資責任者ガブリエル・ウィリムスは、こう振り返る。「彼のトリンブル社での功績は素晴らしかったよ。頭の切れる男だ。でも、いささか夢想的で、理想を追いすぎているように見えた」。そのため初期ラウンドでは投資を見送ったが、その後の経過を見守った。そしていよいよレタスボットが完成し、エヌビディア社が高速処理チップを発売したと知ると、参入に踏み切った。モンサントのベンチャーキャピタル部門モンサント・グロウス・ベンチャーズの投資責任者、ケルスティン・ステッドもいくばくか投資した。その金額は大型農業生産法人《ビッグ・アグ》にしては数百万ドルとごくわずかで、新たな競争相手の監視も兼ねていた。ふたつの巨大農業企業がエローの支援を決めたのは、彼らが敗北を認めた証とも言える。「除草剤産業の化学者たちは、雑草に負かされそうになっていたんだ」と、ブルー・リバーの創業メンバーである電気技師、ウィリー・ペルが説明する。

　雑草は植物界の厄介者と思われがちだが、実は適応と繁殖の達人だ。たとえばタンポポは、1本で約170も種子をつけることができる。芥子粒より小さな種子が、ふわふわの羽のようなパラシュートで何キロも運ばれて、地面に落ちてそこに根を張る。この方法で、タンポポは3000万年をかけて、7大陸のうち6つに拡散することに成功した。ツリフネソウも巧妙だ。「弾道種子莢《さや》」に遺伝子情報を閉じこめ、繁殖能力がピークになると莢がはじける。また、デビルス・クローの種子は、ゴボウやオナモミのように突起や剛毛があり、動物の蹄や毛皮にくっついて広範囲にばらまかれる。イネビエというイネ科の雑草は、生物模倣《バイオミミクリー》によってイネとそっくり同じに見せかける。外見と生育特性がイネと見分けがつかないので、年季の入った収穫者でもだまされる。

　しかし、雑草界のチンギス・ハーンは、何と言ってもオオホナガアオゲイトウだろう。高さが約3

メートルまで成長するものもあり、形はポンデローサマツ〔北米西部産のマツの一種〕に似ていて、茎の太さがトウモロコシの穂軸ほどになる。1本で100万の種子をつけることができるため、畑にはびこると数億もの種子が放出される。そのため、除草剤に耐性を持つ突然変異体も生まれやすい。「農家にとって、オオホナガアオゲイトウの繁殖は、抗生物質が効かないブドウ球菌に感染したようなものだ」と、エローは語る。「農業でこんな雑草は見たことがない」

モンサントとシンジェンタの化学者は、数十年も前から「選択性」除草剤、つまり「雑草だけを枯らし、作物には害を与えない」製品作りに苦心してきた。最初に開発したGM作物のラウンドアップ・レディのワタ、トウモロコシ、ダイズは、無差別に農薬を撒けるように遺伝子を操作され、除草剤に耐性を持っていた。はじめのうちはうまくいったが、除草剤の使い過ぎにより、今度は除草剤の効かないスーパー雑草が誕生した。2006年、アーカンソー州のワタ農家が、モンサント製ラウンドアップを散布しても以前ほどオオホナガアオゲイトウが枯れないことに気がついた。2年後、ラウンドアップ耐性オオホナガアオゲイトウに侵略された農地は1000万エーカーに拡大し、2012年には3000万エーカーに達した。現在は、7000万エーカーにはびこっている。化学薬品会社は、スーパー雑草に対抗すべく農薬の散布量を増やし、昔からある強力な農薬を再調合した。たとえばジカンバ、「2,4-ジクロロフェノキシ酢酸（2,4-D）」などだが、これがあだとなってしまった。散布したジカンバが近隣の畑に流れて、数百万エーカーの作物に被害を与えたのだ。ジカンバの使用をめぐって農家の対立が激化して、とうとう殺人にまで発展した。そのあいだ、オオホナガアオゲイトウは、全米の農地に小さな遺伝子爆弾を無数に落とし続けたのだった。

もしロボットのおかげで作物が除草剤にまったく触れずにすむのなら、政府が認可しても強力すぎて大量散布されずにいた18種の農薬が使用できるようになる。「わたしたちは必要な農薬の使用量を減らすと同時に、使用できる農薬の種類を増やしている」と、エローは言う。要するに、ブルー・リバーは除草剤産業にとって悪夢になりうるが、新製品を売りつけるチャンスにもなるというわけだ。

除草ロボットという選択肢

プシュップシュー、シュシュー、シュッ――畑の8列のワタに向けて、128本のノズルから小さな狙撃者のように除草剤が勢いよく噴射される。青いインクが、A4紙から親指の爪ほどまでの大小さまざま長方形を描きながら、雑草の群れに降りかかる。

蒸し暑い初夏のある日、わたしたちはワタ生産地の中心部の奥深くにいた。エローは、ネイサン・リードのワタ畑で除草ロボット第1号「シー・アンド・スプレー」をテストしている。37歳のリードは、3代目農家だ。アーカンソー州マリアーナの、6500エーカーの畑で、ワタとトウモロコシ、コメ、ダイズを栽培している。最初のテスト対象にワタを選んだのは、この苗がいちばん早く作付けされることと、雑草の被害がもっとも深刻だからだ。ワタが終わったら、次は食用作物にとりかかる予定だ。

マリアーナは、ミシシッピ・デルタ〔ミシシッピ州北西部のミシシッピ川とヤズー川に挟まれた地域〕にひしめくほかの小さな町と変わらない。人口4000、平均所得2万4000ドルの農村は、過去最低の穀物価格に苦しんでいる。町の中心にある家々はビクトリア建築できれいに装飾され、かつてはさぞ美しかったと思われる。いまは空き家が目立ち、ポーチは沈み、窓ガラスが割れている。葛が家のなかまで侵食し、この町にいまも豊富にある資源――雑草を象徴している。ここは世界のどこより雑草がはびこる地域のひとつであり、要はエローにとって格好の性能試験場というわけだ。

シー・アンド・スプレーを後ろに取りつけたトラクターが、標準速度の時速約20キロでガタガタと音をたてながら進んでいる。後部には、ロボットを埃と雨から守るために、巨大な白いフープスカートのような布製ドームが突き出している。その下には8台のコンピューターが横1列に積まれ、上部の3つの大きなタンクには、明るい青に着色した水が入っている。この水は試運転向けに用意した偽物の除草剤だ。

トラクターの運転台では、ソフトウェア技師がひとり、ノートパソコンでロボットの下の地表を映した画像を見ている。スクリーンのライブ映像は、コンピューターに装備された24台のカメラがとらえる合成画像だ。ひび割れた茶色い土から、7、8センチほどのワタの苗が突き出している。苗に雑多な雑草が入り混じり、素人目には区別がつかないが、ロボットなら見分けることができる。スクリーンでは、ワタの苗の周りは丸く、雑草の周りは四角く囲まれている。大小の丸と四角が重なり合った場所がたくさんある。

シー・アンド・スプレーの初運転

シー・アンド・スプレーは、植物をスキャンして、30ミリ秒もしない――瞬きの10分の1ほどの――速さでワタと雑草を見分ける。それから、どこにどのくらい除草剤を噴射するかを決定し、次の列へ移動する。

「誤射したぞ。おれのワタを殺したな」と、リードが青く染まった苗木を指して笑う。

「だから赤いインクは使わないのさ。畑が血みどろになってしまうからね」と、エローが返す。

これは、あながち冗談ではない。初めのころは、本当にレタス畑を丸ごとひとつだめにしたことがある。ノズルからきわめて濃度の高い除草剤が漏れて、次々と苗木に滴ったのだ。謙虚で生真面目なエローは、被害にあった農家に謝るために、すぐさま飛行機でユマとサリナスに向かった。さらに、5秒以上農薬が滴ると自動停止する機能をノズルに追加して、新たに100エーカーの畑を無料で間引きしたのだった。

リードの畑には、青いインクがかかったワタと、インクのかかっていない雑草が大量に発生した。苗のなかには小さくてしなびたものもあり、ロボットの認識プログラムにあるワタほど生育がよくない。そのせいで、機械が混乱しているのだ。レッデンは、人間が幼児にまずスプーンを覚えさせ、そのあとフォークと区別させるのとほぼ同じ方法で、ロボットを訓練していた。まず子供にスプーンを1本見せ、スプーンがどんなものかを認識させる。それから、徐々に楕円形、丸いもの、大きいものや小さいもの、プラスチック製、金属製、湾曲したものなど、いろいろな種類のスプーンを見せていく。最終的に、子供はさまざまなバリエーションがどれもスプーンの仲間であり、ナイフやほかの器具とは違うことを理解する。同様にロボットも、ワタの画像が数百から数千、数百万へと増えるにつれて、多くのバリエーションを学んでいく。それぞれの成長段階で葉の形や質感がどう変わるかを知り、しなびたときと健全なときの外見を覚え、すべてがワタだと学ぶ必要がある。ロボットが画像のアーカイブから情報を取り出し、雑草と苗木を区別して決定を下す。この能力を「深層学習《ディープ・ラーニング》」という。

ブルー・リバー・チームは、オーストラリアのワタ農場まで赴き、ショッピング・カートにビデオ・カメラを取りつけて、3カ月間さまざまな畑を押して回った。そうやって撮影した約10万枚の画像を転送して、シー・アンド・スプレーのメモリを作った。しかし、この春のアーカンソー州は雨が多くて気温も低かったので、ここのワタはオーストラリアのワタと100パーセント同じではない。これから2週間、ワタの新しい写真を毎日数千枚撮り続ければ、ロボットの精度も上がっていくだろ

ブルー・リバー社のロボットは、苗をよけて雑草にだけ除草剤を噴射する。

う。あと1年足らずの2018年半ばには、幼児期から成人期へと急速に進化を遂げ、95パーセント以上の確率で雑草とワタを区別できているはずだ。

しかしいまのところ、シー・アンド・スプレーは子供じみた間違いを繰り返している。突然、普段は冷静なエローが膝を叩き、「やったぞ！」と大声で叫ぶ。その視線を追うと、にっくき雑草に取り囲まれた1本のワタの苗があった。ロボットは、中央の苗をよけて、雑草にだけ青いインクを四角く噴射していた。エローは人差し指を苗の葉に入れてくしゃくしゃと動かした。「これがヤングコーンかダイズだとしよう。食システムから化学物質を締め出すってのはこういうことだ」。そのとき私は、この発明は、未来的であると同時にノスタルジックでもあると気がついた。ロボットは、より知性の劣る技術によって数十年かけて形成された問題を、改善しようとしているのだと。

ネイサン・リードがロボットで目指すのは、農薬ではなく経費の削減だ。除草剤は、年間50万ドルを超える経費の40パーセント以上を占めている。リードは通常、1エーカーのワタにモンサントのラウンドアップ除草剤を約25ガロン使用する。シー・アンド・スプレーは、彼の畑を引き回された2週間後、1エーカーにつきたった2ガロン未満で雑草を処理できた。このロボットが使えれば、もう除草剤耐性を持つGM種子を買わずにすむ。つまり、種子のコストを約4分の3も削減できるということだ。とはいえ、ほとんどの農家がそうであるように、リードも資金繰りが苦しい。ロボットを低価格で販売できれば、アーカンソーの農家、ひいてはケニアで急増中の工業型農場にとって、現実的な選択肢になるだろう。

土が革命的に健全になる

地球の耕地土壌は、機械耕起による侵食と工業用化学物質のダメージにより、この数十年で3分の1が失われた。アメリカで散布される農薬は、毎年約45万トンを超える。世界中で使用される約250万トンのおよそ5分の1にあたる。

アメリカの農場が除草剤を使いはじめたのは、1940年代だ。当初は、第二次世界大戦中に開発された2,4-Dという毒素を撒いていた。しかし、20年後の1960年代末にグリホサートが発見されると、農薬の使用量が爆発的に増えた。その少し前、モンサントでは、難燃剤を開発した若き天才有機化学者ジョン・フランツが、非毒性除草剤の開発を手伝うために農業部に異動になった。2,4－Dは、第二次世界大戦中の生物兵器研究から生まれたため、もっと安全な製品を作ろうとしていたのだ。フランツはグリホサートが、主に植物に含まれる重要な成長酵素を抑制し、哺乳動物や鳥、魚、昆虫には無害であることを発見した。モンサントはこれを「ラウンドアップ」という商標で発売し、史上もっとも安全な除草剤と喧伝した。その宣伝に偽りはない。「グリホサートは、史上最強の、もっとも無害な除草剤と言えるだろう。しかし、どんなによいものも使いすぎれば逆効果となる」と、米環境保護庁（ＥＰＡ）と農務省（ＵＳＤＡ）に協力する化学者、アダム・デーヴィスは言う。「医学の諺にあるように、薬は用量次第で毒になる」

１９９６年から２０１６年までの20年で、世界のグリホサート使用量は15倍以上に激増した。同時期、グリホサート検査で陽性反応を示した（ＥＰＡと国立衛生研究所が分析した尿サンプルに基づく）アメリカ人の割合は、６倍に跳ね上がった。スーパー雑草と健康被害の増加をよそに、この製品はいまも国内の作物のほぼすべて――95パーセント以上――に使われている。40年以上にわたる乱用を経て、ＥＰＡは２０１６年にようやく高濃度のグリホサートに「おそらく発がん性がある」と公表した。また、最近の研究は、高濃度のグリホサートやその他の政府認可の除草剤が、がんだけでなくアレルギー、注意欠陥多動障害（ＡＤＨＤ）、アルツハイマーとも関連があると指摘している。

環境への影響も懸念される。農薬が土壌微生物、特に土を通気して肥沃にするミミズの活動を妨げるという証拠が増えている。除草剤より大量に使われる化学肥料も、問題を引き起こす。土中の窒素は即座に増えるが、蓄積されると地中の微生物に過度な刺激を与え、自滅させてしまうのだ。

短期・長期的にさらに大きな問題をもたらすのが、除草剤に代わる一見無害な方法――機械耕起だ。慣行〔従来型〕農家の大半と大規模な有機栽培農家のほぼすべてが、トラクターで土を機械的に撹拌して、雑草を窒息させている。しかし、この方法は侵食を引き起こす。現在、アメリカの土壌は補充される10倍の速さで失われている。また、耕起は土を乾燥させる。１９３０年代にダスト・ボウル危機を引き起こした要因であり、微生物叢を乱す。「作物の根系が吐き出す栄養分を、微生物や細菌が6カ月間好きなだけ食べていたとしよう。その根系が突然撹拌されてなくなってしまったら？それでもそこに住み続けたいと思うだろうか？　思わないだろうね」と、リードが言う。

彼は、土をいっさい耕さない「不耕起」栽培を実践している。リードの畑では、作物残渣が自然に分解され、肥沃な絨毯のように表土を覆う。「その農産物の残りかすに新しい種子を蒔くんだ。見た目は悪いが、効果はある」。作物の収穫後にライ麦を植えると、数カ月で成長して、土のなかを窒素で満たす。その土をならして、換金作物を植えるというわけだ。リードにとって、シー・アンド・スプレーの最大の長所は、不耕起栽培を容易にし、拡大できることだ。彼の畑では、耕起しないほうが15パーセントほど生産性が高い。この割合は1エーカー当たりワタなら約90キロ、トウモロコシなら約30ブッシェルに相当する。また、土の水分が失われないため、灌漑コストも節約できる。実際、被覆作物のおかげで、１エーカー当たり約50ドルから25ドルへと半減したという。

さらに、不耕起は炭素を地中に閉じこめる。作物は、成長して光合成をするうちに、大気中の二酸化炭素を吸収する。収穫後も、根やほかの部分は畑に残り、腐敗して土になる。その土を耕せば炭素は大気へと戻るが、耕さなければ地中に隔離されたままだ。「世界中の農地で不耕起栽培をするだけで、気候変動がかなり緩和されるだろう」と、USDAのジェリー・ハットフィールドは言う。

大きなデメリットは雑草、特にオオホナガアオゲイトウの繁殖だ（種子が土の表面にとどまるため、鋤で埋めこまなければ繁殖する）。エローによれば、「機械で雑草を鋤きこまない場合、ほとんどの農家が除草剤を多用する」。つまり、不耕起栽培は化学物質を大量に使うというわけだ。実際、1970年代と1980年代に除草剤が登場すると、この栽培方法が拡大した。「ところが、いまの有機農場は、除草剤を使わない。だから、なかなか不耕起を進められないんだ」

いまのところ、アメリカ国内で土をまったく耕さない耕作地はわずか5分の1ほどしかない。全世界では、10パーセントにも満たない。「はっきり言って、近年、不耕起栽培はほとんど増えていない。農家は昔の習慣にとらわれている。気候の変化を乗り切りたければ、その殻を破らなければならないだろう」。シー・アンド・スプレーのような技術を使えば、少なくとも理論上は不耕起にかかるコストが大幅に減り、農家が導入しやすくなる。もし、この方法が有機栽培農家と慣行農家の主流になれば、「土壌が革命的に健全になり、炭素の隔離も飛躍的に進むだろうね」と、ハットフィールドは予測する。

しかしそうなるには、土壌そのものをもっとよく理解する必要がある。1510年ごろ、レオナルド・ダ・ヴィンチはこう言った。「わたしたちは、足元の土よりも天体の動きのほうをよく知っている」。それはいまも大して変わらない。あまつさえ、小さじ1杯の健全な土には、地球上の人間より多い何十億という微生物が存在する。細菌や菌類、線形動物（小さなミミズなどの虫）、小型節足動物（肉眼では見えない微小な虫）、単細胞の原虫など、実に1万から5万の種がひしめいている。アメリカの時事ニュース誌『アトランティック』の「健全な土壌微生物、健全な人々」という記事は、次のように説明する。地中の多様な細菌と菌類は「植物の〝胃〟の役割を果たしている。植物の根と共生し、栄養素を〝消化する〟。そして、窒素、リン、その他多くの栄養を、植物の細胞が吸収できる形で提供する」。エローはこうした土壌学に心酔し、「未来の食料供給を守るには、土を健全に保つことがいちばんだ」と考える。

単一栽培に終止符を！

アーカンソーのワタ畑での長い1日が終わると、わたしたちはエローがチームのために借りたカモ狩り小屋に戻り、居間のリクライニング・チェアでくつろぐ。その光景は、まるでHBO作成のドラマ『シリコンバレー』の出演者が、映画『脱出』（山奥で展開するサスペンス・アドベンチャー）のセットに入りこんだようだ。小屋のなかには、動物の剥製、2台のピンボール・マシン、空のビール瓶でいっぱいの木箱がある。そこで12人のIT専門家が、男子学生の社交クラブよろしく共同生活を送っているのだ。この場所で、エローは廉価な除草ロボットの量産計画についてひとしきり語る。実現するかどうかは、創業6年目のブルー・リバーを数億ドルで買収する世界最大の農業機械メーカー、ディア・アンド・カンパニーにかかっている。

エローは、独立企業でなくなることを気にしていない。「ディア・アンド・カンパニーの傘下に入れば、世界的な影響を与えられる。いまのままじゃ、うちは成功のおぼつかない零細企業だ。あるのは除草ロボットの試作機が2台だけ。あのノズル漏れみたいな事件がまた起きれば、一巻の終わりかもしれない」

さらにうれしいことに、買収のおかげでシー・アンド・スプレー第1号を、2020年までに発売できる。ディア・アンド・カンパニーの大量の機械技師と鍛造工場、それに世界各地の1万の代理店の力で、当初の予想より数年早く、しかも途方もない規模で夢が実現するのだ。エローとチームを何カ月も口説き続けたディア・アンド・カンパニーの先端技術責任者、ジョン・ティープルは次のように語る。「〝創業180年のお堅い企業が、シリコンバレーのスタートアップといったい何をやってるんだ？〟と思われるかもしれない。われわれは、農業の新時代を定義する手伝いをしている。この産業は、データとデジタル技術によって、2、3年でとてつもない変化を遂げた。まさに過渡期のさなかにある。ホルへと彼のチームがその波を先導しようとしているのは明らかだった」

エローの次の目標は、除草剤だけでなく肥料も選択的に散布できるようにすることだ。農家が1年間に肥料にかける費用は約1500億ドル、最大で除草剤の10倍に及ぶ。しかし、この挑戦はひと筋縄ではいかない。ロボットは作物の葉の色、大きさ、質感などの幅広い視覚信号を収集し、生育状態と必要な肥料の量を推測しなくてはならない。「いまとは比べ物にならないほど高い処理能力が必要だ。でも、不可能ではない」と、断言する。

この農業技術の鎖の新しい輪は、スイス・アーミー・ナイフのような万能ツールかもしれない。それは、除草剤や肥料だけでなく、殺虫剤、殺菌剤、水を個々の苗木に必要なだけ、いっぺんに与えられるロボットだ。畑単位ではなく苗木単位の栽培が実現すれば、化学物質の使用量を大幅に減らせるだけではない。少なくとも理論上は、単一栽培にも終止符を打てる。1種類の作物だけを育てる畑は、胴枯れ病や大災害の影響を受けやすく、土壌養分が滲出して食料供給を危険にさらす。

単一栽培が続いてきた理由のひとつは、複雑な作業ができる装備がなかったからだと、エローは話す。苗木1本1本に対応できるロボットがあれば、混作がしやすくなる。混作は、トウモロコシをダイズなどの補完作物と一緒に植える昔の方法だ。このように、除草ロボットは持続可能な農法を復活させて、緑の革命が生み出した問題を正すことができる。

しかし、「フード・タンク」という、持続可能な農業を支持するシンクタンクの代表、ダニエル・ニーレンバーグの意見は異なる。「私はこのAI農業がとりたてて有望とは思えない。どの化学物質を散布させるか？　ロボットの導入でどんな仕事が奪われるか？　除草剤を減らしても解決しない工業型農業特有の問題は何か？　考えるべきことがたくさんある」

そのひとつが、独占企業が持つ強制力だ。ディア・アンド・カンパニーは、「修理する権利」運動で悪者とされている。この運動は、消費者が購入したソフトウェアやハードウェアを自分で修理できない状況を、法律で制限しようとしている。５００ドルのｉＰｈｏｎｅなら修理代をいまいましく思うだけだが、ＡＩを使った20万ドルのトラクターなら、金銭的な打撃ははかり知れない。

結束した少数の巨大企業と、それらの企業が特許を持つロボットに支配されて、忠誠を誓わなければ成功できない——ニーレンバーグにとって、そんな農業の未来には希望がない。テクノロジーを中心とする恐ろしいテクノディストピアが生まれそうだ。ディア・アンド・カンパニーは、農家に自社の特殊な装置を使わせて、整備も依存せざるを得ない仕組みを作ることができる。これでは、自社製の除草剤と種子だけを使うように農家を囲いこむモンサントのシステムと変わらない。そのうえ、ソフトウェアに依存する食システムは、遠く離れた畑にハッカーが有毒な化学物質をばらまく危険がある。

エローは、ＳＦ的な最悪のシナリオについて考えすぎないようにしている。「これはテクノロジーかアグロエコロジーか、持続型農業か工業型農業か、という二者択一の問題じゃない。両方を取り入れるんだ。わたしたちには、あらゆる解決策が必要なんだよ」。そう言うと、子供のころに農場を工場と考えたことを改めて指摘する。「１００年前、工場は悪夢のような場所だった。真っ黒な煙を吐き出し、劣悪な労働条件で人々を死に追いやっていた。いまのアグリビジネスは、昔の工場と同じ状況だ。効率が非常に悪く、有害な化学物質と二酸化炭素で地球を満たし、途方もない影響を及ぼしている。それに比べて、いまの工場はどうだろう？　ハイテクで自動化が進んだし、環境にも人間にもやさしい。作業環境は人間工学に基づいていて、昔とはまるで逆だ」。喜ばしいパラドックスとは、「ロボットが人間から自然を奪うのでなく、自然を取り戻すのを助けてくれる」ことだと、エローは

進化していく農業用ドローン

力説する。

エローのことばは、農業の第3の方法への希望にあふれている。けれども、この技術が招く予期せぬ結果を差し引いても、未来の食料生産のソリューションにおいてロボットが果たす役割は大きくない。エローが発明したような「見る」ロボットの能力には、限界がある。たとえば、工業型農業の問題の多くは土の下にあるのに、ロボットは土の表面の問題しか分析できない。エローは、この点でもデジタル・ツールが役に立てる、と強調する。電子土壌センサーの性能が向上し、土壌の状態を微生物の活動まで詳細に分析しはじめている。その情報を、無線で生産者に即座に提供することもできるという。また、ブルー・リバーは現在、赤外線センサーを備えたドローンを開発中だ。完成すれば、畑の上空を巡回して、作物の日光の吸収や反射具合から生育状況を評価できるそうだ。

ドローン、センサー、ロボット以外にも、データの収集と処理によって精密な作物情報を提供する装置が増えている。こうしたデジタル農業は、広い意味で「精密農業」ととらえることができる。次章では、その内側を初めて覗く機会を得る――意外なことに、上海のビジネス街にあるガラスと鋼鉄でできた高層オフィス・ビルのなかで。そこでは、中国最大級の有機農業企業に雇われた都会風のソフトウェア技師とデータ分析者が、ボタンを切り替えたりｉＰａｄのスクリーンをスワイプして、果物や野菜の成長を管理している。その企業は、エローが子供のころに頭に描いた「工場としての農場」に、手を加えたものだ。それどころか、仮想ネットワークを舞台にしたスピルバーグ監督のＳＦ映画『レディ・プレーヤー１』に近い。

第5章

中国で台頭する精密農業

テクノロジーは僕《しもべ》にするには役に立つが、主人にするのは危険である。

――クリスティアン・ロウス・ランゲ

新しいテクノロジーに期待したり投資をしても、報われるとは限らない。食と農業においては特にそうだ。人道的な意義もなく実用性すらないテクノロジーで、数多のソリューションが開発されては失敗に終わってきた。この数十年は、その勢いに拍車がかかった。象徴的な例が、「ジューセロ」というシリコンバレーのスタートアップだ。インターネットに接続された自宅用高級コールドプレス・ジューサーを開発するため1億2000万ドルを集めたが、専用パックに入ったジュースを押し出すのに機械もインターネットもいらない（手で絞れる）ことがすぐに露見し、あえなく倒産した。「これからの食はハイテクになるが、テクノロジーが次世代食システムに貢献するとは限らない」と、『ネイション』誌の「食の未来」という記事は警告する。

機能過剰の気がある農業界の発想には、慎重になるべきだ。それに、テクノロジーの成功は使い方によって左右される。クリスパーなどの新しいゲノム編集方法は、栄養価と回復力が高い作物を生み出せるが、工業型農業の問題を悪化させることもある。AIロボットは、食システムの多様化とアグロエコロジーを促進できる一方、台なしにすることもできる。アップル社のCEOティム・クックは、「テクノロジーは人間に仕えるべきであり、その逆であってはならない」と、述べた。それなのに、この警告はしばしば無視されている。

いまの農業において、テクノロジーを使うリスクと見返りがどこよりも大きいのは、世界最大の食料生産国の中国だろう。史上かつてないスピードで超大国にのし上がり、世界第2のGDPを誇るにもかかわらず、あるいは誇るからこそ、14億の国民の腹を満たすことは、想像を超える挑戦となった。都市部では中流階級の食料需要が急増する一方だが、耕作可能地には限りがある。深刻な淡水不足と、息がつまるようなスモッグも一向に解消されない。「人口と環境ストレスが増す脱工業化社会で、食料をどう栽培するか。その答えが知りたければ中国の農場を訪ねるといい」。そう言ったのは、北京を拠点に活動する起業家であり、私に中国行きを勧めた友人のひとり、マヌエラ・ゾニンサインだ。カリフォルニア州出身で上海のクリーンテクノロジーのベンチャーキャピタル企業で働くブライアン・ハインバーグからも、背中を押された。「これほど大勢に食料を供給するこの国の食システムは、意外にも素晴らしい。自分の目で確かめにくるといい」

中国の経済誌『財新』で、起業家のトニー・ジャンが、北京と上海周辺で数千エーカーの有機農地を耕そうとしている、という記事を読んだあと、私はハインバーグの勧めに従った。訪問前にジャンに連絡を取ると、彼は「中国のホールフーズ・マーケット」を築くという抱負を語った。そして、「どこよりも効率的で自動化されたハイテク有機農業システム」を見せると約束した。大げさながらも魅力的な売りこみによって私が引っ張りこまれたのは、複雑で身が引き締まるような中国の食料生産の真実だった。そこには、ホルムアルデヒド〔摂取すると命の危険もある化学物質〕を浴びたキャベツや軍部主導の土壌浄化計画などの奇妙な実態と、トニー・ジャン本人の失踪を含む予期せぬどんでん返しが待っていた。

汚染された農地

中国はアメリカとほぼ同じ面積だが、農家が支える人口はアメリカの3倍も多い。国土の西半分は山で覆われ、北東部は寒冷で乾燥している。一方、南東部は温暖でとても肥沃だ。ここに都市開発の波が押し寄せ、この20年で貴重な農地が失われた。その結果、国民1人当たりの耕作可能地はわずか0.2エーカー（アメリカはその約5倍）に縮小し、その大半は汚染物質にまみれている。

アメリカの食料生産が地方に集中するのに対し、中国は主に大都市を囲む緑地帯に農地がある。先進的な工学技術があるものの、国道システムは十分に発達しておらず、貯蔵施設も限られるため、農作物の長距離輸送は困難でコストがかかる。そのため、北京と上海は食料の半分以上を地元の農家で賄っている。地産地消は燃料費がかからず、地元の食システムに二酸化炭素が及ぼす影響も小さい。一見環境によさそうだが、都市部もまた汚染物質に覆われている。2015年に北京市長は、人口2400万の同市がスモッグのせいでもはや「人が住めない状況」にあると判断した。その後改善はしたものの、大気汚染物質はいまも世界保健機関（WHO）が定める基準値の数倍に及ぶ。嵐になると、こうした毒素が土壌と帯水層に大量に降り注ぐ。さらに、規制の緩いさまざまな産業が、数十年にわたって河川に化学物質を投棄してきた。国際連合のデータによれば、現在、国内の湖と川の4分の1は人間の使用に適さず、もっとも拡大が進む30都市では水源流域の4分の3が「中度から重度」の汚染状況にあるという。

2014年、政府は全国地質調査の結果を発表し、国内の農地の約20パーセントに化学物質と重金属が混入していることを明らかにした。汚染土壌は、作物と国民の健康を蝕むだけでなく、生産性も低い。ということは、生産性を上げるために、ますます大量の化学物質を撒かなければならない。中国の農家は、平均するとアメリカの許容量の4倍もの肥料と殺虫剤を使用する。アフリカ諸国のように、農薬を大量投入する欧米式に倣ってきたが、やり方がはるかに過激で規模も大きい。やはり需要が急増している精肉業者は、ますます詰めこみ式の畜産経営に走り、偽造肉を売る業者まで現れた。

生産量を増やすプレッシャーから犯罪が横行し、政府はとうとう偽造劣悪食品を取り締まる特殊警察部隊を創設した。食品検査官の報告には、ヒ素入りのリンゴジュースや、メラミン混入粉ミルク、カドミウム汚染米といった恐ろしい事例が並ぶ。それだけでなく、病気のブタを新鮮な肉と称して販売する、ネズミの肉を羊肉と偽装する、成長促進剤のせいでスイカが爆発するなどの報告もある。この10年で、食品関連の犯罪により酪農業者ら2人が死刑になり、数千人が投獄された。食品の腐敗も日常茶飯事だ。国立食品安全評価センターのジュンシー・チェン上級顧問によると、「毎年2億人の中国人が、食品の細菌汚染が原因で病気になる」という。

この難局をフルに活用しようとする動きもある。「中国の消費者は国産食品を警戒するようになった。そのことも、輸入オーガニックフードが巨大マーケットになりうる要因だ」と、ウィスコンシン州の酪農協同組合オーガニック・バレーのエリック・ニューマン販売担当重役は語る。中国の投資家も、バージニア州を拠点とする世界最大の豚肉精肉業者スミスフィールド・フーズや、オーストラリア最大の酪農メーカーなど、海外の食品会社に数十億ドルを注ぎこんできた。

しかし、内側から改善に努める者も大勢いる。国内には推定2億の農家があり、その圧倒的多数が小さな畑を時代遅れのやり方で耕している。そこに、たんなる大規模で持続可能な食料生産を見直す新しいタイプの栽培者たちが現れた。彼らは、ハイテクの灌漑システムや土壌センサー、近代的な種子、それにロボットやデータサイエンスに莫大な資金を投じている。トニー・ジャンもそのひとりだった。

2014年にジャンが経営するトニーズ・ファームを訪れたとき、同社は8省に1万エーカー以上の畑を所有し、約20万の顧客のために120種類の果物と野菜を有機栽培していた。彼の目標は、未来志向とノスタルジアの融合、つまり伝統的な農業の価値観と、食システムの危機を救う新しいツールとテクニックを合体させることだった。

トニー・ジャンの挑戦

トニーと初めて会ったのは、上海のビジネス街にあるトニーズ・ファームのオフィスのテラスだ。彼は、しみひとつないパリッとした薄緑色のブレザーと白いTシャツ、注文仕立てのジーンズに身を包み、緑色にきらめく甘露ジュースをすすっていた。私に気づくと、挨拶もそこそこに自社のメロンの素晴らしさを語りはじめた。「こんなおいしいメロンはきっと初めてですよ」と、通訳を介して熱弁をふるう。四川省出身の51歳は、この時点で欧米と中国の投資家から4000万ドルを調達し、さらに土地浄化費用として数百万ドルの補助金を獲得していた。彼の顧客は、オーガニック製品の需要を押し上げている都市部に急増中のエリートだった。

わたしたちが座るテーブルから5メートルも離れていない歩道には、愛車の銀色のベントレーが停まっている。派手ではあるが、彼は中国のグルメ界で確固たる実績も築いている。トニーズ・ファームの前に、「トニーズ・スパイシー・キッチン」という人気レストラン・チェーンを所有し、6年で33店舗まで拡大させた。しわのない顔は若々しく、落ち着いた物腰なのに、一部の同僚から「スパイシー・トニー」と呼ばれていた。私と話すあいだ、助手がしょっちゅう彼の食事やコーヒーにまで粉末の天津唐辛子を入れていた。クンパオ・チキン〔鶏肉とピーナッツの唐辛子炒め〕などの四川料理や

トニー・ジャン

湖南料理に使われる激辛の赤唐辛子だ。

ジャンは、この農業企業もレストランと同じように拡大しようとしていた。カリフォルニア州で有機野菜を生産するアースバウンド・ファームの名前をあげて、「あのビジネスモデルに憧れている」と、語った。同社は１９８６年に創業し、現在は３つの大陸で約５万エーカーの果物と野菜を栽培している。「アースバウンドは、ここまで大きくなるのに28年かかった。うちは10年でやってみせる」と、ジャンは息巻いた。

いまから考えれば、この時点で注意すべきだった。拡大を急ぐスタートアップは、破綻しやすい。農業では特にそうだ——ことのほか、中国では。その理由を、北京の有機農業協同組合、シェアード・ハーベストを若くして創業したシー・イェンが明かす。「この国で有機農業をはじめようと思ったら、恐ろしく時間がかかる。最初に土壌を整えるだけでひと仕事です。それから少しずつ成長させていかなければならない。

大型投資家には、そんな余裕がない」。あまつさえ、ジャンのビジネスモデルは実証されていない。厳密に言うと、アースバウンドと同じではなく、ホールフーズとも違うハイブリッドだった。彼は自らを生産者と小売業者の両方と位置づけていた。これはメリットではあるが、デメリットにもなりうる。たとえば、生産者として桁外れの土壌と水の除染費用を負担し、小売業に必要な物流システムの構築費と維持費も払わなければならない。

トニーズ・ファームの仕組みは、実店舗のない巨大なオンライン地域支援型農業（ＣＳＡ）のようだった。全盛期には、上海と北京の家庭や企業、学校、それにレストランや市場など数千の会員を抱え、オンラインで受注したものを24時間以内に配達した。ほとんどの契約者は、ニンジン、トマト、ピーマン、ベリー類のような必需品と、中国固有の食材であるレッドアマランサスやヘチマ、食用シュウカイドウ、キクラゲ、ジュウロクササゲなどを毎週届けてもらう。ジャンがほかの業者から調達するオーガニックの肉や卵、油、穀物なども、一緒に注文することができた。

収穫した農産物を保存し、畑から顧客まで輸送する「ファーム・トゥー・キッチン」システムには、数十台の冷蔵トラックの高額な管理費も含まれていた。こうしたコストの一部が価格に上乗せされるため、ジャンの野菜は約５００グラムにつき2・６５ドルと、従来の中国野菜（約５００グラムにつき80セント）の約3倍も高かった。アメリカの場合、普通の野菜がそこまで安くないので、アースバウンドやホールフーズの顧客が払う割増料金は少なくてすむ。しかし、トニーズ・ファームの顧客は安心のためなら大金を払うと、ジャンは請け合った。「信用と品質がうちのブランドの要なんです」

スマート農業システムの開発

トニーズ・ファームは、「子供時代の味をもう一度食べたい」というノスタルジアから誕生した。私が祖母特製のフォー・チーズ・ラザニアを恋しがるように、彼も祖母が作ってくれたシチュワン・ビーンズ・アンド・ポーク——サヤインゲン、ニンニク、唐辛子と、家族の農場で育ったブタの肉の炒め物——をなつかしんでいたというわけだ。ジャンは、四川省宜賓《ぎひん》市郊外の小さな農村で育った。近くには、新緑の山に滝が流れ、竹林をジャイアント・パンダが歩き回る絵葉書のようにのどかな景色がひろがっていた。ひとりっ子の彼は、暇さえあれば畑仕事を手伝い、自然のなかを歩き回った。当時は、農民を意味する中国語「ノンミン（nongmin）」に、「田舎者」や「下層階級」という軽蔑的な意味があることは知らなかった。むしろ、農家であることを特権のように感じていた。

高校では優秀な成績をおさめ、16歳で四川農業大学に入学した。19歳で卒業すると、宜賓市役所の農業課に勤務する。28歳のときに上海に移り、薬から金属まで多様な製品を販売する外国商社で働きはじめた。ジャンは出世の階段を順調に上り、6年後にはその会社を買い取った。起業資金を貯めることができたのは、そのおかげだ。香辛料の効いた四川料理への郷愁から、1997年に「トニーズ・スパイシー・キッチン」を創業した。

しかし、レストラン業が拡大するにつれて、食材の質が気になりはじめた。「野菜の味がおかし

トニーズ・ファームの包装フロア

かったんだ。風味がなくて、食感もよくなかった」。
仕入れ先を調べ、自分の目で確かめに行くと、農家が畑をふたつに分けていることを知った。ひとつは家族用の有機栽培の畑、もうひとつは商品生産用の畑で、そこに化学物質入りの成長促進剤を大量に撒いていた。農家が自分で食べられないほど有害な作物を卸している――この事実に、呆れてことばが出なかったという。

彼はさらに調査を進めた。ちょうどこのころ、保存や輸送中に腐らないように農家がレタスとキャベツにホルムアルデヒドをふりかけていることが表沙汰になりはじめた。科学者たちは、湖南省などで農家の土壌調査をはじめていた。鉱山や精錬所が、多くのコメ農家の近くでカドミウムを大量に垂れ流していたからだ。カドミウムは、神経障害とがんに関連する有害な重金属だ。農業省が発表したある報告書によると、全国でコメのサンプルを抽出した結果、4分の1以上から基準値以上の鉛が検出され、10分の1にやはり基準値以上のカドミウムが含まれていたという。それを聞いたジャンは、土壌汚染は国家が放置している最大の問題のひとつなのだ、と痛感した。

そこで2005年にレストラン・チェーンを売却すると、上海郊外の安徽省に290エーカーの土地を借りて、シャンハイ・トニー・アグリカルチャー・デベロップメント（のちに「トニーズ・ファーム」に改称）という法人を立ち上げた。それから汚染土壌の浄化という大仕事に取りかかり、4年後の2009年に有機野菜の宅配サービスを開始した。数カ月もたたないうちに、顧客は数千人に膨れ上がった。

創業からほどなくして、四川農業大学時代の師であり、のちにトニーズ・ファームの主任科学者となるジャン・ホン教授に連絡を取った。農業技術の専門家であるホンは、こんな助言を与えた。インテリジェント（知的）センサーとソフトウェアを組み合わせれば、効率を格段に向上できる。「有機農業は、コストがべらぼうに高い。最低限の資金で最大限の収量を生み出せるように、必要なことは何でもしなければならない」と、ホンは私に説明した。彼の仲介により、トニーズ・ファームは上海交通大学（中国のMITに相当する）などの国内の複数の大学と提携した。これらのパートナーが、新しいソフトウェアとデータ・ネットワーキング・ツールで作物の成長を管理し、包装から保存、オンライン販売、配達、品質管理までを監視できるスマート農業システムの開発に乗り出した。

私が安徽省の農場を訪れたとき、彼はアマランサスという紫色のベビーリーフの畑を見せてくれた。そこには、数畝ごとに何十というセンサーが小さな旗竿のように土に刺さっていた。細長い金属棒の先端に送信機があり、収集したデータを無線で提供するのだ。ホンと彼のチームは、この土壌センサーで水分と温度、湿度、酸性度、光吸収のデータを集め、各作物の「微気象《マイクロクライメイト》」を監視する実験をおこなっていた。トレーダーが相場受信機《ティッカー》から目を離さないように、ホンのチームの5人の技術者も、上海のビジネス街で各農場からリアルタイムで送信されるデータを1日中解析していた。あるジャガイモの土の水分が不足していたら、システムが自動的にスプリンクラーを作動して、必要な量だけ水分を補給するそうだ。ジャンは、水分センサーのおかげで水の使用量がほぼ半減し、ポンプのエネルギー・コストも減っていると話した。

中国の干ばつ問題と高額な淡水コストを考えると、高精度の灌漑は重要なメリットになりうる。国内ではもともと淡水が不足していて、汚染はその問題を悪化させたにすぎない。アメリカ市民の水の年間平均消費量は2840立方メートルだが、極度の乾燥地帯にある北京では、市民が1年に使える水はわずか100立方メートルしかない。同様に、農家の多くは配水量が決まっており、規定量を超えるとかなり高額の出費となる。

ホンは、数十種類の作物を監視して、1本1本の苗木のニーズを満たす精密農業システムを作ろうとしていた。技師が上海からiPadで指令を出すと、何キロも離れた畑の特定の部分にだけ、自動的に栄養素を増やしたり有機農薬を与えることができるのだ。これは、一種の遠隔制御農業と言える。しかし、畑でおこなう作業が必要な問題も頻繁に発生する。そういうときは、オフィスが農業労働者を派遣した。温度センサーが土壌熱の突然の上昇や微生物活動の活性化を検知したときは、根が有害な細菌か病気に侵された可能性が高い。また、湿度センサーの値が急上昇したら、その場所が菌類に侵されやすいということだ。

テクノロジーは、水と化学物質だけでなく、人件費も削減する。トニーズ・ファーム全盛期の農耕スタッフは、約200人。近代ツールを使わない場合のわずか5分の1だ。「有機農業に必要な人手は、慣行農業よりずっと多い。だから、これは大きな強みになる」と、ジャンは述べた。

さらに、顧客がオブザーバーとして間接的に栽培に参加できることも望んでいた。ホンに開発を依頼していた製品追跡機能つきアプリは、顧客がスマートフォンで購入品のラベルをスキャンすれば、生育環境や、畑の土壌と水質のデータがわかる。そればかりか、どのように成長したかをビデオ画像で見ることまで可能だった（一部の畑と温室に監視カメラを設置し、作物の成長を24時間体制で追跡していた）。これによって、安全を気にかける契約者との信頼関係が深まると考えたのだ。

しかし、こうしたテクノロジーにはとんでもなく費用がかかる。シェアード・ハーベストのシー・ヤンは、有機農業に使うテクノロジーを最小限にとどめる理由をこう語った。「近代テクノロジーを使えば問題のいくつかは解決するけど、別の問題も生まれる。ツールやソフトウェアを管理する熟練者を雇わなければならないとか。ほとんどの有機農家は小規模か中規模だから、そんな余裕はない。こんな高額な費用をかけたら潰れかねない」

困難な除染

同じように厄介なのが、土壌の浄化費用だ。「有機野菜を売りはじめたときは、正気じゃないと思われたよ」と、ジャンは振り返った。「水と土地の除染には、途方もない資金が必要だからね」。トニーズ・ファームの場合、創業後の10年で合計数千万ドルもかかったという。農業省と技術省は、浄化促進費用として農家に数兆元の補助金を交付していた。これを大いに活用してもなお、巨額の自己資金を投じなければならなかった。

彼が有機農業産業に参入したときは、土壌汚染の深刻さがまだ知られていなかった。国内の農地の5分の1が重金属に汚染されている、と政府が公表したのは2014年になってからだ。この情報は、漏洩するまで国家機密とされていた。2016年には、化学残留物が全国で話題になった。江蘇省にある常州外国語学校の新設校舎で、生徒たちが異臭を感じたあと具合が悪くなり、数百人が身体の異常を訴えたのだ。悪性リンパ腫を発病した生徒もいた。調査したところ、校舎は閉鎖された化学物質廃棄場に隣接していた。廃棄場の閉鎖後、地元の自治体が土地を買い上げて地表を分厚い粘土で覆ったが、薬剤が密閉した隙間から漏れていたのだ。

そのころ、農場に浸透した工業汚染物と、近隣住民に蔓延する病気――A型肝炎、腸チフス、特定のがんなど――に強い関連性があることが判明した（北京の中国科学院生態環境研究センターのヨンロン・ルー率いるチームが、学術雑誌『エンバイロンメント・インターナショナル』で発表）。2016年末、政府は汚

工場の近隣にある畑で除草する農夫たち（新疆ウイグル自治区）

染された耕地の90パーセントを２０２０年までに除染するという大がかりな計画を公表した。さらに、２０１８年に兵士6万人の連隊を派遣して、アイルランドとほぼ同じ面積の森を育てるために一斉植樹を実施した。

ヨンロン・ルーが私に語ったところによると、土壌除染には政府が「熱心に取り組んでいる」ものの、多くの時間と労力を要する。それに加えて、費用も膨大だ。汚染土壌を掘り起こし、きれいな土と取り換えるだけでなく、通常は汚染物質を分解するために化学物質と抗菌剤を使う。「そこまでしても、効果は保証できません」とルーは述べる。

植物による環境修復《ファイトレメディエーション》という従来の方法でさえ、確実ではない。この方法では、花と雑草（たとえば、ヒマワリとブタクサ）と木（ヤナギとポプラ）を植えて、土のなかの重金属を吸い上げる。しかし、植物を取り除くときに茎と根がちぎれ、汚染物質が土に戻ってしまうことが多い。ルーは、「大規模なファイトレメディエーションで効果をあげることはきわめて困難」だと断言する。このような理由から、植物科学者の一部が、根から毒素を吸い上げない作物の種子を開発中だ。解決策としては有望かもしれないが、健康な土を使う有機農業の原則を無視している。

中国環境保護部土壌環境課を統括するチィゥ・チーウェンは、除染には1エーカー当たり約1万8000ドルかかるかもしれないと話す。重度に汚染された土地が約20万エーカーもあることを考えると、途方もないコストだ。さらに悪いことに、土壌には肥料と農薬もたっぷり含まれている。2017年の『エコノミスト』誌の記事によると、中国の殺虫剤使用量は1991年以降倍以上も増えており、「現在は1エーカー当たり世界平均のおよそ2倍に達する。肥料の使用量もほぼ倍増した」。政府は農薬使用量を抑えようとしているが、数億もの農家を擁する食システムで、標準量を守らせるのは不可能と言ってよい。個人所有の農場数は、アメリカの50倍を超えるのだ。

当然のことながら、有機認証はよく言っても一貫していない。「農産物をオーガニックと偽って宣伝するのは珍しくありません」と話すのは、このプロセスに携わった元政府職員のジェイ・ワンだ。「畑のごく一部でしか有機農業をせず、残りの部分で化学物質を使っているのに、認証をもらっている農家がたくさんあります」。統一されていないシステムでは、安全基準を強化するのは至難の業だ。そのことが、混乱と不信に拍車をかけているという。

時代を先取りしたアイデア

上海滞在中、私は約60キロ西の安徽省に赴き、トニーズ・ファームの主要農園の包装フロアを見学した。そこは、まるでフランスのSF映画『バーバレラ』のセットのように、あらゆるものがプレキシガラスとリノリウムとステンレス鋼でできていた。つなぎの作業着と手袋、ヘアネットを身に着けた作業員が、天井から下がったコイル状のスチール製ホースを使って、採れたての農産物の山に水を噴きかけていた。洗い終わると、手作業で野菜を乾かし、「オーガニックはトニーズ・ファームからはじまる」と印字されたセロファン袋に入れる。部屋の向こう側にある大きなガラス張りの実験室では、ゴーグルをつけた科学者が収穫したての作物のサンプルをテストしている。細菌や化学残留物の有無を調べるのだ。

ジャンは大股でフロアを横切ると、包装・流通責任者のアビー・ディンに声をかけた。彼女と話をしながら、ベルトコンベヤーで移動中のニンジンの袋をひとつ、さっとつかみ取る。なかには、きれいな円錐形のニンジンが11本と、わずかに曲がったニンジンが1本入っていた。ジャンは、まるで出来の悪い子供を見る親のように顔をしかめた。ねじれたニンジンを袋から取り出すと、不良品の山に放り投げる。

「でも、自然なニンジンはそういうものです！」と、ディンが反論する。

ジャンは彼女に、中国の主流で成功したければ、ニンジンはまっすぐでなければならないと言い含めた。さらに、以前、レタスにカタツムリがいたと苦情がきたことを例にあげた。「もちろん、カタツムリがいるのは当然で、土が健全な証拠だ。でも、うちの客はそういうのをいやがるんだ」

創業当初は、時間をかけて事業を成長させたいと考えていた。「農家が動物や作物の成長時間を惜しんでいる」ことがわかると、苦悩した。「昔は、食用のブタは2年間飼育する必要があった。でも、いまはたった2カ月でレストランに提供される」。ジャンは、子供時代に食べた味だけでなく、伝統的な飼育栽培の価値観も復活させたいと言った。「自然に従った農業がやりたかった」。しかし、「自然に従うこと」には、コストのかかるデータ・ネットワークや高額な土壌浄化、そしていびつなニンジンを捨てる効率の悪さが必要だった。

こうしたコストが、彼を廃業に追いやったのかもしれない。あの訪問から数年たったいま、トニーズ・ファームがニンジンはおろか、野菜を生産しているかさえわからない。2018年に同社のある投資家から、トニーがひっそりと会社を去り、資産のほとんどを不動産会社と保険会社に売却したと聞いた。「生産コストがことのほか高かった。それに、物流がひどく複雑だったからだろう」と、その投資家は推測した。少なくともウェブサイトではまだ操業中となっているが、同業者は表面だけだと口をそろえた。上海在住の友人に尋ねると、一時は街中を走っていた配達用トラックをぱったり見かけなくなったという。前述の投資家はこう締めくくった。「食料生産は持続可能だったが、会社のほうはそうじゃなかったということだ」

私はトニー自身から話を聞きたくて何カ月も手を尽くしたが、彼を見つけ出すことはできなかった。本社に問い合わせても返事はなく、私が会った人はみな辞めてしまったようだった。やがて、持続可能な食品は量産できなかったが、トニーズ・ファームは教訓、もしかすると新たなビジョンの先例を生み出したのかもしれない、と気がついた。ジャンの会社は、未熟なテクノロジーにかかる巨額のコストを背負いながら、拡大と成長を急ぎすぎた多くのスタートアップのひとつだったのだ。

オーガニック・バレーのアジアの販売責任者フィドル・ジャオは、時代を先取りしたアイデアだったと評する。「トニーズ・ファームは、語るべき重要なストーリーだ。新たなアイデアをいち早く採り入れる——彼のようなアーリー・アダプターはどの時代にもいる。彼らは、たとえ成功しなくても、コストが下がったときに後進たちに道を開けてくれるんだ」

ジャンは、曲がりなりにも人々の健康と環境の改善に役立っていると自負していた。従来の農産物の3倍の価格で、テスラ並みの持続可能な食材を売ろうとしている——そのことは自覚していた。それでも、自社の商品が裕福なエリートのぜいたく品ではなく、新興中流階級の生活必需品であるべきだと主張した。そして最大の障壁は、テクノロジーでも土壌浄化のコストでもなく、消費者教育の欠如だと力説した。事業を成功させ、持続型農業への道を拓くには、商品の値段ではなく、消費者の考え方を変える必要があるのだと。「問題は、中国の食品が安すぎることだ。アメリカの数分の1の値段で買える」。この安さには、有害食品を口にする隠れたコスト、つまりとびきり高くつくかもしれない医療費は織りこまれていない。中流階級の中国人は、病気になる安い食品を買うよりも、高いお金を払って安全な食品を買うほうがいいのだと、ジャンは強調した。「病院ではなく農家にお金を払おう、と考えるべきだ」

中国国家食品安全リスク評価センターのジュンシー・チェンは、高級野菜を量産してコストを下げても公衆衛生は解決しない、と警告した。「13億人の食の安全は、有機農法だけでは守れない」。ところがジャンは、こう反論した。いずれはテクノロジー重視の有機農法が一般農家にも浸透して、「みなの利益になる」はずだ。

この最後の点において、スパイシー・トニーは正しかったかもしれない。2005年にトニーズ・ファームが創業されて以降、土壌センサーやスマート・データ・ネットワークなどの精密農業ツールが世界中で急増した。いまでは有機部門の垣根を超えて、国内の大規模な慣行農業にも採用されている。僻地の零細農家はまだそのノウハウや、インターネットへの接続、十分な資金を持たないが、あと数十年もたてば変わるかもしれない。北京とその周辺で500エーカーの土地を耕す有機農家シャオミン・ジャンは、「デジタル計器とカメラ、現場の技術者で完全装備している」と話す。「食への不安の多い時代に、うちの野菜は安全だと伝えたくて」、自分の農場をノアの箱舟にちなんで「ノアのオーガニックス」と名づけたという。

最大の難関

トニー・ジャンがどんな理由で会社を放棄したにせよ、有機栽培生産の人気は上昇していた。2018年、中国のオーガニック食品の売上は70億ドルを突破した。政府のデータによれば、有機認証の取得費用が高額化し、審査も厳格化しているのに、2013年から2018年で取得数は倍以上に増えている。

いまの国内のオーガニック食品業界を見てみよう。オンライン小売業者のフィールドチャイナ・ドットコムは、現在200都市で宅配サービスを実施している。また、栽培・配達を手がけるケイトアンドキミ・ドットコムは、ミレニアルのあいだで人気がある。世界最大のスーパーマーケット・チェーン、ウォルマートは、中国での品揃えを強化し、食品の安全性を確保する費用を3倍に増やした。最近では、アメリカのスーパーマーケット・チェーン、クローガーも、中国で自社のオーガニック食品ブランド「シンプル・トゥルース」の販売をはじめると発表した——実店舗ではなく、トニー・ジャンと同じネット通販で。

ジャンにとって最大の難関は、彼の基本的価値観とビジョンを否定する投資家たちの圧力だったのではないだろうか。全盛期に会った最大投資家のひとりは、私にこうこぼした。「もっと早く成長させてほしいのだが、大金を食うわりに時間がかかる」。さらに彼らは、しぶるジャンをせっついて、外部からオーガニックの肉、卵、油などを仕入れて販売させた。次に、季節外れの農産物や、「自然《ナチュラル》」と表示された非有機認証商品も扱うよう説得した。こうした要求の多くを、ジャンは受け入れた。さらに、都市部ではない田舎の土地まで借りはじめ、故郷に近い四川省にも450エーカーの新しい農園を作った。確かに、田舎から農産物を空輸するほうが、除染よりも早くて安くすんだ。それでも、配送と保管システムの費用はかなりの額にのぼった。

トニーズ・ファームの温室で手入れをされる苗

何人かの投資家は、まったく別の農法を試すように強く勧めた。土を使わないので、浄化をしなくてすむ方法だ。アメリカで「垂直農場」、中国と日本では「植物工場」と呼ばれる新式の屋内栽培室では、土も日光も使わずに、季節に関係なく作物が生産される。巨大な倉庫のなかで、強力なグローライト〔植物の成長を助ける照明〕を浴びながら、昼も夜も成長し続けるのだ。水の使用量はごくわずかで、殺虫剤がいらず、昔ながらの農薬も必要ない。それでいて、屋外より約30パーセント早く生育できる。

2018年1月、中国にこの技術を持ちこむために、サンフランシスコの垂直農場のスタートアップ、プレンティが、2億ドルという破格の資金調達に成功した。このとき、アマゾンのCEOジェフ・ベゾスも出資者に名を連ねた。プレンティの若きCEOマット・バーナードは、2020年までに中国の主要都市とその近郊に300の屋内農場を建設すると豪語した。

屋内食料生産と聞いて私が思い浮かべたのは、危険なほど大量の温室効果ガスの放出と法外なコストだ。そんなふうに野菜を育てるのは、世界滅亡後のことだろうとさえ思った。そもそも人工光に頼る栽培には、屋外栽培とは桁違いの膨大なエネルギーが必要だ。アメリカだけで約9億エーカー以上の農地があるが、ほとんどは屋根をつけたりしないだろう。しかし、都市人口が爆発的に増え、水と耕地が不足する地域では、人工農業が経済的にも、そして環境面でも望ましくなりつつある。当然のことながら、巨額の投資資金が流れこみ、中国と日本以外にも拡大中だ。世界最大級の垂直農場企業は、マンハッタンから数キロほどの場所にある。ニュージャージー州ニューアークのダウンタウンの、元ゲームセンターにひっそりと収まっている。建物のなかは、植物と処理能力がぎっしり詰まった宇宙時代の大聖堂のようだ。農産物の栽培方法を変える未来的な生息環境が広がっている。

まるでSFのように聞こえるし、実際にそのように見えるところがないでもない。だが、垂直農場の目的は、地産の果物と野菜をより多くの人に届けること——食品廃棄物を減らし、輸送によって失われる農産物の鮮度を取り戻すこと——だ。この方法は、わたしたちを食の起源から引き離すと同時に、そこに回帰させると言ってよい。

第6章 垂直農場が育むデジタル・テロワール

わたしたちは論理的思考だけでなく、生物学的思考を学ばなければならない。
――エドワード・アビー

ニューヨーク州イサカのダウンタウンにあるジョアン・ファブリックスは、外から見ると小さなショッピング・センターにありがちなごく普通の店だ。しかし、なかに入ると色とりどりの明るい空間が広がり、開放的な屋根裏部屋にいるような気分になる。通路には、更紗からカシミアまで、ありとあらゆる生地の束がぎゅうぎゅうに詰まっている。エド・ハーウッドは、2003年のほとんどをこの通路で過ごしたが、手芸好きな主婦の常連客のなかでひとり浮いた存在だった。薄くなった白髪、少したるんだ腹、分厚い眼鏡をかけた風貌は、いつも考え事にふけっている教授のようだ。そのころの彼は、修士号と博士号に加え、自宅近くの古い工場ににわか作りの発明用研究室を持っていた。「通いはじめて4度目くらいで、店員から少しおかしいやつだと思われはじめた。何しろ、通路をうろうろ歩き回り、何をお探しですかと訊かれても〝よくわからない。見たらわかる〟と答えるんだからね」

最初に興味を引かれたのは、フェルトだった。サンプルを10以上はテストしたが、洗濯がしづらくてすぐに型崩れするとわかった。そこでクッションや椅子張り用のセクションに移り、丈夫なポリエステルと厚手のリネンの材料見本を購入した。しかし、どちらも布目が詰まりすぎていた。数カ月後、ようやく満足できるものが見つかった。ジャケットや赤ん坊の毛布に使うフリースに似た、オートミール色の生地だ。「やったぞ、これだ！とピンときた」と、ハーウッドが振り返る。この布なら種子が土だと錯覚すると思ったのだ。

遡ること数年前の1990年代末、彼は農業の業界紙で「気耕栽培《エアロポニックス》〔噴霧耕とも呼ばれる〕」という屋内農業の実験概念について読んだ。気耕栽培とは、植物をトレイに入れて根を空中にぶら下げた状態にし、そこに培養液を噴霧しながら屋内で栽培する方法だ。通常の栽培方法に比べて、水の使用量を95パーセントも削減できる。「感動したよ。そんなわずかな水で植物が育つなんて知らなかった」。当時は深刻な干ばつがニューヨーク州北部を襲い、ハーウッドは水の効率に注目していた。だが、ホルヘ・エローやトニー・ジャンのような壮大な目的があったわけではない。「私は社会運動をするタイプじゃない。ただ、なぜかそのプロジェクトがうまくいくと思えたんだ」

気耕栽培とは、古代ローマ時代から温室で使われてきた水耕栽培を効率化したものだろう、とハーウッドは推測した。しかし、実験室でしか試されたことがなく、規模も1度に数本と小さかった。同じことを数千規模でやってみたいが、方法がわからない。どんなものに種子を入れて育てるのだろう。どのように水を噴きかけ、日光を模倣すればよいのだろうか。彼自身も、植物のことをよく知らなかった。コーネル大学で農学と生命科学を教え、学部長を務めていたが、専門は動物だ。

彼は、マサチューセッツ州のボストン南部で育った。父親はエレベーターの設置係、母親はベビーシッター事業を営んでいた。子供のころから、夏休みになるとバーモント州にある叔父夫婦の酪農場に遊びに行った。そこには60頭のホルスタインのほか、ブタやニワトリ、ヤギがいた。農場仕事をたいそう気に入った彼は、中学に上がると毎週金曜日の午後にバスでバーモントへ行き、日曜日の最終便で帰宅するようになった。学業は特別優秀ではなかったが、ウシの世話が大好きで、習性を観察してノートに書き留めるほどだった。9年生になるととうとう叔父夫婦のもとへ引越し、バーモントの高校に入学した。

10年後、コロラド州立大学で微生物学と動物科学の上級学位を取得すると、最初の発明の特許を取った。在学中からスタートアップで働きはじめたハーウッドは、ウシの発情検知システムを開発していた。排卵中のウシに落ち着きがないことを知っていたため、ウシの歩行数を測定する足首装着式のデジタル装置の設計を手伝ったのだ。まだ1970年代のことで、農業にコンピューターは普及していなかった。「使っていたコンピューター・システムは、テン・キーだった」と、思い起こす。現在、このデジタル・ブレスレットは世界中の酪農場で使われている。

コーネル大学で教えはじめる前、ハーウッドは酪農科学の博士課程に進み、AIを副専攻とした。

そのかたわら、気晴らしで農業イノベーションに関する衛星ラジオ番組を運営し、好評を博した。気耕栽培を知ったのは、この番組のためにリサーチをしていたときだ。彼はさっそく植物実験の計画を立てはじめた。最初に試したのは、若摘みするベビー・グリーンズ〔野菜の幼葉。ベビーリーフ〕だ。これには経済的な理由があった。「スーパーマーケットで買い物中に、成熟したレタスが1ポンド1ドルなのに、パック入りのベビー・グリーンズは1ポンド8ドルもすることに気づいたんだ。しかも、ベビー・グリーンズは育てる時間が半分ですむ。これは使える、と思ったよ」。けれども、その話を同僚にすると、「〝正気じゃない、コストがかかりすぎる〟とみんなに反対された。それでかえってやる気になった。できないと言われると、がぜん意欲がわくんだよ」

世界的な農地略奪

屋内食料生産は、元をたどるとローマのティベリウス皇帝まで遡る。ティベリウスは、晩年にカプリという小さな島に引きこもった。奇妙なことに、ヘビウリという薄緑色のまろやかな味のキュウリが大好きで、この夏野菜を一年中食べたいと家庭菜園係に所望した。この命令から、土を敷き詰めた携帯用の温室「スペキュラリア」が作られ、おそらく世界で初めて、旬以外の時期に農産物を実らせた。当時はまだ建築用ガラスがなかったため、屋根と側面には艶出し加工をした白雲母が使われた。

初めてガラス張りの温室が登場するのは、さらに1000年が過ぎた13世紀のことだ。ローマのバ

スペイン、アルメリアの密集した温室。

チカンで、探検家が海外から持ち帰った熱帯の花や薬草を育てるために作られた。本格的な設計になったのは、1800年代に入ってからだ。オランダ人が熱帯産薬用植物の栽培用に、温度だけでなく光量と湿度も管理できる精緻な温室を建設した。

現代の温室は、数、容積、複雑性が増しただけでなく、環境への影響も増大した。スペイン南部のアルメリアには、世界最大の温室密集地帯がある。6万4000エーカーの広大な土地がプラスチックの屋根で埋め尽くされ、宇宙からも特定できるほどだ。これらの温室が、数千トンのプラスチックごみと農業廃棄物を生み出している。また、地下水位の低下を招くうえ、移民労働者を低賃金で働かせると批判を浴びている。しかも、栽培される作物は、ほとんど地元民の手に渡らない。年間約25億ドル相当の作物の70パーセントが、ほかのヨーロッパ諸国へ輸出されてしまうからだ。

その輸出野菜を必要としない国がひとつある。オランダだ。この国は、従来の温室よりも持続可能な屋内農業モデルを作ることに成功した。オランダは、海抜が低くて洪水が起こりやすいうえ、土壌も耕作に不向きだ。そのため、水を効率的に利用し、廃棄物を最小限に抑えながら二酸化炭素排出量を減らす独自の温室を設計したのだ。そのなかには、洪水発生時に水に浮くものや、地熱システムで温度を一定に保つものもある。日本もまた、福島第一原発事故のあと、土壌の放射能汚染への不安もあって温室技術を開発している。大規模な垂直農場——温室と違って自然光を排除した屋内植物栽培室——は、アメリカ以外では、日本と、やはり小さな島国であるシンガポールなどに存在する。現在の屋内農業は、ティベリウス皇帝時代のような太陽熱をそのまま利用するローテク温室をはじめ、高度に洗練された垂直農場、ハーウッドのことばを借りれば「完全制御型農業」まで多岐にわたる。アメリカの野菜の屋内生産量は、地産地消の需要の増加や、照明コストの低下、センサー技術の向上もあいまって、過去10年で60パーセント以上も増えた。

スタンフォード大学「食料安全保障と環境センター」のデイヴィッド・ロベル所長は、屋内農業が世界的に増えている原因のひとつとして、耕作可能地の減少をあげる。この問題は中国だけにとどまらない。干ばつ、汚染、侵食のせいで、「過去40年で世界中の上質な食料生産地の3分の1が消えた」という。最大の原因である土壌侵食は、過剰な耕起、化学肥料、殺虫剤によって表土が劣化し、自然再生が追いつかないために起きる。そのため、質のよい農地が足りない国は、土の状態と気候のよい地域から農地を奪っている。中国は、ブラジル、エチオピア、アルゼンチンなど33カ国の土地を買収した。イギリスは30カ国で農地を取得済みだ。ドイツ、インド、サウジアラビア、シンガポールも、国外で多額の農業投資をおこなっている。土地に困らないアメリカの栽培者でさえ、25カ国以上に耕作地を所有する。

批判者たちが「世界的な農地略奪」と呼ぶこのトレンドは、とんでもなく資金がかかるうえ、物流的にも外交的にも容易ではない。屋内農業の擁護者は、地元で新鮮な食料を環境制御栽培するほうが、安くて安全ではないかと主張する。とりわけ人口増加と温暖化の影響が拡大すれば、土地略奪戦は「さらに泥沼化し、危険が高まるだろう」。

ニューヨーク各地で葉物野菜を育てる

ハーウッドは、気耕栽培が大成功はおろか、ささやかな成功さえ収めるとは思っていなかった。それでも、最初は予想以上に大変だった。ジョアンの生地店でフリースを見つけたあと、イサカの古いカヌー製造工場を作業場として借りた。そこは地面がむき出しのだだっ広い地下室で、彼がやがて「仕事仲間」と見なしはじめるイモリや、甲虫、ヤスデがうようよしていた。その場所に長さ数十メートルのスチール製の細長い長方形の箱を作り、なかにフリースを広げた。それからホースに水と自家製肥料のような培養液を混ぜる装置を取りつけ、布の下にポンプとノズルを組み立てた。この装置で栽培棚に水を噴霧して、代用土を湿らせるのだ。最後に、布の上に大好きなルッコラの種を散らし、数台のグローライトのスイッチを入れると経過を見守った。

2週間もしないうちに、ベビールッコラが初収穫できた。ジップロックに詰めると全部で13袋になったので、近所の人たちに持って行った。そのあとも、さまざまなグローライトを試し、フリースを暖める温度を調整して、スプレー・ノズルの形や培養液を変えながら実験を続けた。半年もしないうちに、週に約110グラム入りの袋で数百のベビーホウレンソウとルッコラを収穫できるようになった。彼はこのスタートアップに「グレート・ベジーズ」と名づけ、山積みのレタス用ポリ袋の上にノートパソコンを置いて、ロゴをデザインした。創業から2年もたつと、地元のレストランや食料雑貨店に定期的に卸すまでに成長した。しかし、拡大資金を調達することができなかった。2007年、彼はグレート・ベジーズ社を休業することにした。

その翌年、高校の化学の教員免許を取ろうとしていたハーウッドに、アラバマ州のデイヴィッド・アンソニーというプライベート・エクイティ投資家から、突然電話がかかってきた。「グーグル検索でグレート・ベジーズの古いウェブサイトを見つけたらしい。私はまだサイトがあることも知らなかったよ。〝きみは農業の未来だ。会社の株を半分買いたい〟と、言われた。最高に素晴らしい日だったね」

アンソニーは50万ドルを投資し、ハーウッドは事業を再開した。技師をふたり雇って社名を「エアロファームズ・システムズ」に改めると、アメリカと中東の農家に屋内栽培装置を販売しはじめた。2011年に、コロンビア大学ビジネス・スクールの若い大学院生、デイヴィッド・ローゼンバーグとマーク・オオシマから電話があり、買収の申し出を受けた。ローゼンバーグは、環境にやさしい対候

デイヴィッド・ローゼンバーグ、マーク・オオシマ、エド・ハーウッド

性コンクリートを作る「ハイクリート」というスタートアップを10年かけて築き上げ、売却したばかりだった。オオシマは化粧品会社ロレアルをはじめ、トイザらス、グルメ食品チェーンのシタレラなどでマーケティング担当重役を務めてきた。ローゼンバーグと同じようにビジネスには詳しかったが、農業はまったくの素人だった。ふたりはエアロファームズを買い取り、ハーウッドを最高技術責任者（CTO）に指名した。新体制が整うと、ニュージャージー州で垂直農場に適した工業用建物を探しはじめた。

２０１９年になるころには、イケア・グループ、レストラン・チェーン「モモフク」のシェフ、デイヴィッド・チャン、ドバイの大手デベロッパーのメラース・グループなどから2億３０００万ドル以上を調達し、グレーターニューヨーク（マンハッタンにブロンクス、ブルックリン、クイーンズ、スタテン島を加えたニューヨーク市全体）に散らばる計６５００平方メートルほどの不動産で、葉物野菜を栽培するようになっていた。ハーウッドが開発した装置は、いま、環境制御された巨大洞窟のような倉庫のなかで、高さ10メートルほどのアルミのタワーで数十種類のべビー・グリーンズ――レタス、ルッコラ、ケール、ミズナ、チンゲンサイ、クレソンなど――を育てている。毎月の生産量は約75トンにのぼり、そのすべてを半径80キロ以内の都会のスーパーマーケットや、レストラン、カフェテリアに卸している。「こんなに拡大するなんて想像もしていなかった。でも、自分の手で世界を変えているなんて思ってない」と、ハーウッドは語る。いまのところ、エアロファームズは高級レタスなどの生産者にすぎないという。だから、「世界の飢餓がなくなるまで、まだまだ先は長い」

ポストオーガニック

アメリカ最大の垂直農場は、ニューアーク市のアイアンバウンド地区のローム通り212番地にある。3月のよく晴れた午後、オオシマは「農業の未来はピンク色です」と言いながら、ハーウッドと一緒に窓のない元製鋼所に私を招き入れる。本社はここから数ブロック離れた倉庫――レーザー・タグ〔光線銃を使用したサバイバルゲーム〕とペイントボール〔ペイント弾を撃ち合い勝敗を競うスポーツ〕・センターだった建物――にあり、天井と壁はいまも落書きのような壁画と色とりどりの塗料で覆われている。本社だけではなく、私が訪れた元製鋼所もやはり色に包まれている。巨大な洞窟のような栽培室に、床から天井までタワーがびっしり並び、紫がかったピンク色の光を放射しているのだ。室内には、植物のみずみずしい匂いと、ポンプや噴霧器、換気扇がブンブンうなる音が充満している。農場というよりも、アマゾンの梱包センターのようだ。

それぞれのタワーには、幅約25メートル、深さ約30センチの栽培床が12段に積み上げられている。なかの葉物野菜はほとんど見えない。化学防護服のようなジャンプスーツとヘアネットを着用した人々が、コンクリートの床の上をせかせかと音もなく歩き回り、タブレットのスクリーンとトレイが放つ光を覗きこんでいる。タワーの高い段を調べるときは、移動式の空中作業用プラットフォームに乗って上昇する。

「これまでの農業は、植物を環境に適応させていた。垂直農業では、環境を植物に適応させるんだ」と、ハーウッドが説明する。「不自然に見えるかもしれないが、植物からすればどこまでも自然なことだ。必要なものを、必要なだけ与えられるんだからね」

オオシマはこの方法を、エローやジャンと同じように、エコロジカルな良心を持つ技術と表現する。持続可能性という目標を、妨げずに支援するイノベーションという意味だ。同じ業界では、「ポストオーガニック」と呼ぶ者もいる。殺虫剤を使用せず、ほんのわずかな水と肥料でおこなう食料生産という意味だ。さらに、このやり方なら気候の変動ともまったく無縁だ。

照明技術は、国際宇宙ステーションで使われる植物栽培システムによく似ている。太陽に代わってLED電球が強力な青と赤の光で狭い範囲を照らし、紫がかったピンク色の光を放射する。トレイの上には、ハーウッドがジョアンの店で見つけたものに似た布が広がっている。その布の下に植物の根が重さのないつららのようにぶら下がり、高圧噴霧される培養液を吸収する。カメラとセンサーが、生育状況と植物に必要なものを細部まで追跡・監視し、収集した数千のデータを分析して成長に応じた世話をする。

生育過程は、自動播種機からはじまる。まず、メカニカル・アームを遠隔操作して種子を散らす。布の上でいちばん成長しやすい間隔で蒔かれるように、画像ソフトウェアとアルゴリズム的解析を使う。布は、各成長サイクルが終わるたびに取り除かれ、汚れをこすり落としたあと、洗濯して再利用できる。発芽までの時間は、屋外の半分以下だ。暖かい空気は上昇するため、温暖な環境を好む品種はタワーの上部に、涼しい温度で成長する品種は底部に積み上げられる。

トレイの苗木たちは、まるで巨大な日焼けマシーンのなかで日光浴をするように、ピンク色のグローライトを浴びている。ハーウッドがＬＥＤライトの利点をあげる。自然光と違って放射熱を産生しないため、植物の真上に設置できる。おかげで植物は、上へ伸びるエネルギーと茎を作るエネルギーを使わずにすむ。その分、横に成長して多くの葉をつけるのだ。気耕栽培は、水耕栽培よりもコストがかかり、複雑で不具合が起きやすい。しかし、大きなメリットがひとつある。根が水や土に覆われないため、より多くの酸素に触れ、その分早く成長するのだ。

成長をさらに促進するため、エアロファームズでは、作物が光合成で吸収する二酸化炭素の量を増やしている。倉庫内の空気はフィルターにかけられ、換気され、温められたり冷却されたりする。二酸化炭素のタンクのおかげで、建物内の二酸化炭素濃度を大気中の倍以上の１０００ｐｐｍに高めることができる。「ここに栽培タワーの頭脳があります」と言いながら、オオシマが大量のケーブルがもつれ合った大きな金属製の箱を開けた。「うちでは、いたるところにカメラとセンサーを設置しています。数万の感知装置が、常時数百万のデータを解釈しているんです」。データは、植物の成長過程とそれに影響を与えるあらゆる変数と関わっている。たとえば、温度、湿度、光のスペクトラムと強度、栄養の吸収、酸素と二酸化炭素の濃度などだ。

「頭脳」を制御するAIシステムには、各成長段階の植物を収めた数千の画像がプログラムされている。これらの画像を基準にして、葉の色、形、質感の異常をカメラが自動的に検知する。異常を発見したら、システムが携帯電話のアプリ経由で警告し、科学者が遠隔操作で生育条件を調節すれば解決できる。「目標は、均一な品質を保つことです」と、オオシマが説明する。作物データはクラウドベースのシステムに保存され、それを運営チーム、食品安全チーム、金融および研究開発チームが絶えず活用し、「事業のあらゆる面の知識と制御を強化している」。

環境活動家のポール・ホーケンは、垂直農場は素晴らしいが一般化は難しいと考える。「都市部での食料生産と垂直農場には、はかり知れない価値がある。しかし、後者では温室効果ガスは減らず、地球人口のすべてを養えないだろう。屋外、屋内、垂直を問わず、機械化農業にはコストがかかる。スピード、生産性、均一性を最大化すれば、植物と植物が育つ場所、植物を育てる人たちとの貴重なつながりが失われる」

それに加えて、リスクも高い。根を守る土などの障壁がないため、根のある空間にバクテリアやカビ、その他の汚染物質がほんの少しでも入りこむとダメージを受けやすい。また、水と栄養を必要なだけしか与えないので、システムに不具合が発生すると損害が生じる。ポンプ、スプリンクラー、タイマーのいずれかが故障すればアウトだ。停電が起きてミストの供給が止まれば、1時間もしないうちに枯れてしまうかもしれない。マサチューセッツ工科大学（MIT）メディア・ラボが推進するオープン・アグリカルチャー・イニシアチブの責任者、ケイレブ・ハーパーはこうたとえる。「気耕栽培は、シャボン玉のなかの少年みたいなものだ。シャボン玉がはじけない限りは大丈夫」

農地を原野に

2016年にエアロファームズ社がローム通りで栽培をはじめた1カ月後、世界で定評のあった数少ない垂直農場企業のひとつ、アトランタのポッドポニックスが廃業した。その少し前に、「量産可能になり次第、年間2500万ドル分のレタスを注文をしたい」と、クローガーが申し入れたばかりだった。事業を畳んでからほどなく、ある産業会議で元CEOのマット・リオッタはこう述べた。「途方もない夢だった。準備はすっかり整って全力で打ちこんでいたのだが、桁外れの資金が必要なこと、人も大勢雇わなくてはいけないことがわかったんだ。すべてをやってのけることはできなかった」。彼は、最後にこうつけ加えた。「これはビジネスであって、ただの技術の追求ではない。技術を追求したければ、趣味でやるべきだ」

ポッドポニックスが破産してからほどなく、小規模ながら注目を集めたもうひとつの水耕栽培企業ファームドヒアも暗礁に乗り上げた。約８４００平方メートルのシカゴの施設を閉鎖し、予算２３００万ドルのケンタッキー州ルイビルの農場新設計画を棚上げしたのだ。高額な人件費とエネルギー・コストを賄うためには、量産して利益を出さなければならなかった。しかし、急速に拡大するにはリスクが大きすぎたのだ。ちょうどそのころ、都市農業ベンチャーの支援者だったグーグル・ベンチャーズ、東芝、三菱が、技術が成熟していないという理由で資金を引き揚げた。「新しい産業が生まれるときはそういうものだ。１００や１０００の先駆的企業のうち、１社だけが生き残る」

それでも、ますます多くの企業がその1社を目指して奮闘している。例をあげると、イーロン・マスクの弟キンバル・マスクは、ブルックリンでスクエア・ルーツ社を創業した。輸送用コンテナのなかに栽培用スクリーンを立て、そのあいだにLEDライトをカーテンのように吊り下げて葉物野菜を作っている。グーグル・ベンチャーズは、垂直農業から手を引いた数年後の２０１８年、水耕レタスを生産するニュージャージー州カーニーのバワリー・ファーミング社で、90億ドルの投資ラウンドを率いた。また、前章最後に紹介したプレンティ社は、ジェフ・ベゾスやほかの投資家から業界過去最高額となる2億ドルを引き出すことに成功した。しかし、同社が採用する水耕システムは、気耕栽培より多くの水を使う。つまり、長期的に見ればデメリットになりうる。

エアロファームズは、8桁の投資を一度ならず断ってきたという。事業をゆっくり成長させたい、というローゼンバーグの意向からだ。野菜を販売しはじめて3年になるが、まだほとんど利益は出ていない。「うちは長期的な戦略でやっている。規模が大きくなるにつれて利益も伸びていくだろう」

ローム通り212番地の垂直農場

と、気にしていない。さしあたり、ほかに大規模な気耕栽培に取り組んでいるのは、NASAの「地球外農業」研究所くらいだ。

垂直農場企業にとって、いまもコスト面の最大の課題は、エネルギーだ。コーネル大学のハーウッドの元同僚たちが調べたところ、気耕栽培は従来のレタス栽培に比べて「収穫高は11倍に増えるものの、82倍のエネルギーが必要」なことが判明した。ハーウッドは、この結果には従来のやり方にかかる冷蔵費、輸送費、農薬の影響が含まれていないと反論する。また、照明の効率性が上がったことも、コスト削減に大いに役立ったと言い添える。

オオシマは、「ただ赤い照明と青い照明を混ぜるよりも、はるかに精密な」照明システムを設計したと話すが、詳しいことは明かさなかった。また、将来コストが減ることは間違いないと断言する。というのも、LEDライトの効率性は、2012年から

2014年だけで約1.5倍と飛躍的に向上した。2020年にはさらに1.5倍上がって、コストが下がると見込まれている。また、エアロファームズは生育サイクルを通して光量を調節し、必要な分だけ光を与える実験をしている。「ただ照明をつけるだけじゃだめだ。発芽してから成熟するまでのあいだ、レタスの各品種に必要な明るさは、毎日、ときに毎時間異なる。光を浴びずに休ませる時間も同じではない。うちでは、センサー、カメラ、機械学習を使って、露光量をかなり細かく管理できる」

しかし、日光を使わない農業は、エネルギー消費によって大量の二酸化炭素を排出する。私がその点を指摘すると、ローゼンバーグはこう反論する。ニューヨーク州バッファローの農場のように、いくつかの施設を水力発電所——二酸化炭素を排出せずに発電する——の隣に設けている。また、ニューアークの施設は、地熱と施設内の天然ガス・タービンで自立発電をする。ガスをパイプで栽培室に運び、植物の成長を促すために二酸化炭素を取りこむことも試している。太陽光発電の効率が上がるにつれて、「作物が太陽の力を直接ではないが、間接的に使って成長するように」施設内で太陽光発電をおこなうことも考えている。

さらに、垂直農場で農地が不要になれば、自然の炭素吸収源を成長させることができる。「弊社の施設では、1エーカー当たりの年間収量が従来の畑の390倍もあります。不要になった農地を自然な形態に戻すことを考えてみてください。木を植えて、二酸化炭素を吸収する原野を復活させるんです。地球にとって、実に素晴らしいことじゃありませんか？」

独特な風味と食感を野菜に与える

コムギ、トウモロコシ、コメのように、日光をたっぷり浴びて大量栽培され、保存も利く作物は、屋内農業には適さない。厳重に管理された生育状態が奏功するのは、傷みやすく、栄養が豊富で、気候に左右される葉物野菜のような作物だけだ。葉物野菜は、どの農産物より早く収穫できて、すぐにキャッシュフローをもたらすため、先行投資の大きいビジネスに向いている。ハーウッドが開発した機械は、年に25回から30回も収穫することができる。つまり、野菜の種類にもよるが、たった12日から15日で休眠種子を収穫可能な植物に変えられるということだ。屋外の畑では、約30日から45日はかかるうえ、収量は4分の1にも満たない。

また、葉物野菜はほぼすべての部分を販売できる。つまり、売らない部分の成長にエネルギーを浪費せずにすむ。「照明にコストがかかるので、たとえばアボカドの木の幹と樹皮、枝、葉、実をLEDライトで育てても、実しか売れないのなら意味がない」と、ハーウッドは言う。

さらに、屋外栽培には問題が多い。アメリカ国内の葉物野菜の3分の2以上は、サンフランシスコの南に140キロ続く、涼しくて乾燥したサリナス・バレーで生産される。それ以外の3分の1の大半は、冬でもレタスが育つアリゾナ州ユマで栽培される。「レタスは痛みが早く、生産量も限られるうえ、全米への輸送料が恐ろしくかかる。しかも、店頭に並ぶ前に価値が激減します」と、オオシマは言う。「うちにとってはよいチャンスです。チルド輸送と長いサプライチェーンのコストをかけずに、高品質で鮮度のよいものを提供できますからね」

　私が話を聞いたある業界アナリストは、栽培に膨大なエネルギーと水、そして労働力を使う葉物野菜を「農産物のペットボトル飲料水」と呼んだ。それなのに、ほとんどが腐って廃棄処分になってしまう。ロメイン・レタス1株を育てるには、約3.5ガロンの水がいる。水不足が深刻化する地域では、ことさら負担が大きい。また、レタスやホウレンソウは食中毒を起こしやすいとひどく非難されている。過去10年だけで、牛糞肥料から大腸菌に汚染されたパック入りホウレンソウを食べて、アメリカで5人が死亡、感染者は数百人にのぼっている。汚染ホウレンソウの生産業者には、オーガニック食品の最大手、アースバウンド・ファームズも含まれる。２０１８年には、大腸菌に感染したロメイン・レタスのせいで15州で52人が病気になった。

　細菌の混入を確実に防ぐには、薬品で洗浄するか屋内栽培するしかない。「細菌による汚染が多い、気候の影響を受けやすい、栄養価が低減する、すぐに腐って無駄になる――こうした難点を考えると、レタスには改革が必要です。わたしたちにはテクノロジーという強みがある」と、オオシマは自信を見せる。

　ローム通り２１２番地で収穫されたベビー・ロメイン・レタスは、つやのある肉厚の葉が力強く波打ち、小さな緑色の脳みそのようだ。日光や土に触れずに育ったなら（水耕栽培レタスのように）しなびてまずいだろうと思いきや、意外にもおいしくて、しっかりと風味がある。食感もしゃきしゃきしている。

事業を立ち上げた当初、ハーウッドは垂直農場の最大のメリットは水の効率性、大量生産の可能性、地元市場に近いことだと考えていた。「でも、収集したデータのほうに、もっと価値があると気がついた。たとえば、生育状況や、健やかな成長に必要なものは何か、といった情報だ」。その知識のおかげで、特定の性質を持つ野菜を栽培できるようになったという。

ソムリエがよく使うフランスの専門用語「テロワール」とは、特別なビンテージ・ワインになるブドウを生み出す特殊な環境と気候条件を指す。具体的には、湿度、高温によるストレス、大気質、酸素濃度、土壌の質、それにブドウ畑に使う水のミネラル成分などだ。たとえばフランスのボルドー地方なら、色、風味、酸味、質感、香りなど、作物の表現型〔生物個体の外面的形質〕に影響するボルドーの環境要因すべてを意味する。しかし、ワインだけに限らない。コーヒー、タバコ、カカオ、唐辛子、ホップ、アガベ、トマト、大麻など、複雑な味わいを持ち感覚を刺激する高価な作物は、テロワールを考慮して栽培される。エアロファームズは、生育環境をデジタル化することによって、野菜に独特な風味と食感を与える「デジタル・テロワール」を整えようとしている。

ポール・ホーケンは、このアイデアに異を唱える。人間がテロワールを完全に理解できる見込みは、よく言っても薄いという。「覚えていてほしいのだが、世界で何よりも複雑なエコシステムは、1平方インチの土壌なんだ。微生物叢のなかや、土と根をはじめとして、植物、気候、地質学的歴史が作用しあって、素晴らしい風味を作りだす。それが食べ物の本質だ。アルゴリズムや解析で生み出せるものじゃない」

エアロファームズ社のトレイで育つ葉物野菜

ハーウッドは、チームの能力はどんどん深まり、幅も広がっていると反論する。「わたしたちは、特定の変数を分離できる。たとえば、この育成時期に湿度を下げるか温度を上げてほかの条件を変えなければ、ある性質に影響を及ぼせる、というようにね」。その性質とは、レタスの葉の色だったり、イチゴの甘さだったり、トマトに含まれるリコピンの量だったりする。そうやって、求める性質のデータを大量に蓄積すれば、うまくコントロールできるようになるはずだ。

エアロファームズの未来は、作物に付加価値を与える性質にある、とオオシマは言う。「たとえば、特定のシェフと協力して、そのシェフの料理に合う野菜を開発するんです。同じレタスでも、辛みの効いたものや、赤みのあるもの、葉がぎざぎざしていたり、甘みの強いものを作れます」。なんだかインスタグラムのフィルター加工のように簡単なことに思えてくるが、この技術はまだ初期段階だ。「研究しはじめたばかりですが、データが増えるにつれて、多量栄養素と微量栄養素の量まで細かく調整することが可能です。なにしろ、栄養素が根に吸い上げられるあいだ、リアルタイムで吸収率を監視することができますから。畑じゃそんなことはとうてい無理です」

野菜の性質のコントロールと並行して、ベリー類、トマト、ブドウ、キュウリ、それにビーツなどの根菜を含むほかの高価な作物の栽培システムも開発中だ。レタスのように一部の作物は小売りするが、副産物のために栽培するものもある。実は、本社近くの研究開発用農場で、多国籍食品企業と共同で研究を進めている。たとえば、植物が小さな有機機械となり、加工食品に使える自然の風味や色合い、追加栄養素をいかに作り出せるか探っている。

このような作物試験は食品業界では新しいが、化粧品と製薬業界では珍しくない。ＭＩＴのケイレブ・ハーパーは、コンピューターの精密性を活用した細部にこだわった食料生産に可能性を見出している。彼は同大学で「ＰＦＣ（パーソナル・フード・コンピューター）」という、家庭用の小型の屋内栽培室を開発中だ。ＰＦＣは、特定の種類の果物、野菜、植物エキスの栽培に必要な「気候レシピ」のデータベースを活用するようになるだろう。「必要なのは、オープン・フェノーム（表現型の集合体）・ライブラリーだ。それさえあれば、モモフク・レストランで使うバジルや、イタリア南部のリコピン豊富なトマト、メキシコ産のシラノ唐辛子など、好きな野菜を育てるために必要な気候の作り方を、誰でもどこでも引き出せる。厄介なのは、制御環境農業の土台となるプログラミング言語がないことだ。農業にはリナックスがないんだよ。どうしたら、世界中の栽培者が生育条件データをシェアできる共通の構文が作れるだろう？　その構文が、食料のインターネットの基盤になる」
いままで誰もＰＦＣに取り組まなかった理由は、アメリカの農家がほぼ例外なく収量を優先してきたからだという。「農業は長いあいだ、高収率と安価な食べ物の供給というふたつのことに最適化され、質を犠牲にしてきた。歴史を非難しているわけじゃない——緑の革命は偉大だった。おかげで多くの命が救われた。でも、いまはもっと多くのことを、はるかにうまくできる」

革新的なチームづくり

１９７２年に公開された映画『サイレント・ランニング』は、植物が全滅した世界を描いている。舞台は、宇宙を漂う温室ドーム。そこでブルース・ダーン演じる生態学者のフリーマン・ローウェルが、未来の人類のために植物を保存しようと悲喜劇的な戦いを繰り広げる。彼は、貨物を積むために温室を破壊するよう命じられ、３体の風変わりなロボットの力を借りて反乱を起こす。ローウェルとロボットたちは、温室を守るために手に汗握る極端な行動に走る。

私は23歳のときにこの映画を観て、半分面白くて半分ばかげていると思った。１９７０年代初めに流行った環境ユートピア的発想をちゃかしているようだった。ローウェルは、人工の小川の岸辺を散策する、世界滅亡後の聖フランシスコ〔清貧、悔悛と神の国を説いた中世イタリアの聖人〕のようだ。鳥たちを肩に乗せ、「太陽の光を楽しむ」ことや、自然は「愛しいわが子」だと説くジョーン・バエズの歌声を聞きながら、温室ドームの植物をやさしく愛撫する。自然が破壊されたせいで、土に回帰したというわけだ。

20年後、私は植物の箱舟のようなエアロファームズの倉庫のなかで、ピンク色の日焼け用ベッドに収まった何エーカーもの葉物野菜の横を歩きながら、ここが『サイレント・ランニング』のワン・シーンとさほど違わないことに気がついた。結局のところ、1972年のSF風刺作品は、それほどばかげていなかったのだ。倉庫を出るときには、早く家に帰ってみすぼらしい小さな庭の雑草を抜き、土をほじくり返し、自分が育てた汚れた不格好な野菜が食べたくて仕方がなくなっていた。アルゴリズムで均一に最適化されたレタスやイチゴなんて、特に食べたいとは思わない。植物と土地とのつながりを失うことにも抵抗がある。けれども、屋内生産される食料を増やして長いフード・チェーンを縮小すること、食べ物の腐敗と無駄を減らすこと、農地を耕起や農薬から解放するという発想は、大いに気に入っている。たとえ空想的に聞こえても、土地が二酸化炭素を吸収する森に戻り、農業によって1万年も脅かされてきた自然の一部を取り戻せたら、素晴らしいではないか。

『サイレント・ランニング』の製作からほぼ半世紀が過ぎ、多くのことが変わった。世界の耕作可能地の3分の1が失われただけでなく、そのスピードがどんどん速くなっている。その大半は、政治的に不安定な地域で起きている。例として、サウジアラビアは食料の75パーセントを輸入している。イラク、カタール、アラブ首長国連邦など、ほかの砂漠化した中東諸国も、輸入への依存度が高い。アブダビから帰国したばかりのハーパーが話したように、「中東の土地には生物資源が0・001パーセントほどしかない。川がなく、すぐに水を増やせるわけではない。屋内農業は、水の量が通常の10パーセント未満ですむのだから、中東版21世紀の〝勝利の庭〟になることができる」

国連の予測によれば、2050年に世界人口はいまより33パーセントも増え、98億に達する。そのうちの約3分の2は、都市部に住むと予想される。現在の都市人口は、世界人口の半分強だ。2050年には、東京、上海、ムンバイに加えて、ジャカルタ、マニラ、カラチ、キンシャサ、ラゴスなど、世界最大20都市のうち14がアジアとアフリカの都市で占められるだろう。人口増加と食習慣の変化を考慮すると、それまでに2009年の70パーセントも食料を増産しなければならない、と国連は予測している。いまより大きな規模で、外側だけでなく上方へも栽培する必要が出てくるのも当然と言えよう。

しかし、ハーウッドやハーパーたちは、慣行農業を垂直農業に取って代えるつもりはない。コムギをはじめとして、トウモロコシ、コメ、ダイズのような保存のきく主要作物と、そうでない青果の生産を切り離そうとしているのだ。「作物の70パーセントは、50年後も集中管理型の農家で大規模栽培されているだろう」。それ以外の生鮮野菜と果物は、地元の屋外農場やコミュニティの菜園、屋内垂直農場で生産して、拡大する都市市場に出荷できる。

このビジョンを実現するには、もっと多くの生産者が必要だとハーウッドは言う。といっても、第2章で紹介したウィスコンシン州オークレアのアンディ・ファーガソンのような生産者ではない。「持続可能な食料を育てるには、ハートランドのベテラン農家よりも若い都市生活者にありそうな技術的スキルがますます必要になる」と、彼は力説する。ホルヘ・エローのブルー・リバー社と同じように、エアロファームズ社でも園芸家よりソフトウェア・ハッカーのほうがずっと多い。「この種の栽培には、園芸学や生物化学だけでなく、機械工学や電気工学、プログラミング、食品安全の専門家や設計技師が協力し合う革新的なチームが不可欠だ」

技術の必要を言うなら、タンパク質の生産も同じかもしれない。養魚業、いわゆる「水産養殖」について考えてみよう。環境問題と乱獲によって野生魚が減少するにつれて、賛否両論はあるが、水産養殖がタンパク質生産の要になりつつある。次章ではノルウェーを訪れて、あるサケ養殖業者に話を聞く。彼は新旧の方法だけでなく、まったく次元の異なるツールと技術も活用して、大規模養殖の第3の方法を築こうとしている。

第7章
サケ養殖で世界に持続可能なタンパク質を

これはびっくり！　なんていっぱい魚がいるんだ……
　年寄り魚に赤ちゃん魚
　悲しい魚に
　うれしい魚
とってもとっても悪い魚……
いったいどこからやってきた？　わからないな。
でも、ずっとずっと遠くから
はるばるきたにちがいない
――ドクター・スース

アルフ＝ヘルゲ・オースクーグは、磨き上げたフローリングの床の上を行ったり来たりしている。

ここは、ノルウェー西岸のフィヨルドに係留したはしけのなかだ。11月の空は雲ひとつなく、雪を頂いた山々が優美にくっきりと映えている。わたしたちの周りに広がる海は、どこまでも鮮やかなサファイア・ブルーだ。はしけの横には、世界最大級のサケ養殖場がある。11の円形の水中生け簀に、合計約4000トン、金額にして6000万ドル相当の魚が泳いでいる。はしけのメイン・ルームは、明るい色の木製パネルと北欧デザインですっきりと整えられ、まるで有名デザイナーズ・ホテルのロビーのようだ。家具は革製のソファ、会議用テーブル、トレーニング・マシーンのみで、片側の壁の巨大モニターが生け簀のなかの映像を配信している。オースクーグは、全身黒づくめの服装だ。太くて険しい眉をして、茶色い髪はワックスで立ち、顎は長くて引き締まっている。監視映像のなかで回遊するきらめくサイクロンのようなサケの群れに目を凝らすと、その口からノルウェー語で罵りらしきことばが漏れる。

オースクーグは、世界最大のサケ養殖加工会社モウイのCEOだ。ノルウェーをはじめ、チリやスコットランド、フェロー諸島、カナダに220の養殖場を所有する。育てた魚は、ホールフーズ・マーケット、コストコなどの大企業や世界中のレストランに卸し、3分の1は水産養殖管理協議会(ASC)が「持続可能な養殖水産物」に与えるASC認証を受けている。オースクーグがフレヤ島に近いこの養殖場にやってきたのは、運営管理者から悪い知らせを受け取ったからだ。水中センサーによると、一部の生け簀の餌の消費量が、増えるはずなのに減っている。フォスターという管理者は、そう報告した。魚を無作為に取り出して調べたところ、最悪の事態が確認された。養殖場にいるすべ

モウイ社のサケ養殖場

ての魚に、危険が迫っていた。

海面養殖には、多くの脅威が存在する。生け簀の魚は、クラゲが大発生すればひとたまりもなく全滅するし、アオコが増殖すると酸素不足に陥る。さらに、生け簀網が破損すれば集団脱走することもある。しかし、今回判明した問題はもっと深刻で、気づきにくい。生け簀に囚われた何百万という魚の群れに潜んでいるのは、「サケジラミ」という小さな天敵だった。成虫はレンズ豆ほどの大きさの灰色の甲殻類で、牙のある小さなオタマジャクシのようだ。「外部寄生虫」とも呼ばれる。宿主の鱗にしがみついて血を吸い肉を食べるため、ほんの10匹余りで魚1匹の命を奪うことができる。サケとは何千年も共生関係にあったが、最近になって深刻な脅威に転じた。

50歳のオースクーグは、もう30年以上もサケジラミと戦っている。彼の漁業への愛着は、祖父によって育まれた。猟師であり釣り師でもあった祖父は、週末に少年のオースクーグを釣りに連れ出し、獲れた魚を地元の市場でどう売るかを教えてくれた。オースクーグがサケ養殖場で働きはじめたのは、14歳のときだ。養殖業は、まだはじまったばかりだった。厚い板を組み立てて、ひとつに数千匹のサケを収容できる生け簀を作った。そこに餌として大樽いっぱいのイワシとカタクチイワシを放りこんだり、病気で死にかけた魚を隔離する「死のタンク」を掃除したりした。その合間に、少しでもサケジラミの発生を抑えるため、生け簀に入れる何千というタマネギとニンニクをひたすら薄切りにしていた。

そのころは産業自体がまだ小さく、サケジラミ問題はそれほど深刻ではなかった。ひとつの生け簀のサケの数は、現在の20万匹よりもずっと少なかった。しかし、魚の数が増えて生け簀の密度が高まるにつれて、寄生虫の感染率も上昇した。除草剤耐性を持つスーパー雑草が畑にはびこるように、「スーパーシラミ」が増殖して、防止策はことごとく失敗に終わっている。ある意味では、水産養殖産業は自ら怪物を生み出したと言える。

フレヤ島のサケジラミは、まだ発生したばかりだ。生け簀から引き揚げた数十匹のサケから見つかったのは、ほんの数匹にすぎない。多くのサケはまだ感染していない。生け簀のなかの魚は健康そのものに見えるが、サケジラミが爆発的に増える前に、急いで収穫しなければならない。1匹のメスのサケジラミは、一対の糸状の卵嚢から1000個の卵を産むことができる。つまり、生け簀から生け簀へとあっという間に拡大し、近くを回遊する野生魚まで感染する恐れがある。現在、フォスターの生け簀にいるサケの重さは約3キロ。完全な成魚の60パーセントほどしかない。おかげで約

2400万ドルを失った、と彼はこぼす。

モウイほどの規模なら、養殖場ひとつ分の損失くらいたやすく吸収できる。が、サケジラミは同社の生け簀のほとんどに拡大している。2015年から2017年で、220の養殖場の全収穫量は12パーセントも減少した。もっと打撃を被った同業者もいる。シラミのせいで「悪夢のような状態」になってしまった、と彼は嘆く。この虫さえいなければ、業界は大きく成長できるのに。オースクーグは、ほかの業界幹部と団結して、小さな天敵を相手に技術の軍拡競争をはじめていた。有望な解決策に、すでに数億ドルを注ぎこんでいる。そのいくつかは、寄生虫と同じくらい奇妙で、信じがたいものに見える。

「青の革命」を支援する

サケは、遡河回遊魚だ。淡水の川で生まれて、長い旅をして塩水の海に下る。そこで餌を捕食しながら成長して、産卵期になると再び川へ戻る。何千年ものあいだ、ノルウェーの野生のサケは、フィヨルドを通って川とノルウェー海を安全に行き来してきた。いまは野生魚に加えて、途方もない数の養殖魚もいる。フィヨルドでは、毎年、実に15億匹の大西洋サケが育っている。養殖サケ業界におけるノルウェーは、牛肉業界におけるアメリカと同じだ。つまり、生産量が群を抜いてもっとも多い。世界のサケ養殖産業の売上は140億ドル。オースクーグによれば、この10年で倍増したという。ノルウェーの生産量が高いのは、涼しくて穏やかなフィヨルドが、海面養殖場を風と海流から守っているからだ。世界中のサケの生育環境を蝕みはじめた温暖化傾向は、まだこの地域には及んでいない。

オースクーグは世界のサケ養殖産業の約４分の１を指揮し、皮肉と尊敬の両方をこめて現代の「ニョルド」と評されている。ニョルドとは、海を手なずけ、地域を繁栄させる古代スカンジナビアの神だ。私がその例えに触れると、彼はいらだたしげにこう言った。「ビジョナリストなんて呼ばないでくれ。私は何の王でもない。そんなものには誰もなれない」

彼はフレヤ島の南のノルウェー西部にある小さな港町、オーレスンの羊牧場で育った。幼いころから、親を手伝って働いていた。６歳で羊を山に連れて行き、標高の高い牧草地で草を食べさせた。８歳にはもう父親に教わって羊の解体ができるようになっていた。「就業年齢になるずっと前から、かなりの時間働いていた。アメリカでは何て言うんだっけ？　児童保護局か？　そういうものがあったら、間違いなくうちにきていただろうね」と、真顔で語る。冗談と受け止めたが、彼の場合、わかりかねる。ノルウェーに滞在中と、帰国後の電話で交わした長いやりとりを通して、オースクーグが笑ったのはたったの一度。私が「時価総額32億ドル企業の経営者にしては若い」と、言ったときだ（２０１６年に初めて会ったとき、彼は49歳だった）。「若いだって！」と、彼は大きな声を響かせて笑った。「えらく年寄りに感じるよ」

オースクーグは、体力を維持することに固執している。毎日トレーニングに励み、４カ月ごとにトレイルランニング（山岳走）、マウンテンバイク、クロスカントリー・スキーの３つの競技会に参加して、自分を試す。「目標は、80歳で65歳のときのベストタイムを更新することだ。それも、アメリカ人がやるように運動能力向上薬を使わずにな」。また、勤勉を美徳とし、贅沢の象徴を避けることで自らを律している。私がノルウェーの川でフライフィッシングを楽しむのかと尋ねると、「あれは金持ちのやることだ。私は農場育ちだからね」という答えが返ってくる。妻はテスラに乗っているが、自分はアウディを愛用し、昨今流行りの電気自動車を一笑に付す。あれは、気候変動の元凶である食肉から注意をそらすためのものだ、と考えているからだ。「電気自動車の購入者は、税金でかなり優遇される。それなのに、肉中心の食生活をやめさせる優遇措置がないなんて、どうかしてるよ」

謙虚さと実用主義をかねそなえた彼の性格は、まるで北欧の空気のようだ。すがすがしくて健康によいが、心地よいというのとはちょっと違う。オースクーグは、トレイルランニングとマウンテンバイクをするだけでなく、週末と夏のあいだは沿岸の小さな島の山小屋で、ビジネスからいっさい離れて過ごす。また、家庭菜園に精を出したり気候問題を気にかけるわたしたちほど、環境に感情移入していない。それはよいことなのかもしれないと、彼と話していて一度ならず思った。自然との距離と絆を、バランスよく持ち合わせているのだろう。これからの水産養殖の問題を解決するには、そのバランスが必要なのかもしれない。

オースクーグは性格は謙虚だが、ビジネスは強気だ。業界を先導しながら、この10年でモウイの生産量を倍以上に増やした。おかげで、私のような魚好きの中間所得層は思わぬ恩恵を受けた。同社のスモークサーモン、冷凍サーモン、生サーモンが、２００５年以降20パーセントも値下がりしたの

アルフ＝ヘルゲ・オースクーグ

だ。同社は、私の地元のクローガーやコストコといった世界中のスーパーマーケットにサケを卸すほか、空港やショッピングモールで見かける箱入りの寿司も作っている。競争相手について尋ねてみると、同業者の名前は出てこなかった。すでに業界を支配しているからだ。「ライバルは、大手食肉企業たちだ。タイソン・フーズにスミスフィールド……大手食肉企業たちだ。あのくらいの市場シェアが欲しい」。そして、実現すれば気候変動の絶大な抑止効果になると繰り返した。

彼は「青の革命〔技術革新によって魚介類などの養殖が世界的に成長したこと〕」を支援するために、今世紀半ばまでに会社を10倍に成長させようとしている。成功すれば、「養殖魚が天然魚に取って代わり、数十億の人々に持続可能なタンパク質を提供する」ようになるという。地球の70パーセントは海なのに、その恵みはわたしたちの食料のたった2パーセントしか占めていない、と一度ならず口にする。「この状況を変えなければならない」

これに難色を示す批評家もいる。海産食物は、アジアを中心にすでに30億人の主要タンパク源となっているが、環境を壊さずに地球規模で魚を育てられるかどうかは意見が分かれている。「特にサケの工業型養殖は、もともと持続不可能なんだ」と述べるのは、「工業型養殖に反対する国際同盟（GAAIA）」の指導者、ドン・スタニフォードだ。彼は「サケを養殖するのはやめるべきだ」と、断言する。養殖が環境にもたらす弊害は、サケジラミをはるかに超える。排泄物、生け簀からの脱走、餌として捕獲される大量の野生魚をどうするかという問題は、いまも解決されていない。サケは世界の養殖産業のおよそ5パーセントにすぎないが――主にアジア市場向けのティラピア、コイ、ナマズのような安い魚のほうがずっと多い――群を抜いて成長が早く、利益も突出している。マサチューセッツ州に拠点を置く養殖会社アウストラリス・アクアカルチャーのオーナー、ジョシュ・ゴールドマンによれば、「どの魚より多額の研究開発費が投入され、イノベーションが進んでいる」という。彼が扱うのはバラマンディという、体の大きさがサケの半分ほどの熱帯産の白身魚だが、サケ養殖の進歩の恩恵にあずかってきた。「効率の向上に欠かせない高エネルギーの魚飼料や水中カメラを使えるのは、サケ産業のおかげだ。技術面で言えば、サケ養殖がイノベーションを牽引して、残りの養殖が追随している」

オースクーグは、「ゼロ・シラミ、ゼロ廃棄物、ゼロ脱走」企業を作るために、さまざまな環境保護団体の目標に協力してきた。それだけでなく、野生魚をいっさい使わない魚飼料の製造も考えている。「モウイ社はずいぶん進歩したわ」と、世界自然保護基金（ＷＷＦ）ノルウェー支部のイングリ・ルーメルデは言う。「でも、企業がこうした目標を達成しながら猛スピードで成長するのは、控えめに言っても難しいわね」

私がノルウェーにやってきたのは、大規模養殖が抱える課題を調べるためだ。しかし正直に言えば、何かよい知らせが聞けるのではないかと期待もしていた。なぜなら、朗報が必要とされているからだ。サケを含め、ほぼすべての魚の野生個体数が、乱獲や、気候変動、その他の環境問題により世界的に減少している。国連のデータによれば、いまの勢いで人口と経済が拡大すれば、世界の海産食物需要は今後20年で少なくとも35パーセント増えるという。ノルウェーを訪問中、私が抱いていたサケ養殖にまつわる多くの不安は一掃された。その一方で、思いもよらなかった新たな不安が浮き彫りになる。遺伝子組み換え技術や垂直農場と同じように、水産養殖もまた、はかり知れない可能性と、同じくらい大きなリスクを抱えながら、急速に成長している産業なのだ。

もっとも切迫した問題

２０１６年、カリフォルニア州で数百万のキングサーモン（マスノスケ）の稚魚が調理された——オーブンやガスレンジのなかではなく、サクラメント川の水のなかで。全長約７２０キロのサクラメント川は、シエラネバダ山脈から雪解け水を運んでいるが、何年も続く干ばつで水深が下がり、水温が上昇していた。浅くなり熱くなりすぎた水のなかで、サケの稚魚は生き延びることができなかったのだ。長旅に耐えて太平洋にたどり着いたキングサーモンの稚魚の数は、２００９年の４００万以上から２０１５年には30万未満に激減した。「サケ科の魚の現状——湯のなかの魚（State of the Salmonids: Fish in Hot Water)」という研究論文を発表したカリフォルニア大学デービス校の水産生物学者ピーター・モイルは、キングサーモンを含むカリフォルニア原産のサケ14種が、あと50年で絶滅すると予測している。

野生のサケは、数々の障害を乗り越えながら、川と海のあいだを数百、ときに数千キロも移動する。途中で急流や滝に立ち向かい、ダムを越え、漁師の網をすり抜ける。タカやカワウソ、クマ、人間などの捕獲者にも抗う。モイルはこのように説明する。「サケは、どんな障害もかいくぐるたくましい魚だ。しかし、気温の上昇だけは克服できない。特に稚魚のうちは、適応力が高くない」

これはサケに限ったことではない。『ニューヨーク・タイムズ』紙の記者エリカ・グードによれば、「海洋温暖化の結果、アメリカ北東部の海洋生物種は、３分の2に分布域の変化や拡大が見られ、北上するか、もっと深くて水温の低い場所へ移動した」という。もうひとつ例をあげると、ニューイングランド地方南部の名物であるロブスターは、同地方最北のメイン州へ移動しつつある。この地方のタラ漁業は、メイン湾の水温が急激に上がったせいで、ほぼ崩壊した。岩が多くて浅いこの湾の食料源が減り、タラの稚魚が水深の深いところへ移動したため、狂暴な捕食者が増えたのだ。東海岸沖で何世紀も繁殖してきたブラックシーバス、スカップ、イエローテールフラウンダーをはじめ、サバ、ニシン、アンコウなどの多くの種も、北上している。「一例として、いまのブラックシーバスの生息域の中心は、ニュージャージー州沖にある。1990年代より数百キロも北だ」と、グードは書いている。

さらに、水温が上昇した海は酸性化する。「地球温暖化の邪悪な双子」と呼ばれることもあるこの現象は、海水が大気中の二酸化炭素を取りこんで海中のpH値（溶液中の水素イオン濃度）が下がり続けることで起きる。甲殻類、とりわけカキとカニに大きなダメージを与える。アメリカイチョウガニ（通称ダンジネスクラブ）は、あと数十年で30パーセント減少すると予測される。そうなれば、アメリカの1億8000万ドル産業が崩壊する。

「天然漁業は危機的状態にある」と、アウストラリス社のゴールドマンは話す。環境を制御できることは、養殖のメリットのひとつだ。「気候変動の時代に食料を確保するには、養殖を大幅に増やして、やり方を大きく進歩させる必要ある」

それでも、いまのところ天然漁業の最大の脅威は養殖そのもの、特にサケ養殖だ。スタニフォードは、「養殖は、解決策というより問題に近い」と指摘する。そもそもサケ養殖場が、文字通り野生魚を食べてしまっている。サケは肉食動物だ。カタクチイワシ、ニシン、イカ、ウナギ、エビ、オキアミなどの海洋生物を、体重の何倍分も食べることができる。「野生魚が減り続けているのに、それに依存する産業を成長させるなんて不可能です」と世界自然保護基金（WWF）のイングリ・ルーメルデは主張する。養殖サケは、野生魚を食べるだけでなく、生息環境を汚染する。与えられる餌の最大70パーセントが、尿、糞、残餌として水に戻るからだ。「サケ産業は、何十年も海を下水溝代わりにしてきたんだ。排泄物が海底に堆積すると、その水域の海洋生態系を破壊してしまう」と、スタニフォードは非難する。

環境だけではない。遺伝学的な汚染も引き起こす。生け簀から逃げた養殖サケが野生サケと交配した場合、子供には自然界で生き延びるために必要な遺伝子「配線」がないかもしれない。養殖サケは、野生の仲間と遺伝的に同じではない。商業用の孵化場で産まれるため、産まれた川に戻る帰巣本能が欠けているのだ。それに、生け簀のなかには捕食者がいないため、危険を警戒する遺伝的本能もない。「養殖サケが得意なのは、餌のペレットを奪い合うことだ。生け簀のなかでは重宝する才能だが、野生ではそれほど役に立たない」と、スタニフォードは話す。

たとえ生け簀から逃げなくても、養殖魚は脅威になりうる。生け簀に投入される餌が、養殖場のそばを通る野生サケを引き寄せるのだ。餌に夢中になった野生の稚魚が網をすり抜けて生け簀に入り、共食いされることもある。共食いを免れても、病気や寄生虫に感染して、災いを生け簀の外に持ちこむかもしれない。2000年代初め、養殖された大西洋サケがISA（伝染性サケ貧血症）という病気を広め、野生の大西洋サケに壊滅的な被害を与えた。1990年代には、養殖場からSAV（サケ科魚類のアルファウィルス感染症）が蔓延し、ヨーロッパ中の野生サケに膵臓病を引き起こした。モウイがほかの業界大手とワクチンを開発して、ようやく抑えこむことに成功した。

サケジラミは、病気よりはるかに厄介であることが証明されている。「いまのところ、養殖産業と野生サケの両方にとって、もっとも切迫した問題」と、ルーメルデは警告する。毎年推定約5万匹もの野生サケが、サケジラミのせいで死んでいるそうだ。しかし、スタニフォードと違って、彼女は養殖産業と環境は建設的な関係だと考える。「20年前のこの業界は、環境なんていっさい気にかけない荒っぽい新興産業だった。いまは違う。持続可能な方法でなきゃ成長できないと知っている」。一般に、野生魚に悪いものと、養殖場のある海洋環境に悪いものは、養殖サケにも悪い、とオースクーグは主張する。「サケを排泄物でいっぱいの池では育てたくない。元気に成長しないからね。生け簀から逃げてほしくないし、寄生虫に感染されるのもごめんだ。だから、こうした問題に必死で取り組んでいる」

オースクーグは、全力でサケジラミと戦っている。「どんなことでもするつもりだ」と、決意は固い。「業界内で多くの新しい方法が開発されているところだ。そのなかのいくつかをうまく併用できれば、遅かれ早かれ成果が出るだろう」

水中版の垂直農場

日暮れどき、わたしたちは寒さに震えながら生け簀の縁に立っている。吊り下がったビニール製のホースから、餌のペレットが紙吹雪のように舞い落ちる。その下で何千という魚がぐるぐると泳ぎ回り、跳ねたり水しぶきを散らしながら、ペレットを奪い合う。魚たちは、外が−21℃の寒さだということに、まるで気づいていないようだ。自分たちの近くで、特殊な機械が作動しているということにも。その機械は『スターウォーズ』に出てくるR2D2を細長くしたようなロボットで、緑色のレーザー光を四方八方に照射している。

「スティング・レイ」というこの装置は、深海油田の技師たちがサケジラミ駆除のために開発した。オースクークが試している一風変わった武器のひとつだ。スティング・レイは生中継のビデオ映像で魚を「見て」、ホルヘ・エローのシー・アンド・スプレーのように、AIプログラミングを使って魚の鱗の色と表面の異常を見つける。シー・アンド・スプレーが雑草と作物の見分け方を学ぶように、サケジラミと小さな斑点のあるサケの鱗の違いを学習するのだ。サケジラミを見つけたら、眼科手術や脱毛で使うような高精度のダイオード・レーザー光を照射して、数ミリ秒で狙撃する。鏡のような魚の鱗はレーザー光をはねかえすが、卵白のようなゲル状のサケジラミは、カリカリに焦げて浮き上がり、水流の彼方に消えてゆく。

オースクーグは、競合企業のレロイ・シーフード・グループやサルマールとチームを組んで、このプロジェクトの初期資金調達ラウンドに150万ドルを出資した。テストは2014年にはじまり、現在はノルウエーとスコットランドの養殖場で約200台のロボットが活躍している。それでも、オースクーグはこの技術にそれほど感心していない。「これは昔のシラミ駆除の機械バージョンにすぎない」と言う。スティング・レイは、ベラやダンゴウオのような「掃除魚」がすること、つまり魚の鱗からサケジラミを1匹ずつ取り除くのを真似ているだけだ。オースクーグは、何年も前から掃除魚を大量投入してきたが、問題を解決していない。そのうえ、この魚は特別食を必要とし、生け簀のなかに複雑なワカメの生息環境を作らなければならない。

生け簀に下ろされるスティング・レイ

スティング・レイの責任者ジョン・ブライヴェックが、ロボットはダンゴウオの改良版だと説明する。「掃除魚を使う場合、サケ10万匹につき1万匹が必要かもしれません。レーザー・ロボットなら、たった1、2台ですみます」。彼は、掃除魚とロボットは併用可能だと力説する。掃除魚は、魚のえらの内側に隠れたサケジラミを排除できる。ロボットは、掃除魚には見えない透明な幼虫を狙うことができる。「新しい方法と古い方法の相乗効果ですよ」と、ブライヴェックは胸を張る。スティング・レイが養殖場のシラミをほぼ半減させるあいだに、ロボットのAIシステムはより賢く効果的に狙いを絞れるようになっていく。「雪だるま式に効果が増していきますよ」。オースクーグは、そこまで楽観していないようだ。ロボットが閃光を放つ冷たい水のなかを凝視しながら、「まだわからんな」と、にべもない。

過去の試行錯誤を考えると、慎重になるのももっともだ。この問題が手に負えなくなりはじめた10年ほど前、彼はほかの業界リーダーとともに餌にエマメクチン安息香酸塩を加えてみた。「スライス」という商品名で販売されるこの化学物質は、魚の内臓膜を通り抜けて組織のなかに入りこみ、それを吸収したサケジラミを殺す。しばらくは効果があったが、サケジラミが耐性を持つようになった。そこで数週間ごとにサケを過酸化水素液槽に入れて、化学物質に漬けてみた。しかし、またもや適応されてしまった。次に、感染したサケをハイドロブラストという水中カーウォッシュのようなものにかけてみたが、費用が高額なうえ、サケに強いトラウマが残り、成長が止まってしまった。

いまはスティング・レイのほかに、いくつかの機械的手法を試している。たとえば15万匹を収容できる巨大な移動式生け簀だ。サケジラミが急増すると、シラミが生きられない水温の低い場所まで生け簀を沈めることができるのだ。また、極小穴のメッシュで生け簀を包んで侵入を防ぐ「スカーツ」や、シラミの急増をいち早く発見できる高度な水中カメラとデジタル・センサーの導入も検討中だ。

それでも効果がなかったときのために、サケを完全に隔離する準備も進めている。数千万ドルをかけて、固体ポリマー製の卵状の生け簀を開発したのだ。「エッグ」と呼ばれるこのケージは、深さ約45メートル、幅約30メートルで、ひとつに20万匹のサケを収容できる。フィヨルドの水面に上部だけが覗く姿は、まるで白いＵＦＯのようだ。ノルウェーの景観にはそぐわないが、寄生虫を完全に締め出すことができる。それに、排泄物、病気、脱走などにも効果があるため、開発中のほかの「閉鎖式生け簀」とともに、環境保護団体や沿岸地域のコミュニティからも支持されている。

問題は、高額で手間がかかることだ。エッグ内部の水は海の深層部からポンプで汲み上げ、絶えず補充し、微細な汚染物質をフィルターにかけなければならない。また、サケが流れに逆らって泳げるように（サケは遠距離を泳ぐため、淀んだ水では筋肉がつかない）内部にファンを設置して水流を作り、流れを注意深くコントロールする必要がある。外の波の衝撃を吸収するブイ・システムも欠かせない（エッグに衝突する海流でサケが船酔いすることがある）。さらに、大量の排泄物を集めて処理しなければならない。清掃・衛生習慣を常に徹底して、エッグとサケを清潔に保ち、病気を防ぐ必要がある。オースクーグは、ドーナツ型の閉鎖式生け簀（あだ名はもちろん「ドーナツ」だ）にも出資している。機能はエッグと同じだが、こちらのほうが水流が強くてコントロールしやすく、「より引き締まった」サケが生産できる。

閉鎖式生け簀は、完全制御された超精密な垂直農場の水中版と言える。深海の冷たい水を汲み上げ、酸性化にも対処できるため、少なくとも理論上は、海水温の上昇に耐えることができるだろう。しかし、その費用は安くない。イングリ・ルーメルデはこう話す。「こんな途方もないお金をかけるなんて、ばかばかしく思えるでしょうね。でも、サケの需要が急に増えて、野生魚が減る一方だから仕方がない」

混合飼育の復活

中国人は、周王朝だった紀元前１０００年ごろにコイの養殖をはじめた。生態系科学が登場するずっと前に、今日の「混合飼育」――養殖と野菜・家畜の生産を結びつけた統合システム――を直感的に編み出したのだ。このシステムでは、動物と魚の糞が燃料となった。アヒルやブタの糞を肥料にして養殖池で藻類を育て、窒素が豊富なその藻をコイの稚魚が食べて育つ。成長した稚魚は水田に放され、そこでイネに害を及ぼす雑草や害虫を食べ、窒素を豊富に含んだ糞で田んぼを肥やした。イネは、コイを鳥と日光から守る役割を果たした。「このイネと魚の共生的なシステムには、環境保護の深い見識がある」と、アウストラリス社のジョシュ・ゴールドマンは言う。「別々に育てるよりも少ない土地で、より多くのコメと魚を生産できる。そのうえ、肥料、農薬、労働力の費用も削減できるんだからね」。混合飼育は脈々と受け継がれ、いまも国内の数百万エーカーの水田でおこなわれている。

しかし、ほとんどの現代養殖は、モウイのように単一栽培のアグリビジネス・モデルに倣い、ひとつの生産品を量産している。孵化場での単一栽培は、近親交配という深刻な問題をはらんでいる。そのせいで魚の生存能力や繁殖能力が徐々に低下し、長期的には失敗するだろう、と批判を浴びている。ゴールドマンのような小規模な新興養殖家のなかには、混合飼育を復活させて、大規模な養殖に取り入れようとする者が増えている。「要は、生け簀の魚の排泄物が周囲の水に溶け出して、ほかの生物の栄養分になるということだ」。生産性を最大限に高めると同時に、汚染物質も管理するわけだ。

ゴールドマンは、１９８０年代初めに進歩的なハンプシャー・カレッジに在学中、初めて自分の養殖システムを作った。魚の糞を肥料にしてケール、レタス、トマト、ベリー類を育てるシステムを一から手作りしたのだ。彼が興したアウストラリスは、同大学から20分のマサチューセッツ州ターナーズ・フォールズに本社を置き、古い飛行機の格納庫で約30万匹のバラマンディを生産している。オーストラリアと東南アジア原産の魚を「地産」食材として提供できることから、まずニューイングランドのシェフたちに注目された。すぐに大手食品チェーンが興味を示し、ホールフーズ、食材宅配サービスのブルー・エプロン、シズラーのほか、俳優のレオナルド・ディカプリオが出資する「ラブ・ザ・ワイルド」という、全米規模で養殖魚の冷凍食品を販売する企業に卸すようになった。しかし、需要が高まるにつれて、彼は養殖モデルを見直しはじめた。

ゴールドマンが14年前に事業をはじめてから、世界は大きく変わった。「現代の包括的な環境問題として気候変動が浮上した。それとともに気候の影響の測定方法も向上して、考えが変わったよ」と、彼は言う。近年、生産の大半を少しずつベトナムに移転したという。「地産」の強みは失われたが「ベトナムで育てるほうが魚がおいしいし、カーボン・フットプリントも少ないんだ。意外に思えるが、バラマンディを本来の生息地で養殖し、冷凍したものを輸送するほうが、リソースが少なくてすむんだよ」

ターナーズ・フォールズの施設を訪れると、その理由がよくわかる。小さなタンクにそれぞれ数千匹の魚がぎゅうぎゅうに詰めこまれ、パーデュー・ファームズ社〔米国の食用鶏肉生産・加工大手〕の鶏舎の水中版のようだ。この施設では、1日に5000万ガロンの水を濾過できる大規模な水処理システムが必要だ。膨大な量の水を汲み上げて浄化し、酸素を送りこむので、電気も大量に食う。死んだ青白いバラマンディをタンクから釣り上げながら、ゴールドマンはこうこぼす。「まるで集中治療室を運営してる気分だよ。魚の健康状態のあらゆる要素をコントロールしなくちゃならないし、ちょっと油断しただけですぐに死んでしまう。ポンプかバルブがひとつでも故障すれば全滅だ」。これに対し、エッグのような海面の閉鎖式生け簀は、やはり運営面に問題が多いものの、水を無制限に利用できるという大きなメリットがある。

ベトナム沖の養殖では、古代中国の統合型養殖を取り入れて、バラマンディと一緒にほかの海産物も栽培できる。生け簀の周囲には、カギケノリなどの食用海藻が長いカーテンのように植えられている。古代水生植物は、二酸化炭素を貯え、魚の排泄物から発生する硝酸エステルとリンを植物組織に変える。ゴールドマンによれば、持続可能性への鍵は、食物連鎖の最初に位置するものを食べるようにすることだ。海藻は、食物連鎖のはじまりと言ってよい。新鮮なものはサラダやスープ用にアジアやポリネシア市場で販売する。乾燥させてすりつぶしたものは、トウモロコシ配合飼料の代替品としてアメリカに売ることを考えている。マサチューセッツ州を拠点とするもうひとりの養殖起業家ブレン・スミスも、自ら創設した養殖業者団体グリーンウェーブのために、同様の混合飼育モデルを開発した。彼はケープコッド沖の３Ｄグリッドで、魚の排泄物を食べるザルガイ、ムール貝、ホタテ貝と一緒にコンブを養殖している。その下の生け簀には、海底に沈降するもっと重い有機廃棄物を餌にするカキとハマグリが入っている。

オースクーグは混合飼育をしていないが、エッグを使えば魚の排泄物を集めて収穫し、バイオ燃料と高品質肥料という新しい収入源を生み出せるだろう。また、食物連鎖で海藻よりさらに下に位置する原料を使った、新しい餌も試しているところだ。彼いわく、「長い目で見れば、魚を養殖する場所や方法ではなく、どんな餌を与えるかが何より重要になるかもしれない」

牛肉より養殖魚を

ノルウェーのモングスタッドは、フレヤ島の数百キロ南にあるフィヨルドに引きこまれた村のひとつだ。しかし、昔ながらの漁師町というよりも、ニュージャージー州ニューアークのように見える。ここは、ノルウェーで石油抽出業と並ぶ斜陽産業である石油精製業の中心地だ。そして、モウイが（もっとも重要ではないにしても）もっとも奇妙な研究所を置く場所でもある。

工業用の鋼管がからみ合い、照明が点滅する巨大な工場の横で、ガラス張りの研究所が輝きを放っている。明るく照らされた温室のように見えるが、なかには花や野菜ではなく、巨大な試験管のようなガラスの円筒がいくつも水平に積み重なっている。1本の大きさは幅20センチ、長さ12メートルほどで、緑色の液体が入っている。液体は、同じ緑でもそれぞれ色合いが微妙に異なり、新緑色に、青緑、深緑、暗緑色、薄くて淡いものもあれば、不透明に近いものもある。白衣を着た科学者たちが中身を覗きこんでは、メモを取り、台についた目盛り盤を回している。

ガラス管のなかでは、ナンノクロロプシス〔ピコプランクトン〕、テトラセルミス・チュイ、フェオ

モングスタッドにあるモウイ社の藻類研究所

ダクチラム・トリコナータム〔海洋性珪藻〕など、6種類の光合成藻が培養されている。研究所が石油精製所の隣にあるのは、藻類の成長に必要な二酸化炭素を、精製所が送り込んでくれるからだ。二酸化炭素は石油精製過程で捕獲され、パイプを通って研究所に送られて、ブクブクと泡立ちながらガラス管に入っていく。二酸化炭素と日光が組み合わさると、藻類の成長が促進される。藻類は、水中食物連鎖の創設メンバーと言ってよい。持続可能な養殖の鍵を握るのは、地球最古の有機体のひとつだったこの微細植物だ、とオースクーグは信じている。

研究所を監督するのは、モウイの研究開発グローバル・ディレクター、オイヴィン・オーアランだ。痩身で髪が薄く、灰色のヤギひげをきっちりと刈りこみ、フレームの太い眼鏡をかけている。現在取り組んでいる研究のなかで、何よりも興味を引かれるのは、魚を肉食から菜食に変える方法だと言う「サケはほかの魚を食べますが、食べなくても生きられます。捕食する魚に含まれる栄養素と脂質が必要なだけなのです。植物源から同じものを抽出できれば、肉を食べる必要はありません」

植物由来の餌を開発できれば、もう激減する野生魚に依存せずにすむ。サケの餌に入れる魚の量は、昔よりずいぶん効率化された。十代のオースクーグが木のタンクにイワシやニシンを投げこんでいたころ、サケは体重の6倍の野生魚を食べていた。1980年代になるとペレットが使われはじめ、植物由来の原料を混ぜることができるようになった。これによって運営費が下がり、養殖産業の成長が促進された。ペレットは腐りにくく、長期保存ができるうえ、広い生け簀にばらまきやすい。

モウイ社の飼料部門は、社の全収益の3分の1以上をたたき出す。ペレット——人間でも食べられる（私もひとつ試してみたが、カビの生えたスニーカーのような味はしたが、お腹は壊さなかった）——は、約75パーセントの陸生穀物（トウモロコシ、コムギ、ダイズ）、20パーセントの魚粉（主にパック用切り身から取った頭、尾、骨をすりつぶしたもの）、5パーセントの魚油でできている。消費者は魚が陸生穀物を食べることに不安を抱くが（自尊心のあるサケがトウモロコシなど食べるだろうか？）、水生動物の獣医によれば、タンパク質源が植物であろうと魚であろうと生物学的に違いはないらしい。野生魚の大量殺戮を食い止めるので、環境保護主義者は歓迎している。私のような消費者も、養殖サケの原価が下がるのでありがたい。

20年前は、サケ1ポンドを生産するのに約5ポンド〔約2.2キロ〕の野生魚を消費していた。現在、その割合は1ポンド〔約0.45キロ〕につき約0.7ポンド〔約0.3キロ〕まで下がったという。前進には違いないが、急成長産業にしては、まだまだ量が多すぎる。今後の課題は魚粉の代替品――植物性タンパク質や昆虫をすりつぶした粉――ではなく、魚油の代替品を探すことだ。魚油成分のない植物性の餌でも成長に支障はないが、魚肉にオメガ3脂肪酸は含まれない。「それではピンク色をした鶏肉のようなものです」と、モウイのコミュニケーション担当者オーラ・ヤットランが力をこめる。「この栄養価があるからこそ、サケは貴重な食料なのです」

ここで、藻類が役に立つ。藻類はオメガ3脂肪酸を生産する。そのオメガ3は食物連鎖の上にいるオキアミやほかの甲殻類に摂取され、オキアミを食べた小魚を経由してサケの体内に蓄積される。「微細藻類から直接オメガ3脂肪酸を作り出すことで、この栄養素の源泉に戻っているというわけです」と、オーアランが言う。藻類由来のオメガ3脂肪酸は、すでに牛乳や卵、オレンジ・ジュースに少量添加されている。プロセスはすでに実証済みで、あとは量産方法を見つけるだけだ。

サケを植物由来の餌で育てることに、顔をしかめる批判者もいる（「ライオンはレンズ豆で飼育できない！」と、ドン・スタニフォードは言う）。しかしオーアランは、持続可能性に関する古い考えを捨てるべきだと主張する。「将来は、魚肉生産の需要が大幅に増え、環境的制約もいまよりずっと多いだろう。だから〝食料以外からどうやって食料を生産するか？　どうしたらもっと過激な創意工夫ができるか？〟を考えなければいけない」。微細藻類は、そのまま食べなくても、高栄養食料の成長促進剤として海藻のように食生活に浸透するかもしれない、と予想する。

サケの養殖がほかの魚に比べて効率が悪いことは否めない。たとえば、サケはティラピア、ナマズ、タラよりも食欲が旺盛だ。しかし、陸生動物に比べれば、格段に小食と言える。変温動物なので、寒さをしのぐために体を温めたり、脂肪層を作らなくてよい。したがって、必要なカロリーも少ない。浮力のある環境に住むので、重力に逆らったり、四つ足で体を支えながら歩かなくてもよい。『ナショナル・ジオグラフィック』誌の記者ジョエル・バーンは、次のように書いている。「養殖サケ1ポンドを生産するには、およそ1ポンドの餌が必要だ。しかし、1ポンドの鶏肉を生産するには約2ポンドの餌を与えなければならない。豚肉なら3ポンド、牛肉なら約7ポンドだ。90億人のニーズを最小限の地球資源で満たせる動物性タンパク源として、養殖サケは有望に思える」

オースクーグは、何度となくこう強調した。「養殖を持続可能にすることよりも、もっと魚を食べて肉を減らすように世間を説得することのほうがずっと難しい」。魚を主要タンパク源にする人は多く、地球人口の半分に迫る。しかし、工業化が進んだ欧米ではそうではない。牛肉が大好きなアメリカでは言うに及ばず。ウシの飼育がもたらす環境問題は、サケジラミや魚の糞まみれのラグーンよりもはるかに深刻だ。この問題を解決するには、牛肉の大幅な値上げでないとしたら、レーザー・ロボットや藻類農場よりももっと奇妙で、ひょっとすると穏やかならぬイノベーションが必要だろう。牛肉について、根本から考え直す必要があるかもしれない。

第8章 健康にも環境にもいい培養肉

人間の心は、得体の知れないものよりも認識できるものを好む……
小さな顕微鏡ひとつで、アリスが鏡の向こうで経験した1000倍もわくわくする、
素晴らしい世界を覗くことができるのだ。
――デビッド・フェアチャイルド

肉は、私にとって腐れ縁の恋人のようなものだ。肉食への抗議の声とこれまでの章の教訓から、よくない関係だとわかっている。砂糖とコーヒーと酒を（たいして苦労せず）少しずつやめたように、肉を断とうとしたことは何度かあった。でも、この悪習だけはやめられない。それに、私のようなテネシー州ナッシュビルというバーベキューとピリ辛チキン発祥の地の住人は、撒き餌をされる海で暮らすサメのようなものだ。餌のおかわりを常に求め、肉を断てないことを正当化して、なんとか自分（と地球）の寿命を縮めずに食べ続けようとあがいている。

友人医師に相談すると、血液型のせいかもしれないと言われた。「O型の肉食系だからよ」。あるヨガ講師は、私の「ドーシャ」――アーユルヴェーダ医療で生理活動を司るといわれるエネルギー――の問題だと告げ、こう説明した。「あなたのドーシャは〝ヴァータ〟だから、どっしりして重い、タンパク質に富んだ食べ物が必要なの」。真偽のほどは別として、家庭環境が影響しているのは間違いない。私が育った1980年代の家庭では、食事はリブが中心だった。食卓の主役はいつも赤身肉で、鶏肉や魚は野菜と見なされていたほどだ。それに、タンパク質を魚介類で摂る人は多いが、肉を食べたがっている人はもっと大勢いるようだ。その証拠に、世界の牛肉、豚肉、鶏肉の加工・消費量は30年でほぼ倍増しており、2050年にはさらに倍になると予想される。

そのなかで、牛肉が及ぼす影響は破壊的だ。この何年かで、赤身肉を食べる習慣が湖や川を干上がらせ、私の心臓疾患のリスクを高めていること、ウシの放牧が手つかずの熱帯雨林を破壊し地球温暖化を助長していることがよくわかった。畜産から排出される温室効果ガスは、世界中の排出量の15パーセントを占める。これは、あらゆる輸送機関の排出量を足した数字よりも多いのだ。これまで私は、食肉加工工場で最低賃金で働く人々の過酷な状況を報じてきた。このような工場では、仕事で重傷を負う率が平均的なアメリカ人労働者の3倍も高い。こうした工場の多くが新型コロナ感染症のホットスポット〔集団感染の発生地〕になったときは、致死的なウイルスに感染した豚肉加工工場の従業員たちに取材をした。加工工場の休業により、数千もの家畜を安楽死させるしかなかった農家からも話を聞いた。取材を受けた全員が、同じメッセージを伝えていた。いまの食肉生産システムは持続することが不可能だと。それに、まっとうな環境で育った食肉用動物はほとんどいない。その事実に、良心がとがめている。

私が教える学生たちは、少なくとも3分の1が何らかの菜食主義者《ベジタリアン》〔肉と魚以外に、卵や乳製品を食べるかなどで細かい分類がある〕だ。彼らは、ごくたまにでも肉を食べれば動物虐待になる、と主張する。食肉処理場のなかや、檻に閉じこめられたブタ、虐待されるニワトリが写った隠しカメラの動画も見せてくれた。さらに、わたしたちのほとんどがタンパク質を摂りすぎている、ともっともらしく力説し〔平均的なアメリカ成人は1日約100グラムを摂取するが、健康な成人の1日の必要摂取量は約50グラムだ〕、何よりも肉は汚いと訴えた。「ハンバーガーにウシの糞がどのくらい入っているか知っていますか？」と、ある若いビーガンは私に食ってかかった。彼女がつきつけた『コンシューマー・リポーツ』〔アメリカの消費者向け月刊誌〕によると、調査した300個以上のハンバーガーがひとつ残らず糞便で汚染されていた。私にとっては、まさに恥の上塗りだ。不名誉なことこのうえない。

そのような経緯から、気候科学者の兄が47歳でとうとう肉をやめると誓ったとき、私も便乗することにした。ナッツ・バター〔挽いたナッツを少量のバターに混ぜたもの〕と豆腐を買いこみ、ボロネーゼをラタトゥイユに代え、柔らかいブリスケットをあきらめてベジタブル・バーガーを購入した。しぶしぶベジタリアンに転向したある記者が、アウトドア誌『アウトサイド』でぼやいた気持ちがよくわかった。どれも、「魅力的とは言いがたいふたつの味」しかしなかった。「玄米入りの、眠気を催す高炭水化物のどろどろ爆弾か、腸が壊れそうなグルテン製の固いパック〔アイスホッケー用のゴムの円盤〕」だ。それでも64日間は持ちこたえた——誰かがカルネ・アサダ・タコス〔牛肉のサイコロステーキが入ったタコス〕にタマネギのピクルス、クズイモのサラダに、とろりとしたディル・ソースを添えた皿を差し出すまでは。私はそれを、飢えたハイエナのようにガツガツと貪った。

そういうわけで、わが身と世界が抱えるジレンマに再び向き合うことになった。私のように肉食の弊害を熟知し、悔いているのにやめられない人は大勢いる。そんな状況で、食肉生産の途方もない問題をどのように解決したらよいのだろう？　私は答えを方々に探し求めた。まず、テネシー州中央部の3000エーカーの土地でウシとヒツジを育てる35歳の元海兵隊員、サム・ケネディの農場を訪ねた。ケネディは、環境再生型農家が提唱する「管理集約放牧〔輪換放牧、輪牧とも呼ばれる〕」という方法の実践者だ。ジャーナリストのマイケル・ポーランの著書『雑食動物のジレンマ』に登場する畜産農家ジョエル・サルトンと、ノースダコタ州の5000エーカーの農場で管理放牧をするゲイブ・ブラウンに傾倒している。ケネディは、広大な飼料用トウモロコシの畑だった土地を、二酸化炭素を大量に吸収する丈の長い野草の牧草地にした。ウシとヒツジたちは、そこで草を食みながらひずめで地面を踏みしだき、糞をして土地を肥やす。そうやって、新しい草を生えさせる。

していることは野生の草食動物の群れと同じだが、ケネディはドローンや可動式の電気柵を使って牧区を変えながら放牧し、環境を再生し続ける。まさに、現代技術で伝統を進化させる最高の第3の方法だ。しかしこの農場が物語のように美しく、動物を大切に扱い、とびきりおいしい肉を作る分、生産品はホールフーズ・マーケット以上に高額だ。手間とコストを考えれば相応の値段だが、これで

アメリカ初のクローン去勢牛アルファ

は牛肉の大量生産に取って代わるのは難しい、とケネディは釘を刺す。

「突き詰めれば、畜産の規模だけでなく加工の規模の問題なんだ」と、彼は言う。「タイソン社では、ウシの解体と加工費用は1頭につき125ドルだ。うちのような地元の農家は、550ドルもかかる」。ケネディのやり方は、これからの高品質な食肉生産として期待できる。また、温暖化の防止にも貢献する。しかし、家計が苦しい消費者にはどうだろうか。持続可能な食肉を手ごろな価格で販売する方法はあるのだろうか？　私は再び答えを探しはじめた――最初は、間違った方向へ舵を向けて。

以前、中国の牛肉生産者が、急増する食肉需要を満たすために10万頭以上のクローン牛を作ろうとしている、と読んだことがある。現場を訪問しようとしたが、許可が下りなかった。そこで、2016年にアメリカで初めて去勢牛をクローニングしたタイ・ローレンスという学術研究者を探し出した。彼は牛肉の効率的な大量生産を研究するため、2018年までに若いメスのクローン牛を作り、数十頭の子ウシを生ませることに成功した。肩書のひとつに、ウェスト・テキサスA&M大学牛枝肉研究センター所長とある。ネットに掲載された略歴によれば、妻子とファズという犬と一緒にテキサス州アマリロ近郊に住んでいる。

私はさっそく飛行機に乗って現地に向かい、ローレンスと獣医でクローン動物生産者のグレッグ・ヴェネクラッセンに会った。ヴェネクラッセンは、興味深い経歴の持ち主だ。ある有名な大物のために受賞歴のある競走馬をクローニングしたり、私有の猟場用に角のあるシカや珍しい獲物をクローニングしていた。いまは「娯楽のためのクローニングから、食料供給のためのクローニング」に焦点を移そうとしているという。

畜牛のクローニングは、コスト面で多大なメリットがある。そっくり同じウシを生産できれば、食肉処理を完全自動化できるからだ（ウシの筋肉のつき方は個体差が大きいため、一部の業者は1頭ずつ手作業で処理している）。ローレンスは、環境に配慮するなら肉の脂肪を減らせばいい、と言った。彼がクローニングするのは、脂肪の薄い去勢牛だけだ。つまり、脂肪を作るエネルギーを最小限に抑える。そうすれば、極上の牛肉に必要な餌と水の総量を約5パーセント減らすことができる。

クローニングの倫理的問題は別として、生産効率が5パーセント上がるのは朗報だ。しかし、もうすぐ規模が倍増する産業には十分ではない。雄牛の体重は、脂肪の量にかかわらず450キロほどあり、食肉になるのはその約半分しかない。残りの200キロ（骨、皮、内臓）も大量の餌と水を消費するのに、その部分は食べられない。つまり、牛肉生産で消費されるトウモロコシと水、排出される温室効果ガスの約半分が、食肉以外に使われるというわけだ。なんと効率の悪いことか。この無駄を省くために、新旧のいくつかの食肉企業が、意識のある生きた動物をいっさい使わずに鶏肉、豚肉、牛肉を生産する方法を模索している。私はテキサスの不毛地帯をあとにして、約2300キロ北西の文化的なベイエリアへ飛んだ。

代用ではなく、肉そのものを

メンフィス・ミーツ社の研究所は、カリフォルニア州バークレーにある〈同社は2021年に「アップサイドフード」に社名変更〉。隣にはジュース・バーとコーヒーの少量焙煎店が並び、地産の有機食材を使うアリス・ウォーターズのレストラン「シェパニーズ」からもそう遠くない。閑静な並木通りに面したレンガ造りの研究所では、科学者たちが食肉生産を分子レベルで、つまり根本から見直している。その方法は実に斬新で、持続可能な食品の支持者が求めることをすべて実現すると同時に、それらを根底から覆している。

同社は、インド出身の心臓専門医ウマ・ヴァレティと、肝細胞生物学者ニコラス・ジェノヴェーゼによって2015年に共同創業された。生きている動物から採取した筋組織と脂肪、結合組織を使って、世界で初めて研究室で肉を栽培したスタートアップだ。「わたしたちは、動物を殺さずに従来の肉と変わらない最終製品を届けます」。訪問前に電話をかけた私に、ヴァレティはそう説明した。さらに、研究室で栽培、つまり「培養」される細胞は、動物から切り離されているが「生きている」とつけ加えた。実際、バイオリアクター（生体反応槽。微生物や酵素などの生体触媒を用い、物質の合成・分解などを行う装置）のなかの成熟筋組織を刺激すると、収縮や痙攣をするという。

研究室で養いていた培養肉を食べるくらいなら豆腐を買いたい、と私は正直に打ち明ける。しかし彼は、こちらがすぐに考え直したくなるような多くの利点をあげはじめる。「培養肉は、細胞レベルで動物の肉とまったく同じなんです。しかも、こちらのほうが栄養があって味もおいしい」。さらに、生産過程で排出される温室効果ガスを従来の4分の3以上も減らせるうえ、水の使用量も最大90パーセント削減できる。細菌感染のリスクを大幅に減らし（大腸菌の脅威や糞の混入もなくなる）、心臓病と肥満のリスクを抑えることも可能だ（脂肪含有量をコントロールできる）。「わたしたちは、数十億の人間と数兆の動物の生活を変えようとしているんです」

私が初めてメンフィス・ミーツを知ったのは、2018年初頭にタイソン・フーズの投資先として発表されたときだ。アメリカ国内で消費される肉の5分の1がこの会社で生産されることを考えると、荒唐無稽に思われた。タイソン・フーズは、金額にして年間150億ドルの牛肉、110億ドルの鶏肉、50億ドルの豚肉、それにヒルシャー・ファーム、ジミー・ディーン、ボール・パーク・フランクスなどのブランドで80億ドルの加工食品を販売している。生肉と冷凍肉製品の約半分は、マクドナルド、バーガー・キング、ウェンディーズ、KFCなどのファストフード・レストランに卸される。そんな工業的な食肉会社が、なぜ得体の知れない、フランケンミートとも言える製品に投資するのだろうか？

当時のタイソン・フーズのCEOトム・ヘイズは、創業83年の食肉加工企業を「近代的な食品会社」に変革すると約束していた。また、「持続可能なタンパク質」と「ゼロカーボン食品」を実現すると喧伝した。「CEOに就任したのは、世界の食システムに革命を起こすためだ」と述べ、「食を通して実現できる善への世界の期待値を上げる」と誓った。タイソン・フーズは、毎年約18億の動物を解体し、アイルランド1国より多い温室効果ガスを排出する。そんな企業のトップのことばとは、にわかには信じがたい。それでも彼は、会社の規模が大きいからこそ世界を変えられると主張した。「弊社のような巨大企業が主導しなければ、業界は変われません」

ヘイズの投資は培養肉だけでなく、植物由来タンパク質の製造企業にも及んだ。なかでもビヨンド・ミート社は、エンドウ豆や緑豆《リョクトウ》、ソラマメなどのタンパク質でハンバーガーやソーセージ、ナゲットを生産し、2万5000の食料雑貨店で販売している。同社の利益は、2019年初めの4000万ドルから、2020年初めには9700万ドルへと2.4倍に跳ね上がった。パンデミックが発生すると、アメリカの消費者が安全で持続可能な方法で作られたタンパク質を備蓄したため、4週間足らずで売上が倍以上に増えた。アメリカ国内では、「代替肉」という、培養肉より広義のカテゴリーの製品が急増中だ。シリコンバレーのスタートアップ「インポッシブル・フーズ」は、13億ドルを調達して自社製品——植物由来のハンバーガー肉を「ヘム」という動物の血のような味のダイズ由来の原料で味つけしたもの——を主流へと押し上げた。調査会社ニールセンが発表したデータによれば、食料雑貨店での人工肉の売上は2020年春の9週間で264パーセントも伸びたという。従来の肉のサプライチェーンが滞り、消費者が動物の肉の生産が抱える問題をますます意識するようになったからだ。別の調査では、肉を食べる人の70パーセントが、週に1度は肉を非動物性タンパク質に置き換えていることがわかった。

「敵に勝てないなら、手を組んだほうがいいでしょう?」。ヘイズはそう言って、ガソリン車を駆逐する電気自動車や、タバコ産業を破壊中の電子タバコに言及した。さらに、このような変化を歓迎するとも述べた。「わたしたちは自らを積極的に破壊したい。外部から破壊されたくはありません。コダックの二の舞はごめんです」

タイソン・フーズだけではない。同じく世界最大級の牛肉と鶏肉の生産者であるカーギル・ミーツも、ライバルより数カ月先駆けてメンフィス・ミーツに投資している。当然予想されるほかの大物も、数千万ドルを出資した。ビル・ゲイツ、リチャード・ブランソン、破壊的技術に注目する大手ベンチャー企業のアトミコとDFJだ。カーギル・ミーツのソーニャ・ロバーツは、こう語る。「メンフィス・ミーツは、肉の新しい収穫方法を開発しています。弊社は、動物福祉を考える人のためにその商品を販売したいのです」

培養肉の支持者は、植物性製品では肉の味わい深さ、あるいはヴァレティが十分な「食感の満足感」と呼ぶ弾力、噛み応え、重厚感を完全に再現できない、と断言する。「ハンバーガー・パティやナゲットに模造肉を適用することは、重要だが十分とは言えません。人間は動物の肉を食べながら何千年も進化してきました。いまは世界人口の90パーセント以上が肉を食します。彼らが求めるのは、従来の肉とまったく同じ味で、同じように管理も調理もできる製品です」と、ヴァレティは言う。

つまり、ウマ・ヴァレティは、肉の代用品ではなく、骨も内臓も皮もなく、「ブーブー」や「モー」と鳴くこともないブタそのもの（またはウシそのもの）を作ろうとしているのだ。実に奇妙で落ち着かない気分になるが、途方もなく野心的な目標だ。だから研究所の見学と試食に招待されると、私はふたつ返事で承諾した。

歴史的な意義

「これから食べるものが、食肉処理場ではなく細胞から作られたことを肝に銘じてください」と、ヴァレティがおごそかに告げる。「きわめて意義のある、歴史的なものと考えてほしいのです」

こんな芝居がかった前置きとともに、私の人生でもっとも高価で、おそらくもっとも画期的な食事がはじまる。メニューは、カモから採取した細胞の塊を、そのカモの体の外で育てた胸肉の一部だ。たった60グラムほどで数百ドルはする。私は、培養肉が「実験段階にあり、完全に解明されていないこと」、「試食の結果生じるかもしれない損失や損害、負傷または死のリスクを自主的に受け入れること」に同意する権利放棄書に、ほんの一瞬ためらってから署名する。

映画『ミッション・インポッシブル』の主役のような豊かな黒髪のヴァレティは、晴れやかな笑顔

ウマ・ヴァレティ

を見せる。私と自分の部下6人を連れて、研究室に隣接した光沢のある白とステンレスのテスト・キッチンへ案内する。メンフィス・ミーツの従業員は、前年に9人から36人へと4倍に増えた。この本社は、彼らのために新築されたばかりなのだ。わたしたちは、フライパンのなかでジュージューと音を立てる、生きたカモを使っていないカモ肉の白っぽい塊をじっと見つめる。アメリカ人がよく食べる肉のほかにカモ肉も培養するのは、肉の需要が急増中の中国で人気があるからだ、と説明される。

「肉が焼けるときの匂いに注目してください。植物由来の肉では、こんな香ばしい匂いは出せません」。ヴァレティはそう言うと、肉本来の味がわかるように中性油を使い、塩コショウだけで味つけするように社員のシェフに指示をした。

シェフはこんがりキツネ色に焼けたサンプルを、フレンチドレッシングで和えたカラフルな赤チコリ、キャベツ、オレンジの薄切り、生のイチジクの横に盛りつけると、1人用にセッティングされたテーブルに私を招く。ヴァレティと幹部たちは立ったままで、期待に満ちたまなざしで見つめている。私はプレッシャーでそわそわと落ち着かず、思わずジョークを飛ばす。「食前のお祈りをすべきかしら？　細胞のドナーに感謝を捧げるとか？」。メンフィス・チームの古参メンバー、エリック・シュルツが「うちでは〝お腹空いた、ありがとさん〟と言うだけです」と答える。私はそのことばを繰り返し、フォークとナイフを取り上げると、肉に向ける。すかさずヴァレティが口を挟む。「まず手で摘まんでみてください。肉を裂いて、カリッとした感触と重厚感、どんなふうにばらけるかを観察してほしいんです」。言われた通りに肉を摘まんで引っ張ってみる。張りと弾力があり、スーパーボール（玩具用ゴムボール）を裂こうとする感じに少し似ている。けれども肉がほぐれると、彼の言いたかったことがわかった。両手で左右に引っ張るにつれて、しっかりと結びついた筋線維が長く伸びてちぎれていく。「ベジタリアン・バーガーとは全然違いますね」。私が感嘆の声を上げると、ヴァレティが「そうでしょう」と言わんばかりに盛んにうなずく。

口にひと切れ放りこむと、宣伝されている通りの味がした。肉の味だ。カモ肉を食べたことは数えるほどしかないが、鶏肉より噛み応えがあり、脂肪が多いことは知っている。このカモは多少噛み応えがありすぎて（強く噛まなければいけない）筋が多く、かすかに金属的な後味がする。けれども、確かによく知った味で、問題なく完食できる。北京ダックやカモのオレンジソース添えのようにソースやつけ合わせと食べたなら、培養肉とはわからないだろう。食べ慣れた味、肉として通用すること、まったく普通であること——突き詰めれば、ペトリ皿で生まれた肉としてその点が並外れているのだった。

生産コストをいかに下げるか

ウマ・ヴァレティのメンフィス・ミーツ創業へ続く道は、12歳のときにはじまった。故郷のインド南部のビジャヤワダ市で、隣人の誕生パーティーに参加したときのことだ。ミュージシャンが演奏し、ゲストがダンスに興じるなか、主催者一家が前庭に集まった招待客に出来立てのヤギのカレーとタンドーリ・チキンを振る舞っていた。会場を歩き回り、家の裏手に迷いこんだ彼は、そこで大量虐殺を目撃した。コックたちが、新しいタンドーリ・チキンを作るためにニワトリの首をはね、内臓を引き出してなかを洗っていたのだ。「前庭で誕生日を祝っている一方で、裏庭で命が奪われていることを一瞬で悟りました。とてもうれしい出来事と、とても悲しい出来事が同時に起きているんだとね」

インド人のおよそ4分の1はベジタリアンだが、ヴァレティの家は違った。獣医の父親は、日曜日になると500グラムのヤギかニワトリの肉を家に持ち帰ってきた。4人家族の1週間分の肉だ。「家中がおいしそうな匂いで満たされるから、日曜日が大好きでした」と、なつかしそうに思い起こす。誕生日の殺戮を見たあとも、彼は何年も肉を食べ続けた。父親は、家畜、主にウシとヒツジを診察していた。息子が農場訪問について行くと、ふたりでよく人間と動物の関係について話したという。

ヴァレティに誰よりも影響を与えたのは、同居していた母方の祖父だった。医者である祖父は、マハトマ・ガンジー率いるインド独立運動に加わり、自由の闘士たちとともにデモ行進をしたという。「彼は自立をモットーとする人でした。自分で紡いだ布で縫った服以外は、着なかったんです。奉仕の精神に従い、無料で診察をしていました」。妻が5人目の子供の出産で亡くなったので、祖父はヴァレティの母とその兄弟を男手ひとつで育て上げた。自分の土地で育てた野菜と穀物、それに患者から受け取った食べ物で暮らしていたという。

ヴァレティも祖父と同じ医学の道を志した。17歳のときにポンディシェリのジャワハラール・インスティチュートの医学部に進学し、心臓学を専攻した。アメリカで学ぶビザを得るために、研修期間はジャマイカで過ごした。そこで小児眼科医の妻と出会い、ともにニューヨーク州立大学バッファロー校で研修医を続けた。その後、ミネソタ州の総合病院メイヨー・クリニックに移り、心臓病の診断と治療をしながら介入心臓病学の指導的研究者にのぼりつめた。

「アメリカにきたら、そこらじゅうにKFCやマクドナルド、ピザハットがありました。スーパーマーケットに入ると、大量の肉のケースに釘づけになったものです」。どれもおいしくて、「特にカリッと揚がったキツネ色のフライドチキンは、最高でした」。収縮包装されたあばら骨つきの厚切り肉、胸肉やドラムスティック、薄いスライス肉に牛肩のひき肉、ティーボーン・ステーキを見てはうっとりとした。「商品の見せ方が素晴らしかった」。同時に、そのスケールがあまりにも大きくて恐ろしくなったという。独自に調べはじめた結果、次のことがわかった。70億人の胃袋を満たすために、世界中で年間何百億もの動物が飼育されている。国連によれば、世界の肉の消費量は、今世紀半ばに現在の約1億1300万トンから2億2700万トン近くまで増える見込みだ。家畜の生産は、輸送機関を全部合わせたより多くの温室効果ガスを排出する。また、肉の過剰摂取は、世界の死亡原因第1位である心臓血管疾患と大いに関連がある。

ヴァレティは肉を食べるのをやめた。問題の大きさを考えると、あまりにもささやかな反抗に思えた。このころ、ウィンストン・チャーチルが1931年に将来のトレンドを予測した論文を読む機会があった。「胸や手羽を食べるためにニワトリをまるまる1羽育てるというばかげたことをやめて、食用の部位を適切な培地で別々に育てるべきだ」と、イギリスのすぐれた指導者は書いていた。

ヴァレティに画期的なアイデアが浮かんだのは、2000年初めのことだ。研究者たちは、幹細胞を使って膀胱内膜や脳組織など、あらゆるものを再生しはじめていた。幹細胞は再生可能で、自己複製する能力〔自己複製能〕と、別の種類の細胞に分化する能力〔多分化能〕を持つ。彼は臨床研究の一環として、患者の心臓に幹細胞を注入していた。それらの細胞が、損傷組織と入れ替わって再生することを期待したのだ。そのとき、医療のために人間の組織を育てられるなら、食料のために動物の組織も育てられると思いついた。

そう考えたのは彼が最初ではなかった。筋組織を育てる基礎技術は20年ほど前からあったものの、研究は学究的環境に限られていた。彼はその先駆者であるオランダの科学者たちに手紙を書いたが、誰も返事をよこさなかった。そこでミネソタ大学に自分の研究室を開設すると、ニコラス・ジェノヴェーゼと協力して鶏胸肉の細胞複製にとりかかる。2015年には、複製が可能であることを証明した。この結果をインディー・バイオというベンチャー企業に送ると、1時間もしないうちに返事がきた。そこには、こう書かれていた。出資したい——ただし、サンフランシスコに会社を移転してほしい。

その条件を受け入れれば、愛する心臓学の研究をやめて、幼い子供たちと別れ、平日はミネアポリスで開業医をする妻とも別居しなければならなかった。しかし、このアイデアは学究的な環境から出なければ成功しない。ヴァレティとジェノヴェーゼは、シリコンバレー近郊に引っ越すことを決めた。メンフィス・ミーツの社名は、肉好きが多いテネシー州の町ではなく、古代のイノベーション中心地だったエジプトのメンフィスにちなんでつけた。追加資金の調達は「悲惨」な体験だったという。「30人から50人の投資家に、かたっぱしから断られました」。しかし2016年、研究室のなかで1ポンド1万8000ドルで育てた世界初の培養牛肉のミートボールを披露すると、投資家たちが殺到した。2020年1月には、シリーズB投資ラウンドで1億8600万ドルの資金調達に成功した。この出資によって、その時点までの産業全体への投資額は倍以上に増えた。

現在開発中の製品には「細胞由来の肉」「培養肉」「クリーンミート」「試験官肉」など、さまざまな呼び方がある。生産に高額なコストがかかり、市場に投入できるのはまだ先だ。しかし、生産費は確実に下がっている。2015年は1ポンド当たり100万ドルもしたが、現在は数千ドルだ。「この先、コストを下げて味と食感を改良するために大変な苦労が待っています。しかし、これから3年、5年、10年で飛躍的に改善するでしょう」

バイオリアクターから取り出したメンフィス・ミーツ社のチキン

未知の可能性へ

メンフィス・ミーツのバークレー本社は、明るくて洗練されている。紫がかった灰色のカーペットに大きな窓から日差しが降り注ぎ、オープンプラン式のオフィスは解放感にあふれている。ラウンジにある合成皮革の円形クッションの上に掛かっているのは、バンドのアルバム・ジャケットを寄せ合わせたモザイクだ。そのなかには、ミートローフ、レッド・ホット・チリ・ペッパーズ、ソルト・ン・ペパー、カウンティング・〝カウズ〟など、従業員のお気に入りの食べ物にちなんだバンドもある。

研究室は4つあり、どれも顕微鏡や遠心分離機、洗眼器、ビーカーの入った棚が並んだごく普通の生物学研究室に見える。しかし、ヴァレティは「農場」と呼ばせている。「細胞の培養も、動物の飼育に少し似ています。だから、うちの工程も農場とほぼ同じなんです」。ひとつ目の研究室では、「細胞株開発チーム」が培養に最適な細胞を選抜する。ジェノヴェーゼは、伝統的な動物のほか、上質な筋肉を作ったり特定の風味を与える選抜品種など、さまざまな家畜の飼育農家と提携している。これらの農家が、彼が複製したい動物の組織をごく少量、州内外から送ってくる。

理論上は、骨や臓器組織など、どの部位でも培養できるが、いまのところは消費者が直接口にする筋肉、結合組織、脂肪に限定している。細胞はまず液体窒素に保管され、それを冷凍保存状態から「蘇生」させる。蘇生させたサンプルのなかから、もっとも自己再生能力が高い、つまり育てやすい、いちばん健康な細胞を特定して選抜することができる。

見学の途中、ヴァレティが培養器からペトリ皿を引き出して、顕微鏡のレンズの下に置く。鏡台に光を当てると、私に覗くよう勧める。「ほら、細長い三角定規に似た小さなミミズみたいなものが見えるでしょう？　それが〝スターター細胞〟という筋形成細胞です」。私は顕微鏡を調整して、黄昏時どきの青白い星を散らしたようなものに焦点を当てる。すると、楕円形に見えた細胞が、実は丸い形をした2つの細胞が隣り合っていると気づいた。「細胞分裂ですよ！」と、ヴァレティが大声を上げる。

生きた細胞が自らを再生するという生命の奇跡の根源を、私は初めて目撃した。細胞は、理論上は無制限に自己複製できるが、適切な条件と複製を促すものが必要だ。それが何なのか知るために、ふたつ目の研究室へ移動する。今度は、細胞が育つ特殊な栄養調合液を作る「餌開発チーム」に話を聞く。メンフィス・ミーツの科学者K・C・カースウェルが、餌を与える複雑な作業について説明する。「細胞は、生きた動物のように草の葉をまるごと食べることはできません。草の成分を摂取する

成熟中の筋細胞の拡大像を著者に見せるヴァレティ

んです。ウシの胃のなかで分解されたものですよ」。それから、自分の仕事は自然界にあるプロセスを模倣する「バイオミミクリー」の一種だと述べる。「細胞に、ウシの体内と同じ栄養と成長因子を与えようとしているんです」

カースウェルのチームは、毎日数十ものさまざまな構成の餌をテストする。どれもタンパク質や脂質をはじめとして、ホルモン剤、炭水化物、ビタミン、ミネラルが異なる割合で水に配合されている。この培養液が、栄養を細胞に届ける血液の代わりとなる。これまで科学界では、細胞培養にウシ胎児血清を使ってきた。しかし、この血清はウシの胎児から抽出するため、金銭的にも、そして環境面や倫理面でも問題が大きい。カースウェルと彼女のチームは、動物由来の成分を含まない成長血清を作ろうと、一心不乱に研究を重ねてきた。ようやく成功したものの、今度は手ごろな価格で量産する方法を見つけなければならない。

選抜された細胞は、バイオリアクターという、ひとことで言えば超精巧な電気鍋に入れられて、特別な餌を与えられる。ねばねばした細胞の沼全体に行き渡るように（1立方センチに数十億の細胞がある）、ポンプが絶えず餌と酸素を循環させる。細胞が成熟するにつれて、餌も変わる。若いうちは自己複製を促す特別な栄養が必要だ。細胞は、密度を増しながら何時間も伸張し続ける。端と端がくっついて横につながるとともに、縦に何層も重なっていく。次第に、日本の木版画に描かれるような逆巻く波、またはヴァレティのことばを借りれば「ゴッホの油絵の渦巻き」を形成しはじめる。細胞が成熟すると、あとはひたすら大きくするためにタンパク質と脂肪を調合したシンプルな餌を与える。このプロセスは、ウシのフィードロット〔出荷前の肉牛を囲いこんで太らせるための施設〕・システムによく似ている。子牛のうちは育成用の特殊な配合飼料を与えるが、最後は肥育場に入れて高カロリーの飼料で太らせるのだ。

十分に成熟すると、バイオリアクターから給餌用の溶液を排出し、培養された細胞を「固まった肉片」として取り出す。つまり、ドロドロのすりつぶされた細胞ではなく、結合組織層から成る固形であり、食肉処理された動物の肉とよく似ている。収穫された培養肉は、たとえ感覚はなくても厳密に言えば「生きている」が、すぐに冷凍庫に保管され、その過程で「息絶える」。「細胞は窒息した時点、つまり酸素を吸入しなくなった時点で死亡したとみなされます」と、ヴァレティが言う。

収穫される前に、肉体を持たない動物の細胞が生きているしるしを見たい。私がそう思っていることを、彼はちゃんと心得ている。ノートパソコンを開くと、ジェノヴェーゼが顕微鏡に取りつけたカメラでとらえた、ペトリ皿のなかの牛肉組織の動画を再生する。「細胞は不意に収縮したり、電気パルスなどの刺激によって反応します」。そう言ってから、「細胞を興奮させるために」ペトリ皿にカフェインを混ぜることもできるとつけ加えた。

スクリーンに白黒の動画が流れはじめる。私は、ペトリ皿の底にある牛肉のカルパッチョのような染みに目を凝らす。微動だにしていない。と、突然、細胞が痙攣する。小さな輪ゴムのような筋肉の束が、引き伸ばされてはきゅっと縮む。予想はしていたが、思わず大きく息を呑んだ。けれども、おぞましいとは思わないし、恐ろしくもない。怪物が初めてピクッと動くのを見たヴィクター・フランケンシュタインというよりも、鏡を通り抜けたときのアリスの気分だ。未知の可能性に踏みこんだ科学の力に、畏怖の念でいっぱいになる。

究極の高機能ハンバーガー

2015年のメンフィス・ミーツ社の創業以降、世界中で数十のスタートアップが細胞から培養したウシやブタ、トリ、サカナの肉の開発に乗り出した。フューチャー・ミート・テクノロジーズ、ニュー・エイジ・ミーツ、モサ・ミートなどが取り組んでおり、ソーセージなどの培養肉製品を2022年ごろに販売予定だ。別のシリコンバレーのスタートアップ、フィンレス・フーズは、クロマグロの培養肉を開発中だ。創業者である20代のふたりの生化学者は、最初の製品となる細胞由来の魚のすり身を2022年ごろにアメリカのレストランに提供しようとしている。イスラエルのスーパーミート社は、ウシ胎児血清の代わりとなる、動物質を含まない特殊な培養液の調合を目指す。この製品が、創成期の培養肉産業を押し上げてくれると期待している。ヴァレティは、最初の製品もその発売日も明らかにしていない〔その後、2021年末までに最初の培養鶏肉を発売予定と発表〕。しかし、スピードより品質を優先するため、他社に先を越されても気にしないという。「素晴らしいことだよ。競争ほど、アイデアが実現可能だと証明し、市場が有望だと教えてくれるものはない」

メンフィス・ミーツ本社から2ブロック先には、アニマルフリー製品のもうひとつのフロンティアを開拓中のパーフェクト・デイ社のオフィスがある。ここでは、「細胞由来の」食品の代わりに、発酵を利用して「微生物由来の」タンパク質を作り、そのタンパク質を使って乳製品を生産している。酪農牛乳に含まれるアミノ酸〔アミノ酸はタンパク質を構成する〕と同じものを量産できるGM酵母菌を開発したのだ。この酵母菌から作られたタンパク質が、牛乳とまったく同じ味を持つ合成牛乳の主成分となる。ほかにも、チーズ、ヨーグルト、アイスクリームといったあらゆる乳製品を作り出せる。バークレー滞在中、私は研究室の見学とビーガン用チョコレート・アイスクリームの試食をするために本社に立ち寄った。アイスクリームは、見た目といい、味といい、口溶けまで、牛乳から作ったハーゲンダッツと変わらなかった。近所にあるもうひとつのバイオテクノロジー系スタートアップ、クララ・フーズは、GM酵母菌を使って卵白と同じタンパク質を生産し、微生物由来の卵を作っている。

こうした製品のどれがいつ大成功を収めるかはわからないが、アニマルフリー製品の研究と投資が増えていることは間違いない。たとえば、パーフェクト・デイはアメリカの穀物メジャー、アーチャー・ダニエルズ・ミッドランドと提携し、同社の発酵装置を使って非動物性乳製品の大規模生産をはじめた。こうした状況を考えると、培養肉も、発酵技術を使った牛乳や卵も、たとえいまは奇妙に見えても、店頭に並ぶころはそれほど珍しくなくなっているだろう。近年の植物由来製品の成功も、追い風になっている。「あなたが気づいていようといまいと、人々は肉食から離れつつあります」と語るのは、動物愛護協会の食料政策責任者マシュー・プレスコットだ。彼によれば、植物由来の肉は、より広範な代替肉産業への「入り口となる製品」だ。

例として、インポッシブル・フーズが成し遂げた信じがたい成功を見てみよう。同社は、メンフィス・ミーツ社から50キロほど南のレッドウッド・シティに本社を置く。2014年にCEOのパトリック・ブラウンが、「インポッシブル・バーガー」――植物由来の原料で肉汁の血液を合成して風味づけしたパティ――の初バージョンを導入すると、メディアは懐疑的ながら興味を示した。『ウォールストリート・ジャーナル』紙は「〝血が滴る〟偽ハンバーガーが新発売」という見出しで紹介した。培養肉と同じくらい不気味なコンセプトだが、すでにファストフード・チェーン店と全米のスーパーマーケットで主力商品になっている。

インポッシブル・バーガーの鍵となる原料は、ヘモグロビンを構成する「ヘム」という物質だ。血液に深紅色と金属っぽい味を与え、鉄分を多く含んでいる（試験研究室で、スプーンで少量すくって口に入れると、紙で切った指の傷をなめているような、奇妙な気味の悪い味がした。肉食者がハンバーガーに求めるのは、この哺乳動物の血の味だと気づき、戸惑いを覚えた）。ブラウンは、ヘムが動物だけでなくダイズの根粒（細菌との共生によって根に生じるこぶ）からも製造できることを発見した。具体的にはまずヘモグロビンを合成するダイズの遺伝子を抽出し、酵母細胞に挿入する。すると、その細胞は小さなヘム製造工場に変わる。この工場がピンク色の泡だつ液体を合成し、それが凝縮されて、深い暗赤色の血の味がする漿液になるのだ。彼はパーフェクト・デイのような微生物を基盤にした発酵技術を使って、この酵母を大量に培養している。ハンバーガーの残りの部分は、小麦タンパク質やココナッツ・オイル、塩、ジャガイモタンパク質、それに加工食品に使うほかの添加物など、植物性素材を使っている。健康によいスーパーフードとまではいかないが、牛肩ひき肉の代用品として申し分ない。同じ重量で比較すると、温室効果ガスの排出量は従来の牛肉製品の8分の1に満たないという。ブラウンには、食肉業界を破壊するという壮大な計画がある。「2035年までに食システムの動物をすべて植物性製品に置き換えます。この目標は、確実に達成できるでしょう」

インポッシブル・バーガーは、2016年にデイヴィッド・チャンが経営するレストラン「モモフク」によって初めてメニューに加えられた。2019年には、すでに世界中のバーガー・キングと、ホワイト・キャッスルのようなニッチなファストフード・チェーン店が販売をはじめていた。ホワイト・キャッスルでは1・99ドルで売り出され、批評家から「アメリカの最高にして最低のハンバーガー」として歓迎された。私はこのハンバーガーが流行る前に、3回試食したことがある。最初はパリで開催された第21回気候変動枠組条約締約国会議で、サンプルがスナックとして配られた。2度目はニューヨークのモモフク・ニシ・レストラン、3度目はブラウンの研究所だ。どれも最新の調合法で作られ、食べるたびにおいしくなっていた。従来の植物由来バーガーのぐしゃぐしゃの粗びきパティ

インポッシブル・フーズ社は、毎月数十万ポンドの人工牛肉を生産している。

から、劇的に改善されていた。といっても、完璧というわけではない。私には少し柔らかくて、金属っぽい味がする。しかし、ケチャップとマヨネーズ、アメリカン・チーズと一緒に食べれば気にならず、最後のひとかけまで平らげた。

調合方法を細かく調整すれば、いずれビッグマックと、味はともかく外見がそっくりのパティが完成することは間違いない。それが成功してもしなくても、ブラウンはおいしい人工肉よりさらに価値のあるものを生み出したかもしれない。それは、人間が肉を欲する理由を解き明かす研究だ。スタンフォード大学のキャンパスの片隅にある巨大なガラス張りのインポッシブル研究所には、さまざまな機械が勢ぞろいしている。そのなかに、食品の化学的性質を分子レベルまで分析するガスクロマトグラフィー質量分析計が数台ある。この機械について、研究責任者のセレステ・ホルツ＝シュレシンガーが次のように解説する。「スペアリブのバーベキュー、ロースト・ターキー、アップルパイなど、脳の快楽中枢を活性化する食品を食べるとなぜ満足するのか、その生化学的な理由を説明するデータが得られます。そのデータから、味や匂い、歯応え、食感などの分子成分がわかるんです」

機械のひとつに、食品の匂いを解析するものがある。セレステが、大きなプラスチック製の鳥のくちばしのような付属品を鼻に装着する。「これで、おいしいハンバーガーの匂いを構成する数千の要素を、一つひとつ分析できるんです」。その要素は、「ハネデューメロン、キャラメル、キャベツ、汚れた靴下」の匂いと同じくらい多岐にわたる。牛肉の味と匂いの分解は、ほんのはじまりにすぎない。鶏や魚、豚肉でも同様の分析がおこなわれている。

インポッシブル・フーズの研究開発能力は素晴らしいが、アメリカの家庭にもっとも浸透しているのは、ビヨンド・ミートの製品だ。緑豆、ソラマメ、エンドウ豆、ダイズを原料とする少し変わった植物由来の人工肉だ。CEOのイーサン・ブラウン（インポッシブル・フーズのCEOパトリック・ブラウンと血縁関係はない）は、3年連続で売上を倍増させている。現在は、クローガー、ウォルマート、ターゲットなど2000の食料雑貨店で販売中だ。肉に味を似せようとするよりも、「製品そのものをおいしく」して付加価値をたくさんつけたい、とブラウンは語る。同社のビースト・バーガーは、エンドウ豆由来のタンパク質の粉末とひまわり油を混ぜて、ビーツの汁で着色したものでできている。そんな自慢のバーガーを、彼はこのように表現する。「牛肉より多くのタンパク質、サケより豊富なオメガ3脂肪酸、牛乳を上回るカルシウム、ブルーベリーを超える抗酸化物質、それに筋力回復成分を含んだ究極の高機能ハンバーガー」。ホワイト・キャッスル・バーガーでは、これほどの栄養は摂取できない。

私個人としては、ビースト・バーガーが気に入っている。牛肉の味はしないが、調理するとこんがりと焼き目がつく。噛み応えがあって、木の実のようなうま味もある。しかし、レタスやトマトと一緒にバンズに挟み、9歳の娘に出したところ、2、3口ですぐに見破られた。「これ、ママが食べてる豆腐のお肉でしょう？　もっとケチャップちょうだい」

パンデミックのリスクを減らす

2018年秋、私が世界最大の食品多国籍企業タイソン・フーズのトム・ヘイズを取材した数週間後、彼は突然CEOを辞任した。公式な理由は「個人的事情」と発表されたが、本当とは思えなかった。食肉産業は、供給過剰と中国との貿易戦争で混乱状態にあり、タイソン社の株価は下がっていた。株主たちは、ヘイズのビジョンが時期尚早、少なくとも時宜を得ていないと判断したのではないだろうか。しかし、食肉の未来について取材した数十人のなかで、代替肉、とりわけ培養肉に関するヘイズの主張は、誰よりもタイムリーで説得力があった。「研究室で肉を栽培して収穫する〝細胞からフォークまで〟の全プロセスは、2週間から6週間で完結する。畜牛の場合、受胎させてから十分成長させるまで2年半もかかる。その時間に比べるとあっという間だ」と、彼は強調した。このやり方なら、莫大なコストとエネルギーを節約できると。

また、培養肉は解体処理中に大腸菌などの病原菌に汚染されない、と指摘した。汚染は食肉会社にとって最大のリスクだという。カーギル社は、メンフィス・ミーツに投資した数カ月後、大腸菌に汚染された13万ポンドの牛ひき肉を回収している。研究室で育てれば、このような騒ぎは決して起きない。ヴァレティが、従来の肉、オーガニック・ミート、培養肉の汚染率の比較テストをおこなったところ、室温に放置すると、従来の肉は48時間未満で完全に腐敗した。しかし、細胞由来の肉は4日たっても目に見える細菌汚染は起こらなかった。新型コロナウイルスの人への媒介源が、動物を生きたまま売買する中国の市場のセンザンコウだった可能性を考えると、細胞由来の肉は「食べ物が媒介する人獣共通伝染病の発生リスクを大幅に減らす、というタイムリーなメリットもある」と、ヴァレティは言う――もしかすると、次は人類の健康の世界的大流行が起きるかもしれない。

ヘイズは、こうも主張した。培養肉はどこでも――第一候補は、都心に近い施設のなかだ――製造できるため、冷蔵トラックで長距離輸送する必要がない。そもそも腐りにくいので冷蔵保存のニーズが低い。新型コロナ感染症のパンデミックで、巨大な集中型の畜産場と処理工場から成るいまのシステムは、サプライチェーンが破壊されるとすぐに立ち行かなくなるとわかった。一方で、もっと小規模な地元の食肉生産者で構成された分散型システムは、はるかに機敏で立ち直りが早い――危機の際はなおのことだ。それに加えて、健康への潜在的な利益もある。まず、動物の肉の有用な栄養素――鉄、ビタミンB12、セレニウム、ナイアシンなど――を注入できる。また、コレステロールや脂肪含有量をある程度に抑えれば、体に悪い成分を減らすことができる。ヴァレティによれば、心臓病のリスクがある患者のために、飽和脂肪の代わりに、オメガ3脂肪酸などの善玉脂肪を含む牛肉製品を作れるかもしれないという。

研究室で育った肉なんて、親たちは子供に食べさせないかもしれない、と私が心配すると、ヘイズは一笑に付した。「これは、製造できるもっとも安全な肉です。母親も父親も、〝代替肉はまずい〟と子供に文句を言われなくて喜ぶでしょうね。健康にも環境にもいいのだから、なおさらです。値段が下がって量産されるにつれて、財布にもやさしくなるでしょう。生きた動物を殺めずに肉を作れるなら、やったほうがいいに決まっています」

そう言いつつも、「動物が食用に飼育されたり利用されない世界なんて想像できません。とにかく、私が生きているうちはそうはならないでしょう」と語った。これについては、ヴァレティも同じ意見だ。彼は動物と土地の重要な関係を説き、管理放牧のような慣習が生態系に価値をもたらすと強調する。また、彼にとって培養肉は、サム・ケネディが管理放牧で作るような高品質な肉の代用品ではない。あくまでも、非人道的で環境を汚染する大規模生産の代替案なのだ。さらに、家畜は、特に開発途上国の小規模農家にとって、文化的にも栄養的にも重要だと認識している。私がインドとアフリカ東部で訪れた農家では、ヤギ、ヒツジ、ブタ、ウシが、農業生態系においてきわめて重要な役割を果たす。家畜は、草と農業廃棄物を燃料や肥料に変え、結果的に高品質の栄養物を飢饉に弱い人々に提供する。また、富として貯えたり、信用の担保にしたり、食料不足のときに栄養のセーフティネットになることができる。

欧米の環境保護団体でよく耳にする「肉は悪だ」という議論は、さまざまな理由から単純化されすぎている。ヘイズもヴァレティも、いずれはアニマルフリーのタンパク質が2000億ドルのアメリカ食肉市場の「大半」を占めるようになると考える。しかし当面は、市場のすべてはおろか、大部分を占めることもないだろう。ヘイズはまた、この業界で長期的な成功を収めるには、食肉生産に代わるさまざまな方法――植物由来と細胞由来――に取り組むことが不可欠になる、と断言した。「自動車市場を見てもわかるように、電気自動車にはさまざまなモデルがあふれています。あらゆる人を満足させるものなんてない。顧客はたくさんある選択肢から選びたいんです」

持続可能な食肉生産への移行は、数十年とまではいかなくても、時間がかかることは間違いない。だからこそ、当面はタイソンのような企業が代替製品を開発しながら、動物福祉を向上させることが重要なのだ。私個人としては、本気で肉を控えようと心に決めた。植物由来のタンパク質を常食し、ブリスケットとバーベキュー・リブは特別な機会にとっておこう。これからもサム・ケネディやほかの食肉生産者を支持し、培養肉が手ごろな価格になったら受け入れる覚悟ができている。バイオリアクターのなかでのたうつ細胞を想像すると少しばかりぞっとするが、なんとか克服できるだろう。遺伝子組み換え（GM）作物や、持続可能な養殖魚、土や日光なしで育つ野菜への不安を消すことができたように。よく考えれば、食肉処理場のなかで起きることや数百万頭のクローン牛のおぞましさに比べれば、培養肉ははるかに快適ではないか。

ここまでで、野菜と果物、穀物、そして魚と肉の生産の新しい奇妙なフロンティアを取材してきた。その過程で、これから持続可能な方法で食料を供給するには、技術の大きな進歩だけでなく、技術を賢く公平に使うことが必要だと確信した。それに加えて、耕作や家畜の飼育といった直接的な作業のほかに、同じくらい緊急なのに目に見えにくい間接的な課題、たとえば乾燥した人口密集地域に適した水源や、賢い配水ネットワークに目を向けることも必要だろう。人間の力ではどうにもできない飢饉への緊急対応プログラムも作らなければならない。さらに、わたしたちの考え方と行動も変えていく必要がある――とりわけ、無駄に関する問題について。

細胞肉は、無駄を防ぐひとつの手段になる。ウシ、ブタ、ニワトリの体の半分を占める、食べられずに捨てられる部位を育てる資源を節約できるからだ。それに、肉の汚染による処分をなくし、長距離輸送による腐敗と損失も防ぐ。しかし、こういうものは廃棄食品という巨大な氷山の一角にすぎない。アメリカは、世界中のどの国よりも大量の食材を無駄にしている。ごみ廃棄場と農業のデータによれば、国内の農場で生産される食料の約40パーセントは、畑や冷蔵庫で腐るか、ごみ箱に捨てられているという。食品廃棄問題を解決すれば、自然資源の搾取を減らしながら、より多くの人々に食料を届けることができるはずだ。

第9章 食品廃棄物ゼロをどう実現するか

地球は人間の需要を満たせるが、人間の貪欲さは満たせない。
——ガンジー

テネシー州ナッシュビルの霧雨が降る3月の朝。空は、下に広がる灰褐色の沼地のようなごみ捨て場に似て、どんよりと曇っている。この陰気な風景を背に、ジョージャン・パーカーは映画『マッドマックス』のならず者のような格好で現れた。実験用保護眼鏡に手術用手袋、ジーンズをたくしこんだ長いゴム製のロングブーツ。ジャケットの上には明るいオレンジ色のベストをまとい、短く刈りこんだ灰色がかった金髪は、ヘルメットに覆われている。「暑くなくてよかったわ」。パーカーはそう言いながら、呼吸用マスクの奥でにっこりと笑う。これからクローガーの従業員が「ごみ箱漁り《ダイブ》」と呼ぶ廃棄物監査に挑むにしては、妙に明るい。彼女の肩書は、生鮮食品寄付担当部長。何百というごみ袋を破き、腐った中身を手作業で調べることも仕事のうちだ。

パーカーはクローガーの従業員ふたりと、ごみの収集・廃棄を請け負うウェイスト・マネージメント社の職員をふたり連れていた。一行はごみ捨て場の脇に立って、圧縮機を備えたトラックが目の前に中身をドサドサと放出するのを見守っている。このごみの山は、私の自宅から数キロの店舗から6日間で発生したものだ。クローガーは、テネシー州内に117店舗、全米で2800店舗を展開する大手スーパーマーケット・チェーンだ。全店舗の来店者総数は1日で900万人、1年で6000万世帯にのぼり、アメリカの全人口の実に3分の1以上を占める。各店舗から出るごみは、週に数トンに及ぶ。ほとんどが傷みやすい果物と野菜、肉、乳製品、総菜品で、食べどきを過ぎたものか、販売期限〔通常、消費期限より少し前〕を迎えたがまだ食べられる商品だ。

パーカーは、安全なのに販売できない大量の食品を、多くの店舗から救い出す。そのかたわら、全米で作業を管理する23人の部長も監督している。部下たちと年間およそ3万4000トンの生肉や農産物、パン類を処分前に救出して、地元のフードバンク〔寄付された食品を困窮者に配る非営利団体〕や食料庫に寄付をする。膨大な量だが、これでも各店舗からあふれ出る生鮮食品のごく一部にすぎない。クローガーは、2018年に開始した「飢餓ゼロ・ごみゼロ」活動の一環として、食品の寄付を10倍以上に増やすことを誓った。目標は、2025年までに店舗から食品廃棄物を根絶し、周辺コミュニティから空腹な貧困者をなくすことだ。

この目標の規模は、パーカーに言わせると「大きすぎてヤバい」。「それに、ちょっとビビるわね。食品の流れを管理するのは、ものすごく複雑な作業だから」。これほどの大企業になると、食品を救出するだけでなく、全米に何万とあるフードバンクや無料食堂《スープ・キッチン》と連携して寄付をおこなわなければならないのだ。

ふっくらした頬と淡いブルーの瞳のパーカーは、ミシガン州の小さな町で育った。アメリカの作家ギャリソン・キーラの小説『レイク・ウォビゴンの人々』（東京書籍）に登場する「いつも楽しい」架空の土地によく似た場所だ。彼女は、感情表現が豊かだが、そのバイタリティに圧倒されずに打ち解けられる珍しい人物だ。パーカーが繰り出す多彩な中西部ことばでは、人々は「連中」であり、炭酸飲料は「ポップ」、たくさんあることは「けったくそ多い」だ。興奮したときは、「めっちゃすごくない？」を乱発する。要するに、多くの人は気にしないが実は気にすべきことに対して、あふれんばかりの関心を抱いているというわけだ。

クローガーに入社する前の10年間は、ミシガン州連邦判事の下で事務員として働き、連邦保護観察官を数年務めた。後者の仕事は重罪犯の量刑勧告を書くことだったが、その作業にさえ精いっぱいポジティブに取り組んだという。「法の下の平等を守るのは、やりがいがあった。でも、だんだん疲れてしまったの」。しかし、当時といまの仕事はつながっていると考える。「だって、いまも壊れたシステムを直すのを手伝ってるもの」。彼女に染みついた法と秩序の精神は、同僚たちがつけた「生ごみ保安官《シェリフ》」というあだ名にも表れている。

ほがらかな性格のせいだろうか。それとも、以前の職場でもっと緊迫した状況を見たせいなのか。パーカーは目の前の胸が悪くなるような光景にも動じない。廃棄場の山の底深くからは、メタンの臭

ジョージャン・パーカー

気が立ち上っている。生ごみをかき分ける彼女とチームの頭上では、残飯をたらふく食べた数十羽のハゲワシが、ゆっくりと重たげに旋回している。作業が進むにつれて、まだ食べられる食品が続々と見つかる。どう見ても新鮮な袋入りのジャガイモとキャベツ。しなびかけたレタスの玉。それに山ほどのパック入りサラダとホウレンソウ、トレイに乗ったカット・フルーツも。木箱にぎっしり詰まったひび割れた卵。シュリンプスキャンピ〔むきエビをバターで炒め、白ワインとレモンを加えた料理〕とチキン・ア・ラ・キングの新鮮な食材セットが数十個。スライスしたサラミとチーズのパック。瓶にひびが入ったトマト・ソースと、容器がへこんだアイシングとアイスクリーム。「回収」と表示されたドッグフードの缶まで。

あまりのひどさに、パーカーはとうとうむっつりと押し黙る。「むかつくったらありゃしない。いえ、ごみじゃなくて〝無駄〟のことよ」。何よりも憤慨したのは、地面に何ガロンものボトル入り牛乳が転がっているのを見つけたときだ。販売期限を確認すると、まだ8日も残っている。「ひどすぎるわ」。牛乳の横に山積みになっているのは、ハゲワシの好物の腐った肉だ。パックに入った朝食用ソーセージ、ポークチョップ、ステーキ、牛ひき肉、豚脚《ハムホック》、それに地面の泥と同じ色にこんがり焼けた鳥の丸焼きがおよそ20羽分。

一行はごみをカテゴリーごとに分別し、それぞれの中身を計量して写真に収める。その後の計算により、この店舗から出たごみの52パーセント、つまり半分以上が、寄付やリサイクルに回したり、堆肥にできたことが判明する。結果はグラフや図にまとめられ、犯行現場風の写真も添える。パーカーは、ぼやく。「この店でまじめに仕事をしている部署と、そうでない部署がよくわかるわ。あのなかには再利用できるものがとてもたくさんあったのに」

食品廃棄物による温室効果ガス排出量

「ジャガイモを川に捨てて……豚を殺して埋め、腐った汁が地中にしみこんでいくに任せる。……いくら泣いても表現しきれない悲しいできごとだ。われわれの社会が成し遂げた偉業のすべてを上回る失敗だ」。これは、作家のジョン・スタインベックが自著『怒りの葡萄』(黒原敏行訳、早川書房)に書いた一節だ。捨てられた食べ物に対する彼の嘆きは、異様なほど現在に当てはまるようになった。新型コロナ感染症が全米に蔓延し、サプライチェーンが中断したために、農家は売れなかったブタを安楽死させ、余ったジャガイモを山ほどのほかの作物と一緒に埋めざるを得なくなった。

食品廃棄物の問題はいまにはじまったことではないが、パンデミックが発生した最初の数カ月はことさら目に余るようになった。当時は数百万のアメリカ人が職を失い、国内のフードバンクの98パーセントで需要が増え、その半分近くが深刻な食料不足に直面していたからだ。

環境保護グループ「自然資源防衛協議会（NRDC）」サンフランシスコ支部の廃棄物研究者、ダービー・フーヴァーによれば、一般にアメリカでは毎年4000万トンもの食料がごみ捨て場に送られる。それに加えて、1000万トンが農場で廃棄されたり放置されたまま腐っている。言い換えれば、アメリカ人は毎日9万人を収容できるスタジアムひとつ分の食べ物を無駄にしているというわけだ。1人当たりに換算すると、1970年代より約25パーセントも多い。アメリカの食品廃棄物の大半――全体の約35パーセント――は、家庭から発生する。平均的なアメリカ人は、1日に1ポンド近い食料を捨てている。年間にすると、1人約400ポンドだ。家庭に次いで僅差で多いのが、レストランとクローガーのような小売店で、やはり3分の1を占める。毎年廃棄される食料の価値は、推定1620億ドルから2180億ドルにのぼる。

フーヴァーはこの問題を環境の観点から考える。「食品を捨てるということは、その食品の栽培や加工、梱包、流通、洗浄や冷蔵に使われる資源、要は水やエネルギー、農薬、労働力などをすべて無駄にすることです」。非営利団体リフェッド（ReFED）の見積もりによれば、国内の真水の21パーセントが廃棄食品によって浪費されているという。肥料は19パーセント、耕作地は18パーセント、ごみ廃棄場は21パーセントだ。そのうえさらに、メタンの問題がある。国内の生ごみのうち、バクテリアと熱によって分解され土壌肥料に再生されるのは、わずか5パーセントしかない。残りの95パーセントはごみ廃棄場で腐敗し、強力な温室効果ガスのメタンを放出する。「世界中の食品廃棄物を国と仮定すると、温室効果ガス排出量は中国とアメリカに次いで3番目に多い」と、フーヴァーが言う。

パーカーにとって、この問題は社会的な不公正だ。「この国には、栄養のある食べ物が手に入らない貧しい人が4000万人もいる。そのことを考えると、食品を無駄にするのは倫理問題です。体にいい生鮮食品を捨てるなんてもってのほか」。わたしたちが捨てる食べ物の3分の1足らずで、彼らの食事を賄うことができるのだ。新型コロナウイルスの拡大は、ますます不安定な時代にあって、フードバンクの強化がいかに重要かを浮き彫りにした。複雑なサプライチェーンと時代遅れの政策のせいで、余った食べ物が必要とする人に届かないなんて、ディストピア的な悪夢のようだ。

カリフォルニア州では、パンデミックの初期にレストランが閉まったため、農家と農場経営者は生産物の需要が半分まで激減した。おかげで彼らの多くは、収穫したばかりの膨大な量の野菜を土に鋤きこまなければならなかった。同じころ、フードバンクの需要は約75パーセントも急増していた。

クローガーが抱える約50万人の従業員は、パンデミックのさなかにエッセンシャル・ワーカー〔人々の日常生活を維持するために必要不可欠な労働者〕としてきわめて重要な役割を担っていた。それなのに、彼らの多くは最低賃金で働き、十分に食べられない状況にある。「低所得コミュニティを支えるという大きな目的を掲げることは、従業員のやる気を引き出し、クローガーの伝統を守ることでもある」と、パーカーは言う。創業者のバーニー・クローガーは、パン屋から身を起こし、毎日夕方になると売れ残ったパンや焼き菓子を近所の貧しい人に配っていたという。「うちのブランド・イメージと基本的価値観は、誰にでも食べ物が届くこと」だと、パーカーは言い切る。

クローガーの「飢餓ゼロ・ごみゼロ」活動は、最終収益にも関わってくる。企業や機関は、発生したごみに対して州政府に「廃棄物処理委託料」を払う義務がある。その料金が、ますます高騰しているのだ。また、食品を寄付すれば、毎年数百万ドルの連邦税が控除される。投資家もまた、ごみの削減を求めている。この5年間で、パブリックス、ウォルマート、コストコ、ターゲット、ホールフーズなど、食品小売業の主要ブランドのほぼすべてが、廃棄物削減プログラムを導入した。アリゾナ州トゥーソンを拠点とする非営利団体「生物多様性センター」が、最近各社のプログラムを評価したところ、クローガーは、結果の振るわない同業者たちを尻目に3番目に高いスコア——総合評価で「C」——を獲得した。

食品小売業は昔からごみの管理に甘かったが、近年は改革への圧力が強まっている。アマゾンが傘下のホールフーズやほかの小売店の食品廃棄問題に消極的だったとき、最大投資家たちはごみを減らさなければ資金を引き揚げると脅かした。クローガーのCEOロドニー・マクマレンも、最大投資家である資産運用会社ブラックロックから催促を受けた。「〝社会的課題を解決しないならもう投資しない〟と筆頭株主に言われたら、本気にもなる。効果は絶大です」と、元クローガーの総務担当部長ジェシカ・エーデルマンは語る。

エーデルマンは、世界自然保護基金（WWF）に協力を求めることにした。同基金は、大規模な食品廃棄物の調査プログラムを実施している（農業を野生動物の生育環境への最大の脅威と見なしているため）。どうしたら無駄を防ぎ、寄付を増やせるか知恵を拝借したかったのだ。その結果、勧められたのが、ごみ箱漁りやほかの方法で廃棄物の流れを細かく分析することだ。WWFでこの調査を統括するピート・ピアソンは、こう話す。「食品廃棄物問題は、堆肥化で解決できると誤解されている。でも、本当に重視すべきは、企業でも家庭でも、都市においても、とにかくごみを出さないことだ。その次に重要なのが、食品の救出と寄付だ。堆肥化は最後の手段にすぎない」

ピアソンはさらに続ける。解決がこれほど難しいのは「早い段階で廃棄を防げる技術や政策がまったくないせいだ。ごみは、畑、倉庫、梱包、流通、スーパーマーケット、レストラン、家など、サプライチェーンのあらゆる段階で発生する」。企業の前線でパーカーのような「生ごみ保安官」がたった数人で奮闘するだけでなく、民間・公的部門のあらゆるレベルで大勢の保安官を投入する必要がある。たとえば、消費期限を統一して食品救出を奨励する研究者や、連邦政府の政策立案者。道路脇《カーブサイド》の堆肥化プログラムを作り、「廃棄物処理委託料」を値上げして、ごみを防ぐ市や州政府の担当者。食料が余った人と足りない人をつなげるアプリの開発者。生鮮食品の新しい保存方法と保存期間の延長方法を見つける材料科学者、大がかりな堆肥作りを進める機械の設計技師、世間の意識を変えるキャンペーンを主導する活動家などだ。

私はクローガー・スーパーマーケットの舞台裏を覗き、食品の廃棄防止、救出と寄付、堆肥化の3

つの段階を数週間かけて観察し、ごみゼロ戦略の仕組みを理解しようと考えた。そのためには、まずこの問題の背景を知る必要がある。なぜわたしたちはこんなに大量の食べ物を捨てるのか？

リサイクルより地球のためになる

「自然界には廃棄物というものがありません。死んだものはほかの生き物の食料になるからです」と、ダービー・フーヴァーは語る。「人間が廃棄物という概念を作り出したのだから、その概念をなくすこともできるはずです」

彼女は先ごろ、アメリカの３都市の食品廃棄パターンについて２年間の比較調査をおこなった。その３都市とは、コロラド州デンバー、ニューヨーク、そして偶然にも私の地元であるナッシュビルだ。「誰が、何を、どこで、なぜ捨てるのか？　信頼できるデータは驚くほど少ないのです。そのせいで、都市、企業、家庭において問題がよけいに解決しづらくなっています」

分析にあたっては、廃棄物の流れを専門とするサンフランシスコのエンジニアリング企業、テトラ・テックと協力した。テトラ・テックは、調査に参加する３都市の住人１１５０人に自宅のごみを提出してもらった。半分以上の参加者が「キッチン日誌」をつけて、いつどんな理由で食べ物を捨てたかを記録した。その結果、家庭で捨てられる食品の半分以上が果物と野菜であることがわかった。いちばん多かったのが、コーヒーの出し殻と飲み残し、バナナ、鶏肉、リンゴ、パン、オレンジ、ジャガイモ、葉物野菜、牛乳などだ。フーヴァーは、このなかにドリトスやスパム〔ランチョンミート〕、トゥインキーズ〔アメリカの箱入り小型カップケーキ〕がないことに気がついた。「この問題には、予想もしなかった矛盾がたくさんあります。そのひとつが、体にいい食品ほどごみを発生しやすいということです。生鮮食品を熱心に摂るいまの文化は、公衆衛生から見れば素晴らしいことです。でも、廃棄物の観点で見ると、そうでもありません」

また、市の堆肥化プログラムがあるデンバーとニューヨークでは、食べ残しをしょっちゅう堆肥にする参加者のほうが、堆肥化装置《コンポスター》を使わない参加者よりも捨てる食べ物の量がかなり多いことも明らかになった。おそらく、ごみを有効活用することでよい気分になるのだろう。「ごみ削減の究極の目標は、防止です。ごみを出さないほうが、リサイクルよりずっと地球のためになるんです」。さらに、幼い子供がいる親ほどごみを出すこともわかった。子供に新しい味や体によいものを与えようとするが、結局は食べてくれないからだ。結論として、消費者が出す食品廃棄物は「善意が絡んでいることが多い。だからこそ、ひと筋縄では解決できない」と、フーヴァーは言う。

実をいうと、わが家も無駄が少なくない。夫は、冷蔵庫に2日以上あったものは食中毒になると信じている。私は家族に栄養たっぷりのものを与えたくて、新鮮なホウレンソウとバナナを大量に購入しては、茶色くさせたり、腐らせてしまう。客を招くときは決まって料理を作りすぎるし、新しいレシピにわくわくして凝った調味料を買いこむものの、小さじ1杯や4分の1カップしか使わない。結局、何週間もたってから、後ろめたい気分でこっそり処分する羽目になる。

外見上の理由からはねられた大量のパプリカ。
カリフォルニア州サリナス・バレーにて。

ごみを増やす要因は、家庭以外にもある。たとえば、「信奉される美の基準」とフーヴァーが呼ぶものだ。彼女によると、アメリカの買い物客は、果物や野菜のあるべき姿にこだわりすぎる。しみがあるものやいびつなもの、輸送中に傷やへこみができたり変色したもの、しなびたり、色が褪せたものは受け入れないという。平均的な買い物客の美的基準は、曲がったニンジンを放り捨てたトニー・ジャンと大して違わない。つまり、規格外のものを反射的に拒否するのだ。問題は、見た目の完璧さを求める客と、見た目の悪い青果物を処分する食料雑貨店の両方にある。「国産の生鮮食品は、美的基準にそぐわないせいで、店に届く前に想像もできないくらいたくさん廃棄されている」と、フーヴァーが語気を強める。ミネソタ州で最近実施されたある調査では、州内で生産された果物と野菜の20パーセントが、狭量な美的基準のせいで不合格になることが判明した。

その最たる例が、食用ブドウだ。形の悪い房は、畑に放置されて腐っていくか、ごみ廃棄場に直行する。ゆがんだパプリカ、でこぼこのニンジン、傷のあるリンゴなども同じだ（霜害を受けたアンディ・ファーガソンのリンゴを思い出してほしい。健康そのものでおいしいのに、フロスト・リングがついていると店頭には並ばない）。規模の大きい有機農家は、慣行農家より農作物が均一ではない。その分、廃棄量も多いという。残念な皮肉だが、たいていは傷のある農産物のほうが、傷のないものより栄養豊富で味もよい。害虫や熱、霜、胴枯れ病でストレスを受けると、風味が増して、抗酸化物質が生成されるのだ。

フーヴァーは、スタンフォード大学に在学中の1980年代初めに、同大初のリサイクル計画を作成した。大学院では、廃棄物の心理学をテーマに論文を書いた。彼女によれば、ティベリウス皇帝が完璧なスネークメロンを所望するずっと前から、人間は完璧な青果物を望んでいたという。1950年代になり、アメリカの主婦が冷蔵庫や新しい包装製品、輸入された青果物に慣れるにつれて、その願望がさらに強まった。「メイン州の店に突然パイナップルが登場し、1月にイチゴが買えるようになりました。サンドイッチ用に切った食パンや、温めるだけで食べられる冷凍食品の時代がきたのです。機械的に作られた完璧な食品が、安全とイノベーションの象徴になりました」。この強迫観念がいま、ソーシャルメディアの「インスタ映えフード」の流行も手伝って、さらに高まっている。フーヴァーと私は、インスタグラムに焼きたてのキツネ色のパイや、レストランの芸術品のような料理を投稿する行為について意見を交わす。彼女の考えでは、美しい写真で快感を得る社会現象が、完璧な食品に執着し、そうでない食品を拒絶する傾向を助長しているという。

広がる食品廃棄物スーパー

アメリカ人がフード・ポルノ（おいしそうな食べ物の写真）のハッシュタグにうつつを抜かす一方で、ヨーロッパ人は食べ物の価値をもっと現実的な観点で考えはじめている。セリーナ・ユールは政治家ではないが、デンマーク政府から5年間で国内の食品廃棄物を25パーセントも削減した立役者と見なされている。ユールはロシアで生まれ、13歳だった1995年にデンマークに移住した。彼女はBBCにこう語っている。「ロシアにいるときは、常に食べ物が足りませんでした。インフラが機能せず、共産主義が崩壊して、日々の食事にもことかいていたんです。デンマークにきたら、大量の食べ物が捨てられていて愕然としました」

グラフィックデザインに関心があったユールは、大衆向けに独創的な運動を開始した。フェイスブックのグループとして「Stop Spild Af Mad（食べ物の無駄をなくそう）」を立ち上げたのだ。いまではフォロワーが数万人に膨れ上がり、スーパーマーケットの重役用会議室や、テッド・カンファレンス（TED）、廃棄物改革を推奨する欧州議会で取り上げられるほどになった。「食べ物を無駄にすることは、自然や社会をはじめ、食料生産者、動物に対して敬意を欠いています。そして、自分の時間とお金にも敬意を欠いているのです」と、ユールは主張する。ほかに、レストランで食べ残しを持ち帰る「持ち帰り用袋《ドギーバッグ》」を「お楽しみ袋《グディーバッグ》」へとイメージを一新させる活動を支援し、国中に6万枚配布した。スーパーマーケットも、「独身《シングル》です。連れて帰って」という表示をつけたバナナのバラ売りをはじめ、バナナの廃棄処分を90パーセントも削減することに成功した。

　こうした運動をきっかけに、トレンドに火がついた。慈善団体「ウィーフード」が、世界初の「食品廃棄スーパーマーケット」をコペンハーゲンに開店し、外見上の理由からはねられた農作物や賞味期限が近い食品を売りはじめた。これがことのほか好評で、9カ月後には2号店がオープンした。主要スーパーマーケット・チェーンは、買いすぎを招くまとめ買い割引を廃止し、多くが「食品廃棄をなくそう」コーナーを設けて、古くなった割安商品を並べた。

　デンマークで勢いづいた運動は、国境を越えてさざ波のように広がった。ロンドンでは、元料理人のアダム・スミスが「リアル・ジャンク・フード・プロジェクト」を創設し、イギリス初の食品廃棄スーパーマーケットを開店した。投げ売りされる食材でスープやサンドイッチを作って出すカフェも併設し、「客が払いたい金額だけ支払う」方式を採用した。同じような食品リサイクル・カフェが、オーストラリアとイスラエルにも誕生した。

　ロンドンでは、「オリオ」という「フード・シェアリング・アプリ」も活躍している。このアプリは、企業とフードバンクだけでなく、近隣の人々をつなげて余った食べ物を互いに無料で引き取れるようにする。ウェブサイトには、このように書かれている。「夕食を作りすぎてしまったことはありませんか？　タマネギを1袋買ったのに、1個しか使わなかったことは？　旅行に出かけるのに、冷蔵庫が食材でいっぱいということはありませんか？」。2016年のスタート時は動きが鈍かったが、

ロンドンを拠点に食システムの変革を目指すグループ「フィードバック」の活動家トリストラム・スチュアートと、再生利用のために回収された5000人分の食材の山。トラファルガー・スクエアにて。

２０１９年にはユーザーが50万人を超えた。大半は、冷蔵庫の食材をシェアする近所の人々だ。コペンハーゲンを拠点とするアプリ「トゥー・グッド・トゥー・ゴー」も、閉店直前にパン屋とレストランの売れ残りを格安で販売することに成功した。スーパーマーケット・チェーンのテスコは、自社ブランドの商品の約85パーセントにリサイクル可能な梱包材料を使いはじめた。さらに、自社商品の賞味期限表示を廃止して、顧客が自分で判断するように勧めている。

　フランスも負けてはいない。先ごろ、スーパーマーケットによる賞味期限切れ食品の廃棄を禁じる法案が可決された。違反者は、最高４５００ドルの罰金が科される。一部の都市では「食料救急車」が朝に巡回し、食料雑貨店や店から廃棄食品を回収して教会やシナゴーグへ届けている。消費者の意識の変化は、欧州連合まで動かした。小売業者と消費者を対象に、1人当たりの食品廃棄物を2030年までに半減させることを決定したのだ。

アメリカの場合は、そう簡単にはいかないかもしれない。まず、この国では何もかもが大きい——ショッピング・カートも、皿も、1人前の量と食欲、そしてもちろん人間も。「無駄を出す精神を分析すると、アメリカ人は自分が食べたり無駄にする食品のサイズと量が、自由と権力に比例すると思いこんでいる」と、フーヴァーが言う。それでも破綻しないのは、ひとつには食品が比較的安いからだ（トウモロコシやダイズのような作物には、補助金が支払われる）。高・中所得層の家計で食費の割合がこれほど低い国は、世界でも珍しい。私が家庭で無駄を防ぐためのアドバイスを求めると、フーヴァーは以下のような指示をくれた。

まず、残り物は最低1週間は食べられる（彼女の場合は10日以上までオーケーだが、具合が悪くなったことはない）。「目と鼻を使うこと。見た目と匂いが大丈夫なら、食べなさい！」。できればガラス製の保存容器を使うように。そのほうがプラスチック容器よりも鮮度が保てる。色むらがあるものや、いびつなものを買うこと。見かけが完璧なものと同じくらいおいしいか、もっとおいしいことが多い。果物と野菜は、生よりも冷凍品を選ぶこと。冷凍品は傷まないし、栄養価も生と変わらない（冷凍前に湯がいているとその限りではないが、それ以外は収穫直後に冷凍されるため、輸送中に劣化しない）。最後に、祖母のことを思い出して、残り物について再考する。日曜日にローストチキンを食べたら、月曜日はチキン・タコス、火曜日はトルティーヤ・スープに使い回すことができる。

WWFのピアソンは、技術を活用した方法も支持している。たとえば、オパール・アップルというリンゴは、酸素に触れても茶色くならないアークティック・アップルという遺伝子組み換え（GM）リンゴの、非GMバージョン〔自然交雑で作られた〕だ。クリスパーで編集された切っても茶色くならないマッシュルームや、褐変したり傷や黒いシミができにくい、つまりは捨てられにくいジャガイモも、市場に出回っている。

食品を保存するテクノロジーの進展

「これが訳あり品コーナーです」。パーカーが、青果売り場を案内しながら指し示す。ここは、インディアナ州インディアナポリス郊外にある、クローガー最大級の店舗だ。私はスーパーマーケットの物流をおおまかに学び、クローガーの廃棄物防止対策を覗くためにここまでやってきた。ナッシュビルの地元の店舗では、こんなコーナーがあることにちっとも気がつかなかった。訳あり品コーナーは、スーパーマーケットを象徴する果物のピラミッドの脇に押しこまれている。4段の棚のいちばん上に、「値下げ品！　おいしさは見かけじゃない」という表示がある。各段に藁で編んだかごがあり、そのなかにゆがんだパプリカやでこぼこのニンジン、小さすぎるカンタロープ・メロン、ぐにゃりと曲がったキュウリが見えるが、ほとんどが売れている。

生鮮食品の売上は、クローガーの利益の15パーセントに満たない。それでも、形の悪い商品を売ったほうが利益になる。「仕入れたものはすべて正規で売りたいけど、もちろんそうはいかない」と、パーカーが説明する。見栄えの悪い商品はほとんど農場で処分されているが、出荷品に紛れこむことがあるからだ。「以前なら、そういうものはフードバンクに直行させたけど、いまは格安で売ってます。ほぼ完売しますね」。見栄えがよくても処分される品物もある。注文しすぎしたり、店の冷蔵庫が故障したり、顧客の購買パターンが変わって仕入れ担当者の予測が外れるせいだ。

「訳あり品」コーナーがクローガーに登場した2017年初めは、捨てられる青果物を活動家や起業家が活用しはじめたころだった。インパーフェクト・プロデュースというスタートアップが、サンフランシスコのベイエリアで「規格外の果物と野菜」の定期宅配サービスを開始し、ホールフーズ・マーケットにも売りはじめた。ほかにもハングリー・ハーベスト、アグリー・マグズ、フード・カウボーイなどの新興企業が、数百万トンの規格外青果物市場を築いている。WWFのピアソンはこう話す。「こうした試みが徐々に成果を出しはじめている。でも、転用されている食品はごく一部だ。大企業が参入しないと、大きな変化は起こらない」

ピアソンはクローガーと協力して、早い段階で規格外品を回収しようと取り組んでいる。客に直接売るのではなく、規格外品で総菜や加工食品——ポテトとマカロニのサラダ、コールスロー、ピザ、冷凍のフルーツや野菜など——を大量に作って、クローガーの名を冠したブランドや自社ブランドで販売するためだ。

このプログラムは、通常の値下げと連携して実施される。もし肉が販売期限の前日に売れなければ、陳列棚から降ろし、「おつとめ品」というシールを貼って値下げ品コーナーに置く。それでも売れ残ったら、販売期限の前夜に店頭から下げて、損失として計上する。それが終わったら店の奥の冷凍庫にしまい、寄付に回す。パン・菓子類や乳製品も同じだ。牛乳は、消費期限の10日前に乳製品の棚から下げる。この時点なら、冷蔵した状態で、または冷凍後に解凍して寄付できる。「うちで扱う牛乳には捨てる理由なんてない」と、パーカーは言う。

もうひとつ、スーパーマーケットと家庭の両方で障害になっているのが、わかりにくい販売期限表示だ。生鮮食品の販売期限は、連邦政府に規制されていない。食品の安全性を測る技術的な基準にも、統一基準にも準じていない。管轄局である食品医薬品局が未規制を決めた理由は、アメリカで起きる食品がらみの事故のうち、期限後の食品を食べたせいだと判明した事例が1件もないからだ（原因は期限切れではなく、加工中に汚染したと思われる病原菌や、暑い車内に生の鶏肉を放置するといった「不適切な保存」、あるいはカビを誘発する空気に触れたせいだと特定された）。「要は、期限切れよりも、汚染や不適切な保存のほうが食あたりになる可能性がずっと高いってこと」だと、パーカーが言う。

州によって表示のばらつきがもっとも大きいのが、牛乳だ。ほとんどの牛乳は、販売期限や消費期限が過ぎても食中毒にならないように低温殺菌される。一般に、乳製品の販売期限は、低温殺菌から21日〜24日後だ。「でも、ちゃんと冷蔵保存されていれば、それよりずっとあとに飲んでも大丈夫」と、パーカーが話す。モンタナなどの一部の州はもっと厳格だ。販売期限を低温殺菌からわずか12日後とし、それ以降の販売や寄付を禁じている。その結果、膨大な量の安全な牛乳が処分される。

「スーパーマーケットは何十という異なる期限表示法規に対応しなければならず、法規上は販売前に消費期限が過ぎている――でもまだ食べられる――食品のせいで、年間約10億ドルも損をしている」と述べるのは、ハーバード大学法科大学院食品法・政策クリニックの責任者エミリー・ブロード・リーブだ。「期限表示の曖昧さは、消費者と食品会社に損害を与えるだけでなく、膨大な食品を無駄にしています」。リーブは、２０１９年に下院に提出された食品期日表示法の立案に協力した。この法案は、数十ある期限表示法を統一し、購入した生鮮食品がいつまで安全に食べられるかをより明確にわかるようにする。成立すれば、まだ食べることができて栄養もある商品について、州が寄付を妨げることもできなくなる。

議会の政策立案者たちは、食を必要とする困窮者に対する食品寄付の規則も改善しようとしてきた。２０１９年に上院に提出された食品寄付改善法は、農家、レストラン、学校、市場が食品を寄付する際の保護や範囲を拡大するなど、いっそうの促進を目指している。たとえば、従来は寄付された食品を無料で提供する団体への寄付だけが法的に保護されていたが、割引価格で販売する団体にも認められる。また、食品寄付者が負う民事および刑事上の法的責任を制限することも定めている（食品廃棄物削減同盟のリサーチによれば、食品製造業者の半数、小売業者と卸売販売業者の4分の1、レストランの40パーセントが、食品の寄付を妨げる障害として法的責任をあげている）。さらに、食料救出組織が配達料として少額を請求できるようにして、寄付をためらう原因になりがちなコストを軽減する。

クローガーは、ロビー活動で食品の表示と寄付の政策強化を支援しながら、食品包装の改良も進めている。材料科学者たちは、食品包装と保存技術という新分野をようやく開拓しはじめた。生鮮食品の鮮度を維持する鍵は、酸素を締め出すことだ。酸素は一見無害な気体だが、包装を突き抜けるとカビの生育を促し、微生物と酵素の増殖を早める。特に化学保存料を使っていない食品の場合、酸化は風味や色、質感、匂いのほか、栄養素と油と脂肪の質を劣化させる。

クローガーは、アピール・サイエンシズというシリコンバレーのスタートアップと提携している。この会社は、2012年にジェームズ・ロジャーズという若い材料科学者が創業した。ロジャーズは、果物と野菜が酸素を締め出して腐敗を防ぐための被膜、つまり皮を研究していた。その目的は、「食べ物を使って食べ物を保護すること」だ。そして、ワイン用に圧搾したブドウの皮などの有機原料をリサイクルして、天然のコーティング剤を作る方法を発見した。これを果物や野菜にスプレーすると、従来の3倍も長持ちする。このフィルムは目に見えず、味もしないうえ、100パーセント天然素材でできている。2018年に、中西部店舗の生鮮食品売り場で、アボカドの保護フィルムとして初めて使用された。2020年、パンデミックのあいだに食品廃棄物に対する意識と怒りが高まるなか、アピール・サイエンシズは投資家から2億5000万ドルを集めることに成功した。出資者には、なんと国民的司会者のオプラ・ウィンフリーと歌手のケイティ・ペリーも名を連ねた。このスタートアップは、大きな影響を与えるかどうかにかかわらず、第3の方法の好例と言えるだろう。「長年の問題を解決するために、研究室にこもって新しい成分を作り出す必要はない。人間は、植物からインスピレーションを引き出すことができるんだ」と、ロジャーズは目を輝かせる。

しかし、研究室の化学者たちも重要な進歩を遂げている。パーカーの話によれば、酸素を吸収する包装フィルムを開発中だそうだ。硬いものから柔らかいものまでどんな包装材料にも組みこめて、なかの酸素濃度を０・０１パーセント未満まで下げることができる。こうすれば、保存可能期間を倍以上に伸ばせる。問題は、コストだ。食品メーカーがいまも昔と同じビニール袋にパンを入れ、卵の容器に厚紙のカートンを使い続けるのは、主にそのほうが簡単で値段が安いからだ。クローガーの投資部門は新しい包装技術に出資しているが、パーカーの意見では、業界全体で協力しながら進める必要があるという。

ＷＷＦのピアソンは、期限切れが近い生鮮食料品の価格を下げることができる「動的価格設定」技術が有望だと考える。また、消費者に見えない新しいデータ管理ツールの進歩にも期待している。製品ＩＤコードとブロックチェーンのような追跡システムを使えば、全店舗を流れる数十億の商品一つひとつの動きだけでなく、６０００万世帯の買い物習慣も監視できる。追跡したデータを管理して、各店舗における需要と供給量を一致させる。そうすることで、望まれない商品や期限切れ商品を減らすことが可能だ。

スーパーマーケットは、常にいくらかの供給過剰品を抱えている。だから、『スタートレック』のレプリケーターが発明されて、必要に応じて分子から食事を作れるようになるまでは」無駄を完全になくすことはできないと、ピアソンは言う。当面のあいだは、デジタル・ツールの進歩に期待したい。製品のライフサイクル追跡が進めば、余剰在庫を大幅に減らし、食品の寄付を増やせるだろう。

食品廃棄物をバイオガスに変える

私は、クローガーのごみゼロ戦略の最終段階を見るために、インディアナポリスの東に向かって20分車を走らせた。目的地は、K・B・スペシャルティ・フーズ。クローガーが所有・運営する37の食品製造工場のひとつだ。巨大なステンレス製タンクのなかで、年間約4万トンの食品が生産されている。そのほとんどは、店舗で販売するポテトやパスタのサラダ、コールスロー、レリッシュ〔甘酢漬けの野菜〕、マカロニ・アンド・チーズなどの総菜だ。

この場所がほかの工場と違うのは、原料となる生の食材――年間2億個のラセット・ポテト、1600万玉のキャベツ、約3000トンの粉末チェダー・チーズなど――が、猛烈な悪臭を放つ廃棄物を生み出すことだ。「夏の暑い日に、大型ごみ箱にジャガイモの皮やキャベツの芯が入っていると、かなり悲惨よ」とパーカーが顔をしかめる。工場は住宅地のなかにあり、真横は小学校だ。そのため、2016年に近所から苦情が出はじめた。

解決策として工場運営責任者が提案したのが、嫌気性消化槽だ。簡単に言えば、タンクに密閉された工業規模の堆肥化装置だ。外見は、高さ12メートルほどの円形の貯水槽に見える。内側は、生化学的な胃袋のように機能する。酸素を遮断した嫌気性環境で、酵素と微生物を使って有機物――廃水と混ざった生ごみ――を分解するのだ。微生物は果物、野菜、でんぷんだけでなく、肉、油、獣脂も分解できる。屋外でおこなう堆肥作りは生ごみから土壌用肥料を作るが、消化槽は生ごみをバイオガ

堆肥化場で土になる生ごみ。テネシー州ナッシュビルにて。

スに変える。このバイオガスが、工場を動かす熱エネルギーと電気エネルギーの燃料になるというわけだ。

嫌気性消化は、数十億年も前に自然に生まれた現象だ。食料の燃料への変換はまさに人間の胃のなかでも起きることで、人間と同じだけの歴史がある。最初の消化槽は19世紀にインドで建設されたが、アメリカの技師たちがそれを工業地区で使えるように改良しはじめたのはこの10年ほどだ。長らく需要がなかったのは、食品製造業者にとって、廃棄物はごみ廃棄場に捨てるほうがずっと簡単だったからだ。しかし、廃棄場がいっぱいになり、それとともにメタン排出の懸念が増し、廃棄コストが上がるにつれて状況は変わってきた。

シアトルに拠点を置くスタートアップ、ワイザーグは、7000万ドルを調達してレストランや食料雑貨店、学校、病院などのコミュニティ・センター向けに、小型の嫌気性消化槽（生ごみ処理機）を作った。平均的なサイズの消化槽は、1ユニットで1日に最大1800キロの生ごみを処理する。そこから生成されるバイオガス――地産地消型のクリーンな再生可能エネルギー資源――を売れば、最終的に採算が取れる。また、マサチューセッツ州のスタートアップ、ハーベスト・パワーも、数千万ドルを調達して堆肥化技術を確立し、「(嫌気性消化槽で)世界平和を見える化しよう」というキャッチフレーズで売りこんでいる。

こうした投資は、国内で初めて食品廃棄を禁止したサンフランシスコのような都市にとって経済的な効果がある。2007年以降、同市はすべての家庭、企業、公共施設に、市の堆肥化およびリサイクリング・サービスへの参加を義務づけている。違反者には罰金が科される。過去10年間に、コネティカット州ブリッジポートやアイダホ州ボイシなど、数百の都市が任意の堆肥化プログラムを導入し、その多くが道路脇で生ごみを回収している。このうち10都市余りが、サンフランシスコのようにいっさいの食品廃棄を禁じ、違反した企業と家庭に罰金を科した。

屋外での堆肥作りは、酸素の力を借りる好気性消化の自然な形態だ。堆肥の山にいる数兆もの微生物が酸素によって活性化し、食料と庭ごみを食べて、土壌を肥やす窒素に富んだ肥料を排出する。サンフランシスコなどでも、市で作られた堆肥は地域の農家に再分配される。その後農地に撒かれ、土壌を肥やして保護するほか、土中に水分を閉じこめて畑を干ばつから守る。

堆肥化プログラムと嫌気性消化システムは、競合せずに補完し合う。前者は、都市の内部と周辺で広範に効果を発揮する。後者は、悪臭を最大限に抑えたい都会と住宅地の特定の場所に向いている。環境保護庁の推定によれば、アメリカ人は年間で合計約2300万トンの生ごみと庭ごみを堆肥化しているという。「ゆくゆくは、国内のすべての市と郡区で堆肥化が義務化され、スーパーマーケットやレストラン、食品製造工場は廃棄物をエネルギーか飼料に変換するようになる」と、ピーターソンは予想する。「孫たちの代には、人が配達する郵便やコードつき電話機みたいに、食品廃棄物も古めかしく思うものになってほしいね」

そんな時代がいつやってくるかはわからないが、市、企業、家庭、公共組織による廃棄物ゼロ戦略が、食料生産の第3の方法にきわめて重要になることはほぼ間違いない。ナッシュビル市長は先ごろ、2030年までに「ごみゼロ都市」になることを宣言した。ほかにも数百の都市が同様の目標を掲げている。といっても、拘束力はなく、ナッシュビルの計画はお世辞にも明確とは言いがたい。しかし、社会が正しい方向に変わりつつあるとピーターソンは受け止める。

自然資源防衛協議会（NRDC）のダービー・フーヴァーは、廃棄食品問題が解決されれば、線形型の食システムが循環型に変わると述べる。「線形経済では、資源を消費して、使い尽くしたあとに廃棄する。一方、循環経済は資源を育てて再利用し、再生するようにできている」。資源の循環という概念は、非常に古くから存在する。いまも世界中の自給自足農業に見られるものの、工業型食システムからははじき出されてしまった。「いまがそれを取り戻すチャンスです」とフーヴァーは言う。

食システムを循環型に戻すには、堆肥化プログラム、賢いアプリ、野心的な政策だけでは十分ではない。人々の意識を変え、一人ひとりが積極的に行動する必要がある。これは、食料供給を脅かすもうひとつの重大な問題――淡水――の解決にも言えることだ。

農業は、世界の淡水の70パーセントを消費する。この資源を、わたしたちは作物と同じくらい、考えなしに浪費している。本章冒頭に引用したガンジーの需要と貪欲さの原則は、ここにも当てはまるというわけだ。安全で信頼できる食システムを確立するには、今後何より有用になるかもしれない資源を共同で作る必要がある。その資源とは、干ばつに負けない給水設備だ。

第10章

水危機を解決する先端テクノロジー

彼は紙コップのなかを覗きこみ、驚いたように顔を上げる。
ひょっとすると、未来が見えたのかもしれない。
——ウォーレス・ステグナー『クロッシング・トゥー・セーフティ』

アミール・ペレグは、190センチのがっしりした体をかがめてエルサレムの貯水場のひとつに通じるコンクリート製のトンネルに入る。すぐ頭上には、天井から滴る水が凝固して、小さな鍾乳石のように無数に垂れ下がっている。彼は落ちてきた雫を手のひらで受けると、〝Haval al kol tipa（ハヴァル・アル・コル・ティパー）〟とつぶやく。「1滴1滴が貴重である」という意味のヘブライ語だ。エルサレムのはずれにあるこの貯水場は、地下の巨大な部屋に隠され、敵に毒を盛られないように武装衛兵が巡回している。投光照明の光で暗闇にぼうっと浮かび上がる池は、彫刻を施した厚い岩壁に囲まれている。深さは約12メートル、幅と長さはフットボールの競技場ふたつ分よりも長い。「これが現代版ギホンです」と、ペレグが誇らしげに紹介する。

ギホンとは、紀元前700年ごろに人間をエルサレムに定住させた古代の泉だ。今日、イスラエルとその周辺の淡水源は、鉄器時代の泉よりもさらに貴重だ。この貯水場の水は、数少ない淡水源であるガリラヤ湖から、南へ140キロほどくねくねと続くパイプラインで運ばれてきて、約100万の住民に絶え間なく引き出されている。ほとんどの近隣諸国と同じようにイスラエルも砂漠の国だが、ここ10年は少なくとも過去900年でもっとも雨が少なかった。

ガリラヤ湖とほかの天然の淡水源は、過剰な取水のせいで国内に必要な水量のわずか10パーセントしか供給できない。それでも、イスラエルはすぐれた節水と創意工夫により淡水を余剰化し、干ばつが発生しない年よりも収量を増やす方法を発見した。人口800万のこの国は、食料自給率が95パーセントと非常に高い（コーヒーなどの特産品は輸入するが、穀物は自国で賄っている）。さらに、デーツやアボカド、オリーブ油、ザクロ、柑橘類、それにアーモンドの主要輸出国でもある。

農業は大量の水を消費するが、果物とナッツ類の栽培は特に使用量が多い。アーモンド1粒の生産に必要な水は1ガロン、オリーブは3ガロン、ザクロは5ガロン、グレープフルーツは7ガロン、アボカドにいたっては9ガロンだ。「農業において、水は体のなかを流れる血のようなものだ。あるいは、音における振動、オズの国にとっての魔法使いと言ってよい。物事の根本なんだよ。水がなければ、食料は生産できない」と、ペレグが語る。

世界で給水される水の4分の3以上は、農業に使われている。農業国になると、その割合はさらに

アミール・ペレグ

高い。イスラエルの場合、給水量の約80パーセントが食料生産にあてられる。近隣諸国との政治的な対立から、数十年も前から食料と水の完全な自給自足を目指してきた。「世界の淡水の製造・管理方法は、イスラエルの起業家たちが改革していると言っていい」と、貯水池を案内しながらペレグが話す。彼は１９５０年代にはじまった水技術運動で指導者のひとりとなった。以来、真水の使用量を減らし生産量を増やす数々のイノベーションを生み出してきた。

「イスラエルは近隣諸国に食料と水を依存できない」。そして、その逆も同じだ。余った水（年間２１０億ガロン）をヨルダンとパレスチナ自治政府に送っているが、ヨルダン川西岸地区では1人当たりが使える水の量がイスラエル人の半分にも満たず、耕作に適した土地もほとんどない。パレスチナ人の約４分の1は十分に食べられず、ガザ地区にいたっては半分近くの住民が食料援助に頼っている。

この地域の水と土地の分配倫理は意見が分かれるところだが、イスラエルの水技術は同盟国と敵国の両方から現代の驚異と見られている。コーネル大学の農学教授ジャスティン・フレッチャーは、こう称賛する。「経済的に苦しい国はたくさんあるが、これほど乾燥しているのにこれほど高い農業生産力を持つ国はほとんどない」。現在開発中の技術は、極小の下水浄水装置から、非常に効率的な灌漑システム、超大型海水淡水化プラントまで多岐にわたる。その基盤となっているのが「賢《スマート》い水道ネットワーク」だ。国中を網羅する、センサーを埋めこんだ水道管システムを指す。ペレグは、このシステムのデジタル設計を担当した起業家のひとりであり、「最高配管責任者」を自称している。

彼が創業したタカドゥ社は、数学アルゴリズムを使って水道管の漏水や破断を発見・防止するソフトウェアを設計する。水漏れの検知は些末なことに思えるが、水が高価で不足している地域ではきわめて重要な問題だ。「水はイスラエル人にとってシャンパンのようなものだ」と、ペレグは言う。「割れたフルート・グラスにヴーヴ・クリコを注いだりしないだろう?」

敵は水漏れ水道管だ

52歳のペレグは、白髪頭を丸刈りにし、吊り上がった黒い眉と金床のようながっしりした顎をしている。アメリカのドラマ『ワンデイ——家族のうた』の愛想のよいシュナイダーと、ジョージ・クルーニー演じる大胆不敵なダニー・オーシャン〔映画『オーシャンズ11』の主人公の凄腕の泥棒〕を足して2で割ったようだ。自信満々のCEOと、忍耐強い管理人の両方が同居している。

彼は、テルアビブから50キロほど離れた農村に、妻と3人の幼い子供と暮らしている。仕事が休みのときは、「わがエデンの園」と呼ぶ8エーカーの農地の世話をする。オリーブやザクロ、アボカド、レモン、それにイチジクやマンゴー、ペカンの木を育て、野菜とハーブ園のほかにメルローとシャルドネ用のブドウを作る小さなブドウ園まである。本人いわく、家庭農園は自分にとって「いちばん金のかかる道楽」だ。何しろ、ここに水を引くために、年間数千ドルも水道代を払っているのだ。週末になると、せっせとオリーブを塩水に漬け、キュウリを酢漬けにしたり、ワインを発酵させて楽しんでいる。

けれども、土に親しんで育ったわけではない。祖父はテルアビブ初の高級ホテルを建設し、父親はそのホテルの経営者だった。ペレグは、13歳にして同市で発売された最初のアップル・コンピューターをハッキングし、ヘブライ文字バージョンを作って地元企業に販売した。17歳になると、イスラエル国防軍の技術エリートを養成する「タルピオット・プログラム」に選抜された。このプログラムには8年在籍し、軍用ドローンのオペレーティング・システムとソフトウェアの開発を学んだ。ドローンの目的は、衛星写真から戦車やミサイルなどの重要な視覚情報を識別することだった。

それが終わると、習得したプログラミング・スキルを、織物の大規模生産に応用した。視覚データから生地の不具合を特定できる分析ソフトウェアを作ったのだ。その後、やはりアルゴリズムを使ったヤダタという別のベンチャーを立ち上げて、広告のターゲティング機能を高めるソフトウェアを開発した。この会社は、創業から2年足らずでマイクロソフトに3000万ドルで売却された。タカドゥは、理論的には、彼がこれまで興した事業の延長線上にある。「私が開発してきたのは、どれも突き詰めればデータの異常を把握する新しい方法なんだ」と、ペレグは言う。

タカドゥの創業を思いたったのは、2008年9月に、ウィーンの技術会議である水道技師と話したときだ。その会話の内容に「大きな衝撃を受けた」という。パイプの漏水や破断のせいで、世界中の水道施設で平均して給水量の約3分の1が無駄になっていると、その技師が言ったのだ。ロンドンのように水道ネットワークが非常に古くて脆い場合、漏出率は約60パーセントにのぼる。「ロンドンの水道管を通る水の半分以上は利用されない、と知ったんだ。これでは、いくら道路を掘り返して故障個所を見つけてもらちが明かない」と、ペレグが振り返る。アメリカの水道ネットワーク、とりわけ農場にも給水する田舎では、最大で約30パーセントが使われずに漏れ出している。

「愕然としたよ。なんてひどい無駄なんだ。たとえば自分が管理する工場で、商品の3分の1が顧客に届く前に紛失しているなんて想像できるかい？　しかも、それが許されているなんて！　同じことが水に起きているんだ。世界中でたくさんの土地が干上がっているというのに」

その水道技師は、水道管に埋めこまれたスマート・センサーからデータを収集するイスラエルの「SCADA」システム、別名「テレメトリ」の専門家だった。テレメトリのセンサーは、回転ホイールなどの機械装置と超音波を使って、水道ネットワークの流れや水圧、水質を測定し、15分ごとに数百のデータを転送できる。しかしペレグが関心を持ったのは、ハードウェアではなく、そこから生み出される情報だった。「そのSCADA専門家に、集めたデータをどうするのか尋ねたんだ。すると〝保存しておく〟と言うじゃないか。〝これだ！〟と思ったよ。このデータから金塊を掘り出そうと決めた」

それから数カ月もしないうちに、ペレグは自宅のリビングルームでタカドゥ社を経営していた。初期の採用者の多くは、自ら勧誘したタルピオット・プログラムのメンバーだ。「〝これからは、わたしたちの敵は人間ではなく、地下で水漏れしてる水道管だ〟と言って口説いたんだ」

紫の水道管ネットワーク

タカドゥの本社は、テルアビブの閑静な郊外に建つガラスと花崗岩でできた雑居ビルのなかにある。下の階には、ピザハットとケーキ屋が入っている。オフィスのなかは、大学の寮を少しおしゃれにした感じだ。わずかばかりのソファと不揃いの椅子に、原色に塗った壁。オープン・キッチンには、ミーティングと食事用を兼ねた大きなピクニック・テーブルが置いてある。室内には、50人の従業員の子供時代の写真を組み合わせた、『ゆかいなブレディ家』風のコラージュと、露に濡れた野原や大滝など、水に関係するポスター大の写真が飾ってある。

なかを案内する前に、ペレグは私を自分のつつましいオフィスに招き入れて、この国の水技術の歴史のレクチャーをする。イスラエルの水技術におけるリーダーシップは、建国直後の1950年代初めに、ダヴィド・ベン＝グリオン初代首相が「砂漠に花を咲かせる」と誓った有名な演説に遡る。１９４８年にパレスチナから分割されたこの国は、国土の70パーセント以上が砂漠地帯だった。ベン＝グリオンは、水と食料の自給自足を確立して、地域諸国との競争をリードしようとしたのだった。

その陣頭指揮をとってもらうために、シムハ・ブラスという水理技術者に協力を求めた。ブラスは、同国初の画期的な節水技術の発明者だった。その発明の経緯について、ペレグはこんなふうに話しはじめる。「１９３０年代、ブラスはイスラエル北部のハイファの近くに住む友人を訪ねた。ふたりで外で昼食をとっていると、不思議なことに気がついた。目の前の野原に痩せた木が並んでいるが、１本だけが大きく、葉がいっぱいに茂っている。近くに川も帯水層もないのにおかしなことだ、と友人は首をひねった。その木は水なしで成長しているようだった」。ブラスが調べたところ、水をぽたぽた滴らせている蛇口がひとつ見つかった。その水滴が、大きな木の根系にゆっくりと浸みこんでいたのだった。

１９５０年代末、灌漑が計画的な洪水やスプリンクラー・システム（アメリカの農業ではいまも主流の方法）でおこなわれていたときに、ブラスはビニール製のチューブに小さな穴をあけて、水が少量ずつ吐出する灌漑システムの試作品を作りはじめた。チューブのなかには、水の滴下速度を遅くするために、らせん状の「マイクロチューブ」を入れた。１９６５年8月になると、国内に数百ある農業共同体のひとつ、キブツ・ハツェリムで装置の試用をはじめた。この点滴灌水は、従来の方法の倍以上も効率がよく、収穫量が増えた。１９６６年1月、このキブツはネタフィム（水滴という意味）という社名でドリッパー〔水が一定量滴る灌水機器〕の製造を開始した。現在、同社は４４００人の従業員を擁し、世界中に商品を販売している。年間収益は10億ドルにのぼる。

ネタフィムが誕生する2年前の１９６４年には、別のイスラエル人技師アレクサンデル・ザルヒンが、海水から塩を取り除く商業的方法を発明した。海水を真空中で凍結させて塩を含まない純粋な結晶を生成し、その結晶を溶かして飲料水を作るというものだ。翌年、彼は「世界の海を安価な浄水に変える」ため、ＩＤＥテクノロジーズを創業した。以来、多様な脱塩法を開発して、世界最大の淡水化プラント製造業者に成長した。淡水化プラントは、ペレグが冗談半分で「神業」と呼ぶもの——旧約聖書の「創世記」に「神が海水を甘くする」くだりがある——を実現できる。

同じころに、生活排水のリサイクル方法も開発されはじめた。いまのイスラエルは、トイレや流し、排水溝に流された水の85パーセント以上をリサイクルしている。下水は「バイオスクラバーズ」という、排泄物を分解するバクテリアを使った濾過プロセスで浄化する。生成された水は、飲用には適さないが、作物の栽培に使うことができる。この再生水は、明るい紫色に塗装された巨大な水道管ネットワークによって供給される。国内の農場や工場に水を運んでいるのは、この「紫の水道管ネットワーク」だ。これとは別に、ガリレア湖などの淡水源や淡水化プラントから高品質の水を運ぶネットワークがある。ここを流れるのが、ペレグの言う貴重な「シャンパン」だ。家庭の蛇口を通じて、飲用水、料理、風呂に使われる。

このようなイスラエルの淡水化および下水浄化技術が、アメリカをはじめ世界中に広がりつつある。しかし、淡水の生成は費用がかかり、効率の高い水道ネットワークがなければ採算が合わない。IDEテクノロジーズの現CEOアヴシャローム・フェルバーは、こう語る。「浄水の採算性は、節水技術によって決まる。そのなかで何より有用なのが、漏水の検出だ」

予防医学の世界へ

タカドゥ社は、2008年の創業以来、数十億ガロンの節水を実現した。しかし、エルサレムの地下水道設備を見学してわかったことだが、その手段の大部分は目に見えない。水道ネットワークの情報をもたらす回転ホイールと超音波装置は、水道管のなかに埋めこまれている。さらに、収集した情報が伝送される中央制御室もない。

イスラエル最大の水道会社ハギホン（社名は古代の泉に由来する）のCEOゾハール・イーノンが、かつて制御室だった掩蔽壕のような地下室を見せてくれた。いまはただの会議スペースになっていて、ソファと、クッキーをのせたトレイを置いた会議用テーブルがあるだけだ。イーノンはiPhoneを振ってみせながら、「タカドゥの制御室はここにある」と教えてくれた。「メーターが正確に作動しているか、水質が保たれているか、水圧や水流、ポンプに異常がないか、インフラが稼働しているか……どこにいてもすぐにわかる。すべてオンラインに統合されているからね」。ハギホンでは、漏水や破断による水の損失は全給水量の10パーセント未満だ。アメリカの水道ネットワークの30パーセント強に比べると、驚くほど少ない。

ペレグのクラウド対応サービスは、漏水や破断の検出だけではない。水道ネットワークの運転について、あらゆる情報を提供する。中国のトニー・ジャンが農場の遠隔運営用に開発したソフトウェアのように、「モノのインターネット」で水道局の全運転情報をひとつのインターフェースに統合したのだ。このシステムは、オーストラリアのシドニーやスペインのビルバオなど、12カ国の都市で使用され、合計約13万キロメートルの水道管を管理している。

ソフトウェアは、各水道ネットワークの「通常運転」の基準値を把握する。水の流れの正常パターンを理解すればするほど、漏水や破断を示す異常も正確に検出できるからだ。一例として、水の使用量が朝と夕方、つまり人々が仕事をする前後に最大になることを認識する。ほかに、地域独特の要因も考慮する。たとえば、オランダの水道局では、ある金曜日の午後に水の使用量が一定の間隔で異常に跳ね上がった。ソフトウェアは、このパターンがワールドカップのオランダ対スペイン戦中継のコマーシャルの時間と一致することを発見した。原因は、視聴者がいっせいにトイレを使ったせいだったのだ。タカドゥのサービスは、水の窃盗も発見できる。メルボルンの水道会社ユニティウォーターでは、ある消火栓からの配水が並外れて多いことを検知した。当局者が調べたところ、近くのイチゴ農家が水を吸い上げていたという。

「タカドゥが登場するまで、われわれには目や耳がないも同然だった」とイーノンが振り返る。「水道ネットワークのことは何ひとつわからなかったからね。このソフトウェアは、心電図かレントゲン写真のようなものだ。作動状況をリアルタイムで見せてくれる。われわれはもう配管工や水道技師ではない。水道会社は、予防医学の世界の一部になったんだ」

しかし、世界のほとんどの水道施設はいまも目も耳もない状態にあり、水不足が進むなかで大いに懸念されている。テレメトリック・センサーを設置している水道ネットワークは、全世界の約20パーセントにすぎない。アメリカにいたっては、わずか10パーセントだ。「センサーの重要性がわかっていない人が多い。いくら素晴らしさを説明しても、〝白雪姫とサンタクロースを信じろっていうようなものだ〟と言われてしまう」と、タカドゥの取締役ツヴィ・アロームが嘆く。

アメリカの大半の地域は水がふんだんにあり、たいていの都市部は水道代が安い。ばかみたいに安い、とペレグは言う。全米平均で1000ガロン当たり約10ドルと、オーストラリアやヨーロッパ諸国の半分以下だ。

それでも、アメリカ地質調査所の予測によれば、今世紀半ばには南西部の4分の3以上が厳しい干ばつ状態に陥るという。南西部といえば、6500万の人口を抱え、マメ類、ブドウ、タマネギ、ジャガイモのほか、コムギやオオムギ、ニンニクの主要産地だ。干ばつは、ロシア、中国とともにヨーロッパでも進んでいる。東アフリカと中東では、ことのほか深刻だ。国連は、エジプトが2025年に「極度の水危機」に近づくと予想している。ヨルダンは世界でもっとも乾燥した国のひとつだが、今後20年で水の需要が倍に膨れ上がる見込みだ。乾燥が深刻化するイランの政府当局者は、2040年には国民の半数以上が移住を余儀なくされ、干ばつ難民になると警告している。

政治的な対立から、イスラエルの水技術を輸入する中東諸国はほとんどない。それでも、収穫量と飲料水が急減するにつれて、障壁が崩れはじめた。例として、中東諸国と連帯する南アフリカは、イスラエルからの輸入を禁じていた。しかし、2017年に干ばつでコムギの生産高の3分の1を失い、水を配給制にするところまで追いこまれると、とうとう禁輸を撤回してイスラエルから技師たちを招聘した。

カリフォルニア州も、イスラエルの技術に注目する。ジェリー・ブラウン州知事はペレグを含めた水技術の指導者をサミットに招き、ベンヤミン・ネタニヤフ首相と技術移転協定を結んだ。ペレグは会場で、2015年7月にロサンゼルスで起きた事故に言及した。サンセット大通りの地下で水道管が破裂し、2000万ガロンの水が噴出したのだ。皮肉なことに、このとき州内では、5年に及ぶ干ばつで20万エーカーの作物が枯れかけていた。「弊社のソフトウェアがあれば、こんな事故は起きなかったでしょう。わずかな水漏れの時点で発見できたはずです」

ペレグが言うには、イスラエルと違ってアメリカには具体的な水政策がない。水の浪費を防いだり、節水に報いるアメとムチのシステムが必要だという。「カリフォルニアでは、水道局で3つの職種がなくなるのでテレメトリを導入できない、と言われるんだ！」と、憤慨する。また、無駄を防ぐために価格を変動制にすることを力説する。彼は、家庭菜園のために法外な水道代を払っていることを、誇りに思っている。「アメリカ人は、水は空気のように無料で際限なく手に入るべきだと考える。しかしイスラエル人は違う。〝庭やプールが欲しければ持てばいい。ただし金を払え！〟と考えるんだ」。イスラエルの水道料金は、3段階に設定されている。「たとえば、5人家族が安く使える水の量は限られている。それを超えると、水道料金が50パーセント上がるんだ。さらに上の段階になると、途方もない額になる」

アメリカの水道料金体系は、水をむやみに使えるようになっている。「国内の郡の3分の1は、いまだに定額制だ。企業だろうと住宅だろうと、均一料金を払っている。まるで9ドル99セントの水バイキングだよ」と、ペレグは語気を強める。水道ネットワークと同じくらい政策が時代遅れなのだという。水不足の南カリフォルニアなどが、恐ろしく運用コストのかかる新しい水源を導入しはじめているのだから、なおのことだ。

彼が勧めるのは、段階制の料金設定と、水質によってカテゴリーを設けることだ。「ガソリン・スタンドでレギュラーかハイオクを選ぶのと同じだ。飲用と同じきれいな水を、作物やトイレに使うなんてばかげている」。カリフォルニアでは廃水の約15パーセントをリサイクルしているが、水不足に悩む州南部では住民2200万人の生活用水をほぼすべてよそから運ぶ。その大半は、北カリフォルニアからはるばる山を越えてくる。コロラド川からも大量に引水するが、この川はほかの6州とメキシコの水源でもあり、水量が著しく減っている。淡水源を北部と東部と共有するせいで、南カリフォルニアの都市の水道料金は毎年10パーセント近く値上がりしている。そのため、水道局は別の方角に救いを求めざるを得なくなった。それは、西に広がる太平洋だ。

海水淡水化プラントで水大国に

地中海に面したイスラエルには、約190キロメートルの海岸線がある。しかし、カルフォルニア州はその何倍にも及び、実に1350キロメートルが世界最大の海と接している。土地の乾燥が進む一方で、塩水は豊富にあるというわけだ。この巨大な貯水池を活用するために、サンディエゴ市の水道局は、イスラエルのIDEテクノロジーズと提携し、郊外のカールスバッドに総工費10億ドルの海水淡水化プラントを建設した。2017年にオープンしたこの施設は、西半球では最大規模を誇る。

1960年代、当時の大統領ジョン・F・ケネディは、ワシントンの記者団にこう語った。「もし海水から淡水を安く入手できるようになれば、どんな科学の偉業もかすんでしまうだろう」。IDE社アメリカ部門の責任者で、カールスバッドのプラント建設を監督したマーク・ランバートは、こう評する。「海水の淡水化は、現代のもっとも重要な錬金術です。地球の水の97パーセントは海水なのに、つい最近まで作物の栽培や飲用水には利用できませんでした」

淡水化のおかげで、イスラエルはたった10年で、水不足に悩む国から水大国へと変貌した。2002年にこの国で干ばつがはじまったとき、もともと不足していた淡水は、蓄えが底をつきかけていた。ペレグが当時を振り返る。「きわめて深刻な危機だった。それなのに、2012年には水が余るほど豊富になった」。この鮮やかな大転換は、ひとつには水の保全技術と再生利用のおかげである。しかし、それだけでは解決できないほど、事態は切迫していた。新しい供給源が必要だった。その供給源

大量の海水淡水化シリンダー。カールスバッドの施設にて。

は、いまや国内の生活用水の半分以上を生成する海水淡水化プラント群によってもたらされる。

なかでも巨大なのが、世界最大の「ソレク」だ。2014年にIDE社によって建設され、1日に2億ガロンの海水を精製する。コンクリートと鉄と鋼鉄でできた建物は、テルアビブから15キロほど南の地中海の静かなビーチのはずれにある。直径2メートルほどのパイプが、ぽっかり開いた巨大な口のように砂から突き出している。このパイプが沖合の吸入口から水を吸いこみ、コンクリート製の貯水槽に吐き出す。その後、塩水がさまざまな段階を経て濾過される。

脱塩には、数千年の歴史がある。はじまりは、紀元前4世紀に古代ギリシャの船乗りたちが用いた蒸発技術だ。彼らは海水を沸かして蒸発させ、その蒸気を集めた。蒸気を冷却して凝縮すると、ほぼ混じりけのない蒸留水が手に入った。蒸発法淡水化というこの基本技術は、煮沸の燃料コストが低いサウジアラビアなどでいまも使われている。しかし1960年代以降は、「逆浸透（RO）」方法が主流になった、この方法は、人間の細胞内で液体が半透膜を通過する生物学的過程を模倣したものだ。

しかし、大きな課題が残っている。真っ先にあげられるのが、エネルギー・コストだ。ソレクで稼働するポンプ群は、水をRO膜に透過させるために、昼夜を問わず合計7000馬力（1平方インチ当たり1100ポンド〔およそ6平方センチ当たり500キログラム〕の圧力）のエネルギーを消費する。（全米自動車競走協会《ナスカー》の車の場合、フルスロットルの状態でも約700馬力だ）。ポンプ、パイプの設計、薄膜の改良により、エネルギー消費総量は過去20年でほぼ半減した。効率性が上がるにつれてさらに減っていくだろうが、障害と見なす人がまだ多い。カリフォルニア州の淡水化プラント建設に反対する環境保護団体のひとつ、カリフォルニア・コーストキーパー・アライアンスの事務局長サラ・アミンザーダは、「淡水化は、すべての問題を解決できるように見えるけれど、コストとエネルギーの点では最悪の方法だ」と語る。

2015年、同州サンタバーバラ市のヘレン・シュナイダー市長（当時）は、長らく休止状態だった1990年代の淡水化プラントを再起動させると決定した。コストのかかる淡水化は、できれば敬遠したい「最後の手段」だ。有権者には、気候変動の影響が高まっているのでやむを得ない、と説明された。カールスバッドの淡水化プラントも、同様の理由から建設された。ソレクとほぼ同じ規模で、サンディエゴ郡の全給水量の10分の1近くを供給する。これだけで、約40万の郡民の水を十分に賄える。北方のハンティントン・ビーチでも、別の大型淡水化プラントの建設が進んでいる。こちらはロサンゼルス近郊に配水する予定だ。州内の南部と北部の海岸沿いには、ほかにも10以上のプラントの建設が提案されている。

しかし、海水以上に給水に不可欠になりつつあるものが、もうひとつある。一部の州民には、この水源のほうが受け入れがたいだろう。当局者は「下水再生水」と呼ぶが、率直に言えば人の糞尿だ。糞尿の活用は、私が受け入れるようになった第3の方法のなかでも、ひときわ厳しい現実だ。わたしたちがいまトイレや排水口に流しているものを、食料の栽培だけでなく、飲み水にも使わなければならないかもしれない。

トイレから蛇口へ

「これはジャンボコームと呼ばれています。濾過の最初のプロセスです!」と、エヴォクア・ウォーター・テクノロジーズ社〔総合水処理エンジニアリング企業〕のスナイハル・デサイが、激しい水音に負けないよう大声を張り上げる。ここは、カリフォルニア州のオレンジ郡衛生区。郊外居住者150万人のトイレとシャワー、流し、排水溝から出る下水の処理施設だ。足下の水路には、生下水が怒涛のごとく流れている。その濁流の底深くへ巨大な熊手が下りていき、段ボール、おしり拭き、タンポン、卵の殻、ビー玉、おもちゃ、テニス・ボール、スニーカーなど、取水口の網を通れない廃棄物をすくい上げる。

私が飲むことになる水から除かれる固形の汚物

網を通過した下水は、これから高度な浄化プロセスをたどり、最後にソレクと同じような逆浸透膜を透過する。1日に1億ガロンの飲用水——オレンジ郡の住民85万人に行き渡る量——を供給するこの施設は、世界最大の「トイレから蛇口」対応施設だ。

下水は、イスラエルのプラントでも使われる砂利・砂フィルターと微生物による排泄物分解《バイオスクラブ》などによって、8段階にわたって濾過される。オレンジ郡では「精密濾過」もおこなわれ、この段階では数千の小さな穴のある藁を通して水を吸い上げる。もっとも重要な最終段階では、ＲＯ膜を封入した大量のシリンダーを加圧して透過させる。

この施設は、下水から純粋な飲料水を作り出す先駆けとなっている。出来上がった水は、淡水化でできた水とまったく変わらない。こちらのほうが海水の脱塩よりもコストが安く、約半分ですむ。また、下水の塩分含有量は海水よりずっと少なく、処理が簡単だ。「下水再生水は、水産業でいちばん伸びている分野です。すべての都市が、海に接していたり、大きな湖や川に近いわけではありません。でも、下水は必ずあります。だから、とても大きなトレンドなんです」と、デサイが説明する。

サンディエゴ市は、2030年までに給水量の35パーセントを下水再生水にして、灌漑だけでなく飲用水にも使うことを発表した。オレンジ郡よりも大規模な「トイレから蛇口」対応施設をすでに設計済みだ。それでも、まだ障壁はある。第一に、住民の心理的抵抗だ。いくら干ばつで切羽詰まっているとは言え、国際宇宙ステーションにでも住んでいない限り、自分の排泄物など飲みたくない。どうしたら住民に承認してもらえるだろう？　水道局の相談を受けるペンシルベニア大学の社会心理学者ポール・ロジンは、このように述べる。「下水再生水を受け入れることは、ヒトラーが着ていたセーターを身に着けろと言われるようなものだ。どんなに洗濯しても、ヒトラーを拭い去ることはできない」

しかし、RO処理を受けた水は、従来の浄化処理でできた水よりも純度が高い。一部のペットボトル入りのミネラルウォーターよりも高いくらいだ。「うちのRO膜を透過するのは、ロールスロイス級の都市水道水です」と、デサイは胸を張る。通常の水道水はたいてい化学凝固剤と塩素で処理されるが、逆浸透法は機械で汚染物質を濾過するため、化学物質を使う必要がない。有機農家が化学農薬を使わずに機械で除草するのによく似ている。「〝オーガニック水道水〟と考えてください」

デサイがいま作っている膜整品は、大規模な水道システム向けに限定されている。しかし、いずれはもっと規模の小さいシステムを手がけたいそうだ。ビル・ゲイツも、数年前にブログでこの施設と似たような方法を取り上げた。セネガルの数千人のコミュニティで、小規模な廃棄物処理施設を見学したときだ。ベルトコンベヤーに乗った人の糞尿の山が、たちまち「ペットボトルのミネラルウォーターと同じくらいおいしい水に変わった。これなら毎日でも飲みたい」と、記している。

将来、水の濾過技術はいたるところに分散するだろう、とデサイは予想する。農場、地区、または家庭ごとに、自分が飲む水を自分で管理・再生できるようになるだろう。最終的には、水の生産も食料生産と同じように循環する。つまり、商業施設や住宅の排水がすべて再生利用される閉ループ・システムになるかもしれない。蒸発や漏水で失われる水は、共有ネットワークを流れる淡水化された海水で埋め合わせることができる。実現するのはまだずっと先、少なくとも数十年後になるだろうが、食料を確保し生き延びるためにはそうすることが不可欠かもしれない。

オレンジ郡の下水プラント見学を終えた私は、最後にぴかぴかのステンレス製の流し台の前にくる。数時間前は生下水だったものが、きれいに澄んだ水になって蛇口から流れ出ている。デサイはそれをふたつの紙コップになみなみと注ぐと、「未来に！」と言って乾杯した。コップの中身を一気に飲み干した私は、ぶるっと身震いが出る。が、どういうわけかヒトラーの後味は感じられない。その水は、アルプスの湧き水に負けないくらいおいしかった。蛇口に手を伸ばすと、私は2杯目をコップに注いだ。

第11章 危機管理力と回復力を鍛える

これが雲を貫き
雷鳴とともに雨を解き放った一撃だ！
革ひもを張った長い丈夫な弓から放たれた一撃。
キパットがほっそりした棒と鷲の羽根で作った矢……
そのために作った弓
天気を変えるのに役立った羽根。
――ヴァーナ・アーダマ『カピティ平原に雨を降らす』

ケニアの民話『カピティ平原に雨を降らす（*Bringing the Rain to Kapiti Plain*）』では、キパットという若い牛飼いが、手作りの矢で雲を突き刺して過酷な干ばつを終わらせる。雨が降らないせいで、彼の住む平原は野生動物がいなくなり、家族を養うための家畜も飢えはじめていた。この物語は、人間が依存する動物が土地に依存し、さらに土地が自然に依存していることを説いている。人間と自然は、分かちがたい関係にあるということだ。また、これは創意工夫と魔法の物語でもある。雲を、道具で突き刺すだけでなく、操って制御することさえ可能だとしているからだ。

私は、キパットの物語を子供たちに数え切れないほど読み聞かせてきた。さらに、天気をコントロールするなんて、古代の儀式と民話のなかだけの話だと思っていた。ところが２０１６年の夏、こんな記事を偶然見つけた。インド中西部のマハラシュトラ州が、農地に人工雨を降らせるために数百万ドルを投じるという。

ムンバイとその周辺に農地を抱えるマハラシュトラは、インド30州のなかでもっとも面積が広く、国内屈指の農業州だ。コメ、コムギをはじめ、ソルガム、サトウキビ、マンゴーの主要産地でもある。農場のうち80パーセント以上は、灌漑を雨に依存している。ところが２０１３年、エルニーニョ現象にともなう嵐のサイクルが乱れ——科学者は気候変動が原因だという——雨期《モンスーン》の降水量が半分以上も減少した。干ばつはいっこうに終わらず、２０１６年までに食料生産量が3分の1以上も落ちこんだ。人間も深刻な影響を被った。その3年間で、作物の栽培と家族の扶養、それに借金の返済ができずに数万の農民が自殺したのだ。

マハラシュトラ州は、イスラエルやカリフォルニア州のように海水を脱塩したり、濾過した下水を村や農場に引くための手段とインフラを持っていなかった。今回の水危機は、世界のある現実を浮き彫りにしている。裕福な国は干ばつの克服法を見つけつつあるが、貧しくて人口の多い国や地域にはますます危険が迫っているのだ。

２０１６年7月、同州のエクナット・カッドゥセ歳入大臣は、いちかばちかの賭けに出た。アメリカのノースダコタ州ファーゴに拠点を置くウェザー・モディフィケーション有限会社を3年契約で雇い、数百万ドルのクラウドシーディング（雲の種蒔き）プログラムと、約3万８０００エーカーの州中央の農地を監督してもらうと決めたのだ。クラウドシーディングとは、化学蒸気を雲に注入して雨を降らせる方法だ。数十年前から実践され、大小さまざまな成功を収めてきた。のちにカッドゥセは、私にこう語る。「わが州の状況は深刻だ。雨を降らせる技術はこれしかない。だから積極的に試さなければ」

おそらくこの干ばつ救済計画を読んで、キパットの物語が思い浮かんだのだろう。私はそのプログラムに注意を引かれた。クラウドシーディングを、現地で直に見たくてたまらなくなった。6カ月後にはもうマハラシュトラ州の片田舎の小さな空港にいて、4人乗りのプロペラ機キングエアB２００に乗りこむために駐機場を歩いていた。これからこの飛行機で、厚さ1万フィート（約３０００メートル）、幅もそれに近い巨大な雨期の雲に突入するのだ。

クラウドシーディング体験

「ほとんどのパイロットは、こういう嵐は避けるように訓練される」と、バイロン・ペダーソンが機

嵐雲に向かうバイロン・ペダーソンとシザッド・ミストリー

体を離陸させながら声を張り上げて説明する。「でも、おれたちはそこに突っこむ訓練を受けるんだ」。彼は、ウェザー・モディフィケーション社のパイロットだ。ふだんの勤務地はファーゴだが、今回のクラウドシーディング作戦を主導し、インド人パイロット・チームを訓練するためにマハラシュトラ州に派遣された。これまで10年間、同じような飛行任務を何百となくこなしている。私が聞いたところでは、世界でいちばん安心できる経験豊富なクラウドシーディング・パイロットだ。それでも、機体が空に舞い上がり、トップガン〔アメリカ海軍の戦闘機兵器学校〕式に横に傾きながら積乱雲の周りを飛びはじめると、私はちっとも気が休まらない。

飛行機のなかは、緊張と汗に似た兵士の臭いがする。雲の底の水分をたっぷり含んだ暗い層を通り抜けると、窓の外がくすんだような黒に変わる。不意に機体が傾き、がたがたと揺れはじめる。「雲に入ったぞ」。ペダーソンがコクピットで隣にいる若いインド人訓練生シザッド・ミストリーに告げる。ふたりの後ろに座る私は、隣で気象データを記録している冷蔵庫ほどの大きさのコンピューターに吐かないよう懸命にこらえている。ダッシュボードの昇降計の針がぐんぐん上がっていく。「上昇気流」――嵐雲の風の中心軸――に入ったのだ。この気流が、分速数百フィートの猛スピードで機体を上へ上へと吸い上げている。

「左を発射」と、ペダーソンが指示を出す。ミストリーが中央コンソールのスイッチをオンにして、左翼の燃焼弾《フレア》を配備する。「右を発射」。両翼の爆弾収納庫には、ダイナマイトの棒に似た24本の円筒が12本ずつ格納されている。燃焼弾に充填されているのは、可燃性塩化ナトリウム――可燃性のカリウム粉末に細かく砕いた食卓塩を混ぜたもの――だ。スイッチを入れると、燃焼弾の端からオレンジ色の炎が噴き出し、無数の塩の微粒子が雲のなかへと放出される。水の分子は塩に引きつけられるため、微粒子と結合して雨粒になるというわけだ。

クラウドシーディングは、1940年代からアメリカでおこなわれている。しかし、ペダーソンによれば、この20年は世界的な産業として急成長しているそうだ。マハラシュトラ州のような降雨促進プログラムは、決して珍しいものではない。たとえばカリフォルニア州の水道局は、この方法で貯水池の水源となるシエラネバダ山脈に定期的に氷塊を作っている。中国政府は、主に都市部のスモッグを洗い流す手段として、人工雨に年間数億ドルを投入している。オーストラリアとタイも、ほかの多くの国と同じく、淡水の供給量を増やすために官民双方で取り組んでいる。

キングエア B200 の窓から見た、1 発目の弾発射の様子。

驚いたのは、科学者のあいだでクラウドシーディングが環境に無害と見なされていることだ。塩化ナトリウムに毒性はなく、地域の生態系への影響は取るに足りない。それに、実際に効果がある。ただし、程度は限られる。「雲のなかに雨粒の種になる物質を与えれば、間違いなく降水量が増える」と、アメリカ大気研究センター（NCAR）の科学者ダン・ブリードは言う。「問題は、どのくらい種を蒔くか、そして雨が必要なときにそこに雲があるかどうかだ」

マハラシュトラ州を訪れる前、私はブリードやほかの大気科学者から話を聞いていた。そのときに、これが確実な解決法ではないと察することができたはずだ。人工雨によって水不足の地域の食料が確保されるわけではない。ペダーソン自身も、キングエアに乗りこむ前に同じようなことを話していた。「いちばん厄介なのは、期待させないようにすることだ。マハラシュトラの人たちは、どんな干ばつも終わらせる万能薬を欲しがっている。雨が降ると通りに出て踊りだし、パイロットを抱きしめて〝またやってくれ〟と頼むんだ。だけど、次も雲があるとは限らない。あっても、役に立つかはわからない」。小さな雲や、うっすらとしたかすみのような雲は、雨を降らせることができないそうだ。「大きくて、水分をたっぷり含んだ雲が必要なんだ」。たとえ成功しても、降雨量を15パーセントほど増やすのが関の山だ。日照りに喘ぐ農家にとっては、小雨でも降ってくれれば御の字だろう。しかし、100パーセントにはほど遠い。

私が任務に同行したとき、理想的な雲があったのはまったくの偶然だ。最初の雲の種を蒔いてから22分後、ペダーソンが1発目の燃焼弾の発射地点に引き返す。はたして、そこでは雨が降っていた。「やったぞ!」。彼は大声で叫ぶと、ひとまず成功を祝って機体を急降下させる。胃のなかがひっくり返り、たまりかねた私はバッグのなかに嘔吐する。

この出来事からほどなくして、自分が脇道に逸れていたことにようやく気づいた。テキサス州アマリロでクローン牛を追いかけたときよりも、さらに数千キロも脱線していた。クラウドシーディングは、持続可能で公平な食料生産を支えられる方法ではない。切羽詰まったこの地域が、藁にもすがる思いで頼る窮余の策だ。多くの人にとって、当てにならない希望なのだ。しかしこの旅は、早計ではあったものの、あるはっとする悟りの瞬間をもたらし、私を正しい方向へと導いてくれた。

クラウドシーディングの数日後、州内で農業を営むホナマ・マディヴァラの家に招かれた。彼女の話を聞けば、カッドゥセをクラウドシーディングに駆り立てた悲惨な状況がわかるはずだ、とペダーソンは言った。マディヴァラ夫人は、額に入った夫の写真の下に座って迎えてくれた。夫のアショクは、半年前にソルガムの畑で致死量の殺虫剤を飲んで自殺していた。一家は、種子と肥料、それにトラクターのレンタル費を賄うために、数年前に地元の金貸しに借金をした。その負債が数万ドルに膨らんでいた。アショクは保険に加入しておらず、灌漑設備も持っていなかった。そこへ3年間不作が続き、借金がかさんだ。アショクはすっかり絶望してしまったのだ。インドでは、農民が死ぬと政府が家族に「補償金」として約3万ドルを支給する。それっぽちの金額では、マディヴァラ夫人と息子が背負う借金はとうてい返せない。「夫の命はそんなに軽いの？」。夫人は、あきらめと怒りの混じった声で問いかける。

不意に、それまでぼんやりとしかわからなかったことが、はっきりと形になった。干ばつやその他の問題で食システムが崩壊すると、そのシステムに依存するコミュニティも崩壊するのだ。インド政府が２０１８年に発表した調査によれば、この国はいまも建国史上最悪の水危機にある。水不足による死者は、年間20万人を超える。地球温暖化の動向を考えると、２０３０年には水の需要が供給可能量の倍以上に達するという。

この10年だけでも、ウガンダ、ソマリア、ケニア、エチオピアを含むアフリカと中東の9カ国が、干ばつで甚大な被害を受けた。過酷な環境ストレスのもとで暮らす人は、かつてないほど多い。アメリカ西部では、干ばつの厳しさは過去20年で15パーセントから20パーセントも増している。一方で、海抜の低いフロリダ、ルイジアナ、ハワイなどは、水不足とは逆の脅威にさらされている。海水面の上昇と豪雨、そして農場に押し寄せる洪水だ。

ホナマ・マディヴァラに会ったおかげで、はっきりとわかった。農業の第3の方法には、緊急時対応策が必要だ。これまで紹介した賢い水道システム、ロボット・トラクター、垂直農場、代替タンパク質は、裕福な国では確かに有望な手段だが、いまはコストが高額で使える範囲が限定される。マディヴァラ夫人の家で、私はもっと現実的な問題について考えはじめた。それは天気の制御ではなく、すでに気候変動の最悪の影響を被っている人々を現地でどう支援するかという問題だ。地球の食の未来について、何より大変な真実が見えはじめた。わたしたちは、すぐれた危機管理力と、危機から立ち直る力を鍛えなければならない。

史上最大の干ばつ救援活動

私はマハラシュトラ州から西へ3200キロ移動し、飢餓救済に誰よりも詳しい人物、ミトゥク・カサのオフィスに着いた。彼は、エチオピアの災害リスク管理長官として、干ばつから洪水、地震、火山噴火、政変まで、食料安全保障のあらゆる脅威に対処してきた。食料不足に陥ったときに何をすべきか、その研究にキャリアを捧げてきたと言ってよい。同僚からは常に冷静で前向きと評されているが、2015年の夏はそのどちらでもなかった。「この50年で最悪の緊急事態が発生し、いても立ってもいられなかった」。首都アディスアベバのオフィスで、彼はそう振り返る。農業の盛んな低地を、数十年ぶりという無慈悲な干ばつが襲いはじめ、ひょっとすると聖書に書かれているような大飢饉がすぐそこまで迫っていた。

この年の夏は、400万以上の国民が緊急食料を受け取っていた。内容は、主食となる袋入りのコムギ、トウモロコシ、テフと、木箱に入ったマメ、植物油のつぼだ。すぐに、これではとても足りないと当局者たちが報告した。エチオピアの多くの低地が、もう1年近くまったく雨が降らず、マハラシュトラ州よりはるかに悲惨な状況にあった。川が干上がり、地下水は枯れ果てた。作物の収穫量は激減し、何千という家畜が死んだ。赤ん坊と子供、母親のあいだで急性栄養失調が増えていた。

10月になると、緊急食料を求める人が2カ月で820万に倍増し、政府は人道支援を要請した。12月には、その数がとうとう1020万人を突破した。カサは、飢饉前から支援を受けていた、慢性的に食べ物がない大勢の人たちのことも心配だった。全部合わせると1800万人以上、エチオピアの全人口の実に5分の1近くに食料を支給しなければならなかった。

エチオピアの面積は、テキサス州の倍に相当する。その広大な土地に、これだけ大量の支援物資を速やかに配るなんて、支援費用を支払うことと同じくらい、気が遠くなるような作業だ。国連の世界食糧計画（WFP）でアフリカとアジアの援助計画を監督し、カサの飢餓救済計画に協力したジョン・エイレフは、こう語る。「銀行にお金を入れて、食料を港から倉庫へ、倉庫から民家へと移動させなければいけません。これは大仕事です。3カ月以上かかることもありますから」

カサには、そんな時間の余裕はなかった。慌てたＷＦＰ、ユニセフ、米国国際開発庁（ＵＳＡＩＤ）などの国際支援のパートナーが、足りない資金と援助物資を提供した。そうするうちに、前代未聞のことが起きた。政府が、自国の最大の救世主になったのだ。10年を超える力強い経済成長のおかげで、エチオピア政府は国内収入を干ばつ対応に注ぐことができた。18カ月にわたってほぼ8億ドルが投入されたと、カサは述べる。それに援助パートナーからの7億ドルが上乗せされた。結果として、危機の規模に対して死者数がもっとも少ない、史上最大の干ばつ救援活動となった。

この成功は、キャッシュフローが唯一の要因でも主な原因でもない。エチオピアが、数十年も前から緊急事態にそなえてきたおかげだった。ある意味、過去のトラウマが幸いしたと言ってよい。この国は、絶えず先を見越し、準備をしながら生きることを学んでいたのだ。干ばつに襲われやすい国々は、もうすぐこの姿勢を取り入れなければならないだろう。気候変動担当国連特使のメアリー・ロビンソンは、これを機に、南西アフリカやほかの地域の国々が「エチオピアの計画を見習って、気候の苦難から立ち直れるようになる」と、期待している。

回復力の根づいたコミュニティ

52歳のカサは、1メートル93センチの長身で、肩幅が広く、胸板ががっしりとしている。飢えとは無縁で育ったことが一目でわかる。彼は、エチオピアの緑豊かな南西地域に生まれた。裕福な両親が所有する農場で、子供のころからコーヒーや柑橘類、グアバの木の栽培を手伝っていた。アレマヤ大学で農業を学んでいた1984年、干ばつから飢饉が発生し、100万人近くが死亡、さらに大勢が困窮した。このニュースは、アメリカのほとんどの家庭をはじめ、世界中で大きく報じられた。「エチオピアと聞くと〝貧困〟と〝飢饉〟を連想されるようになった。国民はとても恥ずかしく思っている」と、カサは述べる。故郷は被害を免れたものの、飢饉の恐怖は彼の記憶に深く刻みこまれた。オランダのワーヘニンゲン大学の奨学金を獲得して再び農業を学んだのち、1998年に帰国すると、カサは計画・経済開発局の局長に就任して、農業のイノベーションを監督した。そんな彼を、WFPのエイレフはこう評する。「たいした人間だ。驚くほど沈着冷静なんだ。どんなに苦しいときも、追い詰められた様子を見せない。いつも落ち着き払っている」

1984年以降も、何度か干ばつは発生した。ひときわ深刻だった2000年と2011年のあと、カサは食料援助のために道路と倉庫、それに地域の配給地点のネットワークを確立した。このインフラは、飢饉のもっとも重要な防衛線だという。インフラがなければ、救援物資を配給することができない。また、監視システムを築いて、農場の生産性と地域ごとに必要な栄養を定期的に評価できるようにした。システムから収集されるデータは、食料供給が止まる可能性を予測して、それに対応するためにきわめて重要となる。

2015年に干ばつと食料不足の最初の兆候が報告されると、カサは被害がいちばん大きい地域を毎週訪れて様子を調べはじめた。数千キロを移動することもたびたびあった。敬虔なキリスト教徒で

ミトゥク・カサ

ある彼は、視察をするのは実際にそうする必要があるからであり、被災地の人々に共感するためでもあると述べる。「人類愛は訓練では得られない。経験と全能の神によって授けられるんだ」

エチオピアは、多様性に富んだ国だ。使用言語が約90もあり、地形と気候帯が著しく異なるため、干ばつを経験していない広大な農業地域がたくさんある。救援計画は世界共通ではなく、ときに地域の状況に合わせる必要があることを彼は知っていた。たとえば、北部のアファール州は水不足がかなり深刻なため、132台のトラックで地元の配給地点まで絶えず飲料水を運ばせた。家畜の約4分の3が集中する東部のソマリ州は、飼い葉補充プログラムに使う送水ポンプと、病弱な動物へのワクチン接種が必要だった。北西部のアムハラ州には未開発の地下水資源があったため、井戸掘削の資金と設備を調達した。

カサとエイレフは、重要な援助物資がジブチで足止めされたり、援助資金が届かなかったときのはらはらした状況を詳しく語ってくれた。「倉庫のコムギが最後の1袋になったことも、口座の残高がたった1ドルしかないこともあった。夜中すぎまで電話をかけて、支援を頼んだことは数知れない」と、エイレフが振り返る。

意外なことに、救援計画は、強権的すぎて独裁的でさえあると批判されてきた中央政府に助けられた。エチオピアでは、2017年に、抑圧的な指導者たちに抗議する一般市民のデモが頻発した。しかし、飢饉が近づくと、指導者たちは即座に資金を確保して救援物資を動員した。強すぎる中央権力のなせる業だ。この国は、都市部と道路ネットワークとともに織物と農業部門が急速に発展し、アフリカ諸国のなかでもひときわ目覚ましい経済成長を遂げた。農業生産性は、この30年で倍増している。そのおかげで、腐敗しているとはいえ、自国を救援できる富と、それを活用する力を持てるようになったのだ。ある国連職員は私にこう言った。「中国政府のようなものです。経済危機や環境危機が勃発するといち早く決然と対処しますが、民主的なリーダーシップには容赦しません」。腐敗政府がいちばん効果的に食料を提供できると言いたいのではないと、その職員は釘を刺した。重要なのは、民主的な政府が緊急資金を確立し、災害発生時に迅速かつ決然とそれを展開できるように手順を定めることだ。「なぜなら、飢えているときは、スピードが何よりも重要だからです」

この干ばつがはじまって1年足らずで、カサとパートナーたちは120億ガロン以上の飲料水を輸送した。また、国内各地に深さ最大460メートルの掘削井戸を数百基も掘り、ほぼ200万トンのトウモロコシ、コムギ、テフ、マメ、ヤシ油と植物油を調達して配給した。物資は、エチオピアと近隣諸国の国有農場のものもあれば、ウクライナやカナダ、アメリカ、オーストラリアなど遠方から運ばれたものもあった。２０１５年から２０１７年の救援活動は、きわめて迅速かつ広範であったため、「ひとりの命も失われなかった」とカサは胸を張る。エイレフも、「犠牲者がいなかった史上初めての干ばつ」と称賛を惜しまない。

これに異を唱える人もいる。一部のニュース報道は政府のデータに疑問を呈し、２０１６年から２０１７年にエチオピアの死亡率は上昇したと報じた。しかし、同国のユニセフ代表のジリアン・ウェッルソップの意見は違う。彼女は、干ばつ被災地にある数百の保健センターからデータを集めて評価した。この飢饉でもっとも目を引くのは、「２５０万人以上の子供が重度の栄養失調と診断されたのに、幼児と子供の死亡率に目立った変化がなかった」ことだと述べる。栄養が足りなくなると、5歳以下の子供が真っ先に犠牲になりやすい。そのため、乳幼児死亡率は干ばつの何よりも重要なデータなのだ。

国連食糧農業機構（ＦＡＯ）の現場コーディネーター、アルム・マニはこう述べる。「カサのやり方に注文をつけるとしたら、農場を持続させて食料の無料支給をなくすようにもっと力を入れる必要がある。コミュニティには、自分たちの掘削井戸、機械設備、種子が必要だ。そこに資金の大半を注ぐべきだ」。彼の言い分は、経済的にも理にかなっている。一家族分の食料供給コストは、種子の支給コストの約20倍も高い。同様に、家畜にワクチンを接種して飼い葉を支給するほうが、死んだ動物を補充するよりずっと安い。「食料支援では足りなくなるときが必ずくる。干ばつを生き抜けるのは、回復力《レジリエンス》がしっかり根づいたコミュニティだけだ」と、マニは警告する。

　カサは自分が使える予算を、ごくわずかだが革新的なプログラムに役立てた。その一例として、小学校に新しい食料配給体制を整えた。飢饉が発生すると、学校の中退率が跳ね上がる。子供が空腹のあまり登校できなかったり、家族の食べ物を探すのを手伝うからだ。そこで学校を通して援助物資を配給し、昼食にビタミン強化シリアルを出して、野菜や果物、穀物、牛乳も一緒に提供した。おかげで多くの子供が、家庭の食事よりも幅広い栄養をとることができた。

　さらに、ＦＡＯと提携して、タンパク源の乏しい地域に卵を支給できるように、家禽協同組合などの移動式鶏舎を使った期間限定プログラムを支援した。食料を家畜から得ているが、飼い葉育成用の送水ポンプがない地域では、家畜の世話人にウシ用の「栄養ブロック」——穀物と糖蜜で作った高カロリーの栄養補助食品——を作って売る方法を教えた。

　２０１８年、農夫たちは2年ぶりにまともな収穫をすることができた。国内の農業生産力は20パーセント上昇した。しかし、近隣のソマリア、ケニア、ウガンダでは、まだ壊滅的な干ばつが続いていた。カサにほっとしている時間はなかった。すぐに次の干ばつに備えはじめなければならないからだ。

　夏が終わりかけたある日、マニが私をエチオピア東部のソマリ州に連れて行く。しっかり根づいた回復力がどういうものかを見せるためだ。わたしたちは、のどかな低地をゆっくりと進んでいった。見渡す限り、何キロも強い日差しが照りつけている。地面は灰色で、古いペンキのようにひび割れている。通り過ぎるウシの群れは、痩せこけて元気がない。わずかな草を食むたびに、皮がくぼん

エチオピアの干上がった川床

で肋骨がくっきりと浮かび上がる。この地域では、2016年に数千頭のウシが餓死した。しかし、干上がった川床の端までいくと、不意に青々としたオアシスが現れた。力芝とスーダングラス〔アフリカ原産で牧草として栽培される〕、パパイヤとマンゴーの木、トウモロコシ、ソルガム、ピーナッツ、コショウ、キャベツが、70エーカーの広大な土地に広がっている。

4人の子供の父親である28歳のハムディ・ムハメド・モウリッドが、木陰でくつろぐ雌牛と雄牛に草の束を運んできた。彼は、ウシたちに「Bozzänä（ボザナ）！」と大声で呼びかける。公用語であるアムハラ語の「カウチポテト〔座ってばかりいる怠け者〕」を、褒めことばとして使ったのだ。モウリッドの家系は先祖代々の牛飼いで、季節ごとに牧草を求めて動物たちと数百キロを移動していた。彼はいま、定住の素晴らしさを実感しはじめている。移動しなければ、不精者のウシはカロリーを消費せずにすみ、生産性が上がる。彼のウシは、1頭で父親が飼っていたウシ10頭分の乳を出す。毎日5リットルほど余った牛乳を地元の乳製品販売所に売れば、週におよそ30ドルの利益になる。これを手配するのが、2015年に近隣の25家族と共同設立したホダン飼料協同組合だ。カサとFAOは、あの危機のさなかにコミュニティを基盤にした回復力プログラムに資金を提供することができた。そのなかで、ホダンの成功はささやかながら希望にあふれている。

オアシスの端には、芝刈り機のエンジンほどの大きさのポンプがある。このポンプが川床の奥深くから水を汲み上げて、それを手掘りの灌漑用水路網に引きこんでいる。干ばつのあいだは、この靴箱ほどの小さな単発エンジンが作物を支えた。そのおかげで、200人の人間と150頭のウシの命が救われた。「ウシにたらふく食べさせて、子供たちを腹いっぱいにした。余った食料はよそに売った」と、モウリッドが語る。「父や祖父が知らなかったことを学べたよ」。協同組合は、ウシの転売も手がけている。やせ細ったウシを1頭150ドルほどで購入し、半年間飼い葉をたっぷり与えて太らせてから、元値の倍で販売するのだ。「干ばつのあいだに、以前よりいい暮らし方を見つけることができた」。モウリッドは、そう言って顔をほころばせた。

第12章 古代植物の復活

水は乾きが教えてくれる
陸地はわたってきた海が
歓喜は苦しみが
平和は語り伝えられた戦いが
愛は形見の品が
鳥は雪が教えてくれる
――エミリー・ディキンソン

連邦高速道路200号は、メキシコの太平洋岸を蛇行しながら南へ2300キロほど伸びている。火山やごつごつした岩山を通り過ぎ、熊手のようなサボテン、有刺鉄線の柵にウシの頭蓋骨をつけた牧場を横目に進むと、テピックからタパチュラにいたる途中でアグア・カリエンテという町に着く。

アグア・カリエンテという名前は、深い渓谷の真ん中に注いでいる温泉に由来する。この町の西のはずれに、メキシコ国立自治大学の進化生物学教授マーク・オルソンの農場がある。「一見すると、みすぼらしい木が並んだ田舎町のしょぼい原っぱかもしれない。でも、実は素晴らしい科学資源なんだ」。そう説明しながら、オルソンが「国際モリンガ〔ワサビノキ〕遺伝資源コレクション」を構成する起伏の多い痩せた土地を案内する。ここに集められたモリンガ属の木は、種類も数も世界最大だ。この木が、「栄養が十分にとれない熱帯乾燥地の貧困者にとって、最適の食料になる。気候変動の時代は特にそうだ」と、オルソンは信じている。

彼が述べる熱帯乾燥地は、インドのほぼ全土と、サハラ以南アフリカと中央・南アメリカの大部分に広がっている。住人は、地球人口の約3分の1にあたる20億人以上に及ぶ。スタンフォード大学の食料安全保障センターのデイヴィッド・ロベル副所長は、熱帯乾燥地は気候変動の最悪の影響を受けやすいと警告する。「気候モデルを見ると、ほかのほとんどの気候地域よりも過酷な状況になると予測されます。本来の暑さと乾燥がさらに悪化するでしょう」

まさにその暑さと乾燥によって、モリンガはよく育つ。以下は、オルソンの説明だ。「モリンガは古代からある植物で、とても丈夫で回復力がある。しかも利用価値が高く、寛大で、まるでドクター・スース〔幻想的で奇妙奇天烈な作風のアメリカの絵本作家〕の本に出てくるみたいにどこまでも風変わりなんだ。こんな植物はほかにない」。実際、モリンガは、ドクター・スース原作の映画『ロラックスおじさんの秘密の種』に出てくる「トラフラの木」に少し似ている。縞模様がなくカラフルでもないが、すべすべした細い幹から、枝がまるで手を振って挨拶するかのように不規則に突き出している。厳しい環境で育つだけでなく、雑草のように早く成長する。ひと月に約30センチ伸び、高さは6メートルほどになる。もっともよく栽培されるモリンガ・オレイフェラ種は、スイス・アーミー・ナイフ並みの万能性を持つ。葉は食用になり、タンパク質、鉄分、カルシウム、9つの必須アミノ酸〔人体で合成できず、食べ物などで補うアミノ酸〕、ビタミンA、ビタミンB、ビタミンCがきわめて豊富だ。親指ほどの幅で長さが30センチ以上になる鞘も、オメガ3脂肪酸に富んでいる。オルソンの研究に10年以上協力しているジョン・ホプキンス大学公衆衛生大学院の生化学者ジェド・ファヒーは、葉と鞘に強い抗炎症作用と抗糖尿病作用があるほか、がんを予防する酵素が含まれていることを発見した。成熟した種子からは植物油を採ることができ、残った種子かすには飲料水の浄化作用まである（種に含まれるタンパク質に、水のなかのバクテリアを吸着させて固め、殺す作用がある）。乾いた種子を砕けば、よい肥料にもなる。

モリンガの木は特別だが、21世紀に返り咲きそうなたくましい古代植物はほかにもたくさんある。キヌアやアマランスといったおなじみの穀物から、モリンガやカーンザ（カモジグサの一種）のような変わり種、それに藻やウキクサなどの、とても食用とは思えない極小植物まで多岐にわたる。

地球温暖化と人口増加のせいで、最貧国も富裕国も、栽培する作物の品質と回復力について再考せざるを得なくなったと、オルソンは力説する。大量に栽培するだけでは、もう十分ではない。これからは高品質の作物を育てなければならない。つまり、もっと栄養価が高く、丈夫で、成長が早く、不安定な気候に耐えられるものが必要だ。「そういう作物を見つけるには、過去の植物を調べることが欠かせない」と、オルソンは言う。「古代の植物にささやきかけるという感じですか？」と私が尋ねると、彼は首を横に振った。「ささやきかけるというよりも、耳を傾けるという感じだな」。モリンガのような植物は、近代的な灌漑施設や肥料、農薬を使わずに、極限状態に適応する術を何千年もかけて学んできた。「実のところ、知恵を持っているのは科学者ではなく植物のほうだ。われわれは謙虚な姿勢で、植物に答えを求めなければならない」

植物が授ける古代の知恵

マーク・オルソンは、カリフォルニア州のタホ国有林のはずれで育った。国有林は、農務省林野部の土木技師だった父親の職場でもあった。子供のころはイモリやトカゲを捕まえたり、昆虫採集をしたり、親からはぐれた鳥のひなを育てて過ごした。中学校に上がると動物園と野生生物病院でボランティアをしたが、本格的に植物の研究をはじめたのはカリフォルニア大学サンタバーバラ校に入ってからだ。「学費のほとんどは、大学の植物標本館で働いて稼いだ」と、彼は言う（「植物標本館」をグーグル検索したところ、乾燥植物のコレクションだった）。卒業後は、大学院でメキシコの乾燥熱帯林の植物を研究した。オルソンが言うには、メキシコは「世界のどこより多様な植物形態が見られる場所だ。バオバブのような巨大な〝ボトルツリー（幹がぷっくりと膨れて瓶のような形になる木）〟や、樹冠の上が

パラモーターを装着して飛び立つ準備をするマーク・オルソン

テーブルのように平らなアカシアの木、おびただしい数の多肉植物など、素晴らしい植物の原生地だ」

彼は、まるでソムリエが（ときにほろ酔いで）ワインを語るように、植物について語る。淡いブルーの瞳と、薄くなった砂色の髪。そこに丸いメタルフレームの眼鏡と革のカウボーイ・ハットが加わると、セオドア・ルーズベルトとクロコダイル・ダンディを足して2で割ったようだ。モリンガの研究を1995年、気候変動が真剣に討議される前からおこなっている。全米科学財団とナショナル・ジオグラフィック協会から資金を得て、東南アジア、中東、東アフリカを回り、20年近くかけて13種の種子を集めてきた。そのあいだ、この植物が授ける古代の知恵をひとことも聞き漏らすまいと注意深く耳をすまし続けた。木をもっとよく観察し、研究を掘り下げることができるように、ストラップで体に取りつけるヘリコプターまで自作したほどだ。「パラモーター」と名づけたこの装置は、2ストローク・エンジンを内蔵したバックパックに大きなプロペラがついている。

「パラモーターを背負うと、人間ハチドリになれるんだ。地面の少し上の空中に何時間もとどまって、樹冠を観察することができる」。大きな成果をあげることもあれば、大変な目にあうこともあった。使いはじめたころは、途中でエンジンが止まって地面に墜落し、プロペラがずたずたになったこともあるという。その後はどうにか手足を失わずに数百本の木を観察したが、いまはもっと洗練されたツールに関心を持っている。モリンガ・オレイフェラを、数十億人の主要栄養源にするためには、パラモーターでは十分ではないとわかったからだ。

この木が克服すべき欠点は多い。種子内部の遺伝的多様性が高いため、大きな農場での栽培は難しい。すべての固体が同じ遺伝子でなければ、世話や収穫がしにくいからだ。葉はベビーほうれん草よりも小さくて繊細なうえ、摘み取ったあとにしなびやすいので、冷蔵設備のない農家には扱いにくい。料理法にも問題がある。茎に腰があるため、葉だけ食べたほうがおいしいので、大量に調理するときは手間がかかる。葉と鞘はピリッとした――ルッコラに似ているが、もっと刺激が強い――風味の油を含むため、気になる人もいるだろう。2000年前に最初に栽培化されたインドでは、鞘をサンバル〔スパイスを使った豆スープ〕という定番料理に使う。この料理だと、コクのあるグレイビー（カレーの素）のおかげで刺激が和らぐのだ。私がアグア・カリエンテを訪問中、オルソンは湯通ししたモリンガの葉と、ケソ・ブランコ〔メキシコの生チーズ〕とサルサで作ったタコスを振る舞ってくれた。おいしかったが、木から摘んだ生の葉は、苦くて飲みこむのに苦労した。

この農場の焦点は、モリンガを現代の味覚と生産ニーズに合わせることだ。もっと味がまろやかで収穫しやすく、熱帯乾燥地の主要食料源になれるほど丈夫で、栄養価も高い品種を開発しようとしている。さらに、モリンガ・オレイフェラのゲノムの配列を決定するため、インドの科学者たちとも協力している。遺伝学的な育種ツールを活用すれば、最適品種、いわば古代植物の「キラーアプリ」開発への近道になるかもしれない。

気候変動時代の主食に

いまのところ、モリンガは熱帯乾燥地の貧しい住人よりも、欧米の裕福なスーパーフード愛好家、つまり栄養不足とはほど遠い人々のあいだで人気を集めている。「モリンガは新しいケールよ」と称賛するのは、サンフランシスコに拠点を置くモリンガ専門企業クリクリの30歳の創業者、リサ・カーティスだ。モリンガのスナック・バー、粉末、エナジードリンクを手がける同社のウェブサイトは、この木を「奇跡の木」、「スーパーグリーン」と呼び、ケールの栄養価を完全にしのぐと豪語する。ケールの「2倍のタンパク質、4倍のカルシウム、6倍の鉄分、1.5倍の繊維、97倍のビタミンB12が含まれている」という（オルソンはこれを裏づけるデータを知らないが、モリンガが「少なくとも牛乳、ヨーグルト、卵より栄養があるのは間違いない」と太鼓判を押す）。ホールフーズ・マーケットは、モリンガ製品を全米で展開し、2017年にはクリクリを「今年の最優秀サプライヤー」に選出した。カーティスは、2018年の最初の半年で300万ドル以上のモリンガ製品を売り上げている。

当初、オルソンは少数の富裕層に沸き起こったこのブームに、懐疑的な目を向けた。「乾燥させたモリンガを金持ち欧米人の〝流行りのサプリメント〟として宣伝すると、この植物の真の可能性が伝わらない」と主張する。彼にとって、モリンガはスーパーフードではないスーパーフードだ。オートミールに振りかけるアサイー・ベリーのような高級サプリメントとして浪費せずに、主要な栄養食品として使われるべきなのだ。しかし、いまのところは多くの地域でまるで人気がない。オルソンの農場があるアグア・カリエンテも例外ではない。この町では、あちこちの家の庭でモリンガを見かける。私がある農家にモリンガを食べているか尋ねたところ、こんな答えが返ってきた。〝Es ayuda contra el hambre（エス・アユダ・コントラ・エル・アンブレ）〟――「これは飢饉のときの緊急食料だよ。好んで食べるようなものじゃない」

オルソンは、アグア・カリエンテに年に数カ月ほど滞在し、現地のシェフにモリンガのレシピを開発させて、住民に栄養価について教えている。一方、カーティスは、アメリカの裕福な消費者に流行らせれば、現地の需要を誘発できると考えている。彼女は、インド、東アフリカ、中央アメリカの数十の農場協同組合から商品を調達する。「農家の人たちは、アメリカ人がモリンガを欲しがり、そのおかげで価値が高まっているとわかっている。この木を、飢饉用の食料ではなく、高栄養の黄金だと考えています」

気候耐性があり栄養価の高い古代植物は、モリンガだけではない。イギリスのノッティンガム大学未来の食料研究センターのサイード・アザム＝アリ所長は、こう話す。「栄養たっぷりの食料を持続可能な方法で確保するには、聞いたこともない大昔の作物を復活させる必要があるかもしれない」。彼は続けて、珍しい特性を持つさまざまな古代植物について説明する。同僚たちと研究中の植物には、以下のようなものがあるそうだ。タンパク質とカリウムが豊富で、土壌窒素を固定できるソラマメの祖先。バンバラマメという高い耐乾性を持つピーナッツの仲間。それから、畑の作物ではないが、ウキクサの食用種であるミジンコウキクサは、ダイズやエンドウ豆とタンパク質の含有量がほぼ同じだ。

緑豆も注目を浴びている。４３００年前からあるこのアジア原産のマメ科植物は、卵とそっくりのタンパク質を含む。そこに目をつけたサンフランシスコの食品会社ジャストは、緑豆を使って動物質とコレステロールを含まない代替卵のスクランブルエッグを作り、料理人や企業重役に絶賛されている。有名シェフのホセ・アンドレスは、「こんなに感心するものにはめったにお目にかかれない」と称賛を惜しまない。

キヌアも、タンパク質に富む自生のスーパーフードとして近代ルネッサンスに加わった。この穀物は、約７０００年前にアンデス山脈のチチカカ湖周辺で栽培化され、インカ帝国の「母なる穀物」として知られるようになった。いまも産地はアンデス地方にほぼ限定される。世界のキヌアの90パーセント以上を生産するボリビアとペルーは、輸出制限を課して先祖伝来の種子を守り続けてきた。ところが、需要の急増により10年で原価が3倍に暴騰すると、北米の科学者と起業家たちが育種と栽培に挑戦しはじめた。

そのひとりに、デイヴィッド・フリードバーグがいる。食料と農業技術の投資家に転身した元グーグルのプログラマーだ。彼は、さまざまなトッピングのキヌア・ボウルだけを出していたが倒産した無人ファストフード・チェーン「イーツァ」をサンフランシスコで共同創業し、目下のところ好調のノークインという会社を所有している。ノークインのCEOを務めるのは、本書冒頭で紹介したレディワイズ社の元CEO、アーロン・ジャクソンだ。同社は、カナダ中南部のサスカチェワン州にある数万エーカーの農場でキヌアを生産している。「キヌアは気難しい作物で、ある程度の寒さと特殊な種類の乾燥した塩類土壌を好む。それでも、もっと温暖で肥沃な生育状況に適応できる可能性はきわめて高い」と、フリードバーグは期待を寄せる。彼とジャクソンは、カナダとアメリカで、品種改良したキヌアを栽培できそうな土地を、4500万エーカー以上も特定した。ゆくゆくは、この穀物がコメやコムギ、ダイズに並ぶ気候変動時代の主食になると予想する。「もしいま人類の文明をはじめるなら、〝主食用にコメとコムギを栽培しよう〟とはならないはずだ。どちらも大量の水が必要なのに、栄養価は標準以下だからね」

もうひとりの重要人物が、ウェス・ジャクソンという農学者だ。ジャクソンは、カンザス州で持続型農業研究センター、ランド・インスティチュートを創業し、10年前からカーンザを育てている。このコムギの品種は、新旧混合の植物だ。もともとは、カンザスの大草原に何千年も前から自生する多年生のカモジグサである。最長5年間穀物が実り、根が約3メートルまで成長し、地下深くに蓄えら

カーンザの気候耐性のある根を見せる農学者のジェリー・グローヴァー

れた水を吸い上げることができる。従来のコムギは、たった1年しか穀物が実らず、根の長さも半分以下だ。さらに、カーンザは土壌を肥沃にしながら二酸化炭素を取りこんで、土に閉じこめる。数千エーカーで栽培すれば、膨大な量の温室効果ガスを抑制できる。それに加えて、耕作作業と、肥料および水の使用量が従来のコムギよりはるかに少なく、土壌を侵食から守る。カーンザは、まず西海岸の小さなビール醸造会社とパン屋に採用され、やがて大手食品会社ゼネラル・ミルズのカスカディアン・ファームズというブランドの目にとまった。現在は、同ブランドのシリアル・スナック・バーとクラッカーに使われている。

もうひとつ研究が進んでいるのが、食用藻類だ。スピルリナとして知られる藻は、一部の地域で昔からタンパク質補助食品とされてきたが、モリンガと同じように風味がきつくておいしくない。しかし、育種技術の進歩により、無味無臭の食用品種が誕生した。代替タンパク質や肉製品、シリアル、パンのつなぎとして、大豆粉のように食品に添加できるものだ。藻類やモリンガは、ビヨンド・ミート、インポッシブル・バーガーなどの人工肉企業に、植物由来のタンパク質源として採用されるかもしれない。

クリスプス・チップス社の創業者ローズ・ワンは、もうひとつの伝統的な栄養源に取り組んでいる。それは、食用昆虫だ。養殖昆虫は、飼料用大豆の代用品として少しずつ足がかりを築いているが、ワンは人間の主食になると考えている。クリスプス・チップスは、コオロギの粉末でできたスナック食品シリーズを生産し、クローガー・スーパーマーケット、ビタミン・ショップ、ディズニー・ワールドのカフェテリアなど１５００店舗で置いてもらうまでにこぎつけた。起業のきっかけについて、彼女は次のように語る。「最初に中国でサソリを勧められたときは怖かった。でも、噛んだ瞬間〝エビみたい！〟としか思わなかった。そのとき、可能性を感じました」

ワンとパートナーたちは、ほかにもクリスプス・クッキー・ミックスなどのコオロギ由来のスナック食品を発売する予定だ。しかし、昆虫タンパク質の最大の可能性は、食用藻類と同じように、加工食品のつなぎとなる大豆粉に取って代わることだ。「昆虫パウダーは主要代替タンパク質になると思います。ミレニアル世代の50パーセントは、肉の摂取量を減らしたくて、代替タンパク源に注目しています。昆虫の養殖は、ウシに比べて水を１０００分の１しか使わず、温室効果ガスの排出量もたった1パーセントです。それに、牛肉よりタンパク質が豊富で、脂肪は3分の1しかありません。最大のハードルは拒否反応をなくすことですね。わたしたちなら、それができます」

ジャンク・フード効果と栄養格差

アメリカの裕福な消費者が高栄養のスーパーフードに夢中になった原因のひとつは、主流となる食べ物全般に含まれる栄養価が減っているからだ。「多くの重要な食品の栄養価が、ときとともに減ってきた」と語るのは、『野生を食べる（*Eating on the Wild Side*）』の著者である植物史家のジョー・ロビンソンだ。

人間は、体に悪い食べ物を強く欲するように数千年をかけて進化してきた。農耕生活に入ったときから、満足と便利さを追求する「悪しき」食生活に傾いてきたのだ。農業そのものが初期の人間の栄養に打撃を与えたことを思い出してほしい。定住して食料を生産する利便性と引き換えに、大勢が栄養不足による成長阻害や病気に見舞われた。以降、人間は、糖分、でんぷん、油が多めで、繊維や抗酸化物質などの有用成分が少ない植物を選び出して栽培してきた。

「果物と野菜がおいしくなればなるほど、体へのメリットは減ってきた」と、ロビンソンは言う。「体にいちばんよいミネラルとファイトニュートリエント〔植物性栄養素。通常の身体機能維持には必要ないが、健康によい影響を与えるかもしれない植物由来の化合物〕の多くには、わたしたちが拒否してきた酸味や刺激、渋みがある」。だから、いまも祖先種と遺伝子がよく似たモリンガ・オレイフェラにも苦みがあるのだ。ルッコラ、芽キャベツ、ハーブの大半のように、野生の祖先種と酷似した食べ物は、総じて栄養価が高いが風味が強く、あまり多く消費されない。

農家と農学者は、故意に栄養価を減らしてきたわけではない。「実際のところ、植物に含まれる栄養分を詳細に分析できるようになったのは、つい最近のこと」だと、ロビンソンは言う。続けて、大昔の野菜や果物がいかに栄養に富んでいたか、いくつかの例をあげる。古代のダイズは、オメガ3脂肪酸含有量が現代品種の約5倍もある。多くのアメリカ先住民部族が好む野生のタンポポの若葉は、ホウレンソウの7倍のファイトニュートリエントを含む。ペルー原産の紫ジャガイモの場合、フラボノイドがラセット・ポテト〔メイクイーンの一種〕の30倍近くも含まれる。リンゴのある品種にいたっては、ファイトニュートリエントの含有量がゴールデン・デリシャスの100倍に及ぶ。量産作物の風味と栄養素が土壌の質や長距離輸送のせいで損なわれたことは、多くの人が受け入れている。しかし心配なのは、気候変動がこの問題を悪化させるかもしれないことだ。

2002年、アリゾナ州立大学の大学院生イラクリ・ローラッツが、実験室で、のちに「ジャンク・フード効果」と呼ばれるようになる現象を研究しはじめた。ローラッツは、大気中の二酸化炭素が増えると光合成――食用植物が日光を食料に変換するのを助けるプロセス――が促進されることに気がついた。光合成の促進は、植物が早く成長するのでよいことに思える。ところが、早く成長したものの、ブドウ糖などの炭水化物の蓄積量が増えて、その分タンパク質のようにきわめて重要な栄養素とミネラルの生成量が減ってしまった。ローラッツはその後、これと同じことが畑で、さらには野生の植物や雑草でも起きているのを知った。「二酸化炭素濃度が上がり続けるあいだに、地球上のあらゆる樹木と草の葉がますます多くの糖を作っている。人類の歴史上、これほど大量の炭水化物が生物圏に注入されているのは初めてだ」と、彼はアメリカのニュース・メディア『ポリティコ』で述べている。

2017年と2018年にハーバード大学公衆衛生大学院がある調査を発表すると、この傾向がもっと詳しく裏づけられた。大気中の二酸化炭素濃度の上昇により、将来の農作物はタンパク質とミネラルの含有量が減ることが判明したのだ。サム・マイヤーズ教授が主導する科学者チームは、アメリカ、オーストラリア、日本でおこなった実地試験のデータを分析した。試験では、数十種類の食用作物を、40年後に予想される二酸化炭素濃度の大気のなかで観察した。その結果、主食となるコムギやコメなどの穀物に含まれる亜鉛、鉄分、タンパク質の量が、3パーセントから17パーセント減少したことが明らかになった。

ジャンク・フード効果を考えると、第6章で紹介したエアロファームズ社の垂直農法がいっそう魅力的に思えてくる。屋内垂直農場は、空気中の二酸化炭素濃度を管理できるうえ、果物と野菜の栄養素含有量を細かく調整することが可能だ。しかし、その分、生鮮食品のコストが上がって（少なくとも、しばらくのあいだ）、高栄養の食料をもっとも必要とする人々がさらに手が届かなくなってしまう。そこでマイヤーズ教授は、3つの方法を提案する。「ひとつ目は、大気中の二酸化炭素濃度にあまり敏感でない品種を開発する。ふたつ目は、もとから栄養素含有量の高い品種を育種する。3つ目は、もっと多くの果物と野菜を食べて、失われた栄養素を埋め合わせる」

いちばん実現しにくいのは3つ目だろう。耕作可能な土地が不足し、人口が急増する低所得国で、果物と野菜の消費量を増やすことは現実的ではない。これはアメリカにも当てはまる。疾病対策予防センター（CDC）が先ごろ実施した調査によれば、1日の推奨基準量の新鮮な果物と野菜を摂取しているアメリカ人は、10人に1人しかいない。約65パーセントは、1日の摂取量が2カップ分にも満たない〔アメリカでは1日5カップ以上の果物・野菜を摂ることを推奨。1カップ＝約240ml〕。摂取量がいちばん少ないのが、近隣に生鮮食料品店がない人々だ。2500万人近い市民が、いわゆる「食の砂漠」という、健康的で安い食品が手に入りにくい地区に住み、その半分以上が貧困ライン以下の生活を送っている。「いまの食システムでは、貧しい人ほど身体に悪い食品を食べています」と、カリフォルニア大学サンフランシスコ校の栄養・食料政策教授ヒラリー・セリグマンが言う。言い換えれば、所得格差が栄養格差に移行したというわけだ。このギャップを埋めるには、新鮮で栄養のある食べ物を、手ごろで入手しやすく、魅力的なものにする必要がある。

食システムに蔓延するもうひとつの、文字通りのジャンク・フード効果を考えると、この目標は達成など不可能に思える。塩分、砂糖、脂肪がたっぷり入った加工食品の大量販売は、カロリーばかり高くて栄養の乏しい食生活を後押ししてきた。アメリカ国内の砂糖の平均消費量は、30年間で30パーセント以上も増えた。同時期の平均的な成人の体重も約20パーセント増加した。糖尿病の罹患率にいたっては、実に8倍に跳ね上がった。

「栄養失調は貧困国か開発途上国でしか起きない、とみんなが思いこんでいます」と、セリグマンは言う。ある意味では、世界では2種類の深刻な栄養不足が起きている。ひとつは、食べ物がほとんどない不安定な気候に苦しむ人々のあいだで。もうひとつは、食べ物がありあまっている先進工業国で。この矛盾した状況は、「今後の課題は、食料の生産量を増やすことよりも、質を上げることだ」というオルソンの正しさを浮き彫りにする。

古代の植物と現代の育種ツールの融合

20〜30年後に思いをはせるとき、こんなユートピア的な光景を想像したくなる。世界中の畑のコメとコムギが、キヌアとカーンザに変わっている。持続可能な藻の養殖場が、環境を損なうダイズ農場に取って代わった。モリンガ農場が、熱帯乾燥地の栄養源として確立されている。これらの古代のスーパーフードは、失われた栄養素を補える可能性を秘めているが、量産できるかどうかはまだわからない。

カーンザは、育種がはじまったばかりだ。従来の小麦粒の4分の1の大きさしかなく、収穫に手間とコストがかかる。大規模栽培できる品種の開発まで、20年以上かかるかもしれない。一方、キヌア市場は、まだ北米のコメ市場よりはるかに小さい。コメに対抗できる1ポンド30セントまで生産コストを下げるには、少なくともあと10年はかかるだろう。品質と風味をボリビアやペルー産と並ぶまで

モリンガを収穫するオルソン

に改良するなら、さらに時間が必要だ。

モリンガ市場は、キヌアよりまた一段と小さい。オルソンが夢見るモリンガの「キラーアプリ」を育種するには「少なくとも、残りの人生分くらい時間がかかりそうだ」と、本人は予想する。ただし、クリスパーのようなゲノム編集ツールを使えれば、話は別だ。インドの科学者チームと協力しているのは、そういうわけだ。ゲノム配列が決定すれば、たとえばこの木の豊富なタンパク質、鉄分、カルシウム、ビタミンB12の生成をコードする遺伝子を分離できる。「古代の植物と現代の育種ツールを組み合わせれば、栄養格差を早く縮められることは間違いない」と、オルソンは言う。

カーティスもオルソンも　モリンガがいずれトウモロコシやダイズのように列収穫できる主要作物になるとは思っていない。むしろ、家族やコミュニティ単位の栽培に適していると考える。それでも、遺伝的に最適化されれば、もっと均一で質が高く、味のまろやかなモリンガを量産できるようになるだろう。味の刺激を抑えて生産規模を拡大できれば、スナック・バーや粉末スムージーの原料だけでなく、ハンバーガーやポテトチップスなどの人気加工食品の健康的な添加物になる。それがカーティスの狙いだ。

一方、オルソンは、もっぱら自給農業の主食にすることを考えている。育種研究を終えたらコミュニティに種子を分配し、熱帯乾燥地に1世帯当たり20本の「タンパク質育成区画」を育てるつもりだ。いずれこのプログラムが、もっとも必要とする人たちに干ばつ耐性のある食料を提供するかもしれない。「モリンガの生育地域を地図で見ると、驚いたことに、栄養不足に悩む地域とほぼぴったり重なります」と、ジョン・ホプキンス大学ブルームバーグ公衆衛生大学院のジェッド・ファーヒーが言う。今後、気候がさらに暑くなり乾燥するにつれて、そしてモリンガの品種改良が進み耐乾性が向上するにつれて、この傾向はますます強まるかもしれない。

キヌアについては、サウジアラビアのキングアブドラ科学技術大学の植物科学者マーク・テスターのチームによって、2017年に遺伝子配列が決定された。「キヌアは、栄養的にも生態学的にも驚異的な作物だ。健康食品にとどめずに、世界的な生活必需品にしたい」と、テスターは述べる。ゲノム解読のおかげで「育種プロセスが大いに促進され」、さまざまな生育地域に適合した高収量品種を迅速に開発できる機会が生まれた。

テスターは、キヌアの品質と生産性を制限している遺伝子を特定した。例としてサポニンを生成する遺伝子があげられる。サポニンは苦い毒素で、昆虫や鳥を寄せつけないために種子の皮と花から分泌される。サポニン含有量の低いキヌアが開発されれば、生産コストは徐々に下がるだろう。テスターは、茎が短くて、収量がより多く、多様な生育地域に適合した品種も開発したいと望んでいる。

わずかな水と塩分を含んだ土壌で育ち、タンパク質に富んだ穀物を実らせる――そんなキヌア独特の有用特性は、コメやオオムギのような作物でも共有できる。理論上は、栄養価の高いスーパーフードを大量市場向けに育種するだけでなく、スーパーフードに近い栄養価を含む大量市場向け作物も育種できるようになったのだ。

その一例が、根強い抵抗に遭っているが善意から開発されたゴールデン・ライスだ。それほど有名ではないほかの取り組みのほうは、もっと期待できるかもしれない。ナイジェリアの科学者たちは、ビタミンAを豊富に含む遺伝子組み換えキャッサバを開発した。あるインド人科学者は、鉄分と亜鉛に富んだトウジンビエ〔トウモロコシに似たイネ科の一年草〕を作り出した。ゲイツ財団が支援するNGOハーベスト・プラスは、亜鉛の含有量の多いコメやレンズマメ、コムギの生産に取り組む一方で、ルワンダで鉄分を強化したマメの試験栽培もおこなっている。オーストラリアのクイーンズランド工科大学の熱帯作物バイオコモディティ・センターのジェームズ・デール所長は、パプアニューギニアの珍しい植物の遺伝子を接合して、従来のバナナの何倍もベータカロチンを含む「スーパーバナナ」を開発中だ。

こうした取り組みは、遺伝子工学とゲノム編集技術の反対派を苛立たせているが、実はどれも1世紀近く前からおこなわれている「バイオフォーティフィケーション（生物学的栄養強化）」プログラムの延長である。1924年に、アメリカで世界初の栄養強化製品としてヨウ素を添加した塩（「ヨウ素添加塩」）が導入された。この塩は、ヨウ素欠乏症による甲状腺腫の流行を抑えるために開発され、成功を収めた。1930年代には、くる病撲滅のためビタミンD強化牛乳が誕生し、やはり成果を上げている。1940年代に入ると、5人に1人の妊婦の死因である貧血を防ぐために、鉄分、チアミン、葉酸で強化されたコムギが登場した。1980年代は、子供の成長阻害と骨粗しょう症対策として、飲料メーカーが水やジュース、ソフトドリンクにカルシウムを加えはじめた。

反対派は、GM作物のフォーティフィケーション・トレンドを、技術から生じた問題を技術で糊塗する誤った取り組みと考える。とはいえ、今後はこの方法によって主要作物の栄養価を高めるだけでなく、古代の気候耐性形質を復活させることもできるようになるかもしれない。テスターは、塩を含んだ土壌で栽培できるキヌアの遺伝子を分離させようとしている。海水による水害や海水面の上昇に悩むインドやバングラディシュ沿岸などで、この遺伝子を主要作物に移転させれば、大いに役立つかもしれない。一方、オルソンが分離させたいのは、モリンガの「巧みな配管」をコントロールする遺伝子だ。この木には、水を根から吸い上げて、幹のなかにある特殊な先の細い管を通って葉まで送る独自の仕組みがあることがわかったのだ。もしかすると、モリンガのもっとも有益でドクター・スース的な特性は、水を活かして保存する特殊な能力——トラフラの木のように、環境保護の要となるもの——なのかもしれない。たとえ食料源として広まらなくても、この木を手がかりにすれば、水不足のときにほかの食用樹がどう対処するかを解明できる可能性がある。

結局のところ、オルソンが研究するモリンガの木は、キヌアとカーンザのように大きな希望に満ちている。現代の創造力と同じくらい、過去の知恵が未来を救うと教えてくれているのだから。

第13章　3Dプリンターが生む未来食

人間はもともと食べ物を収める袋である。ほかの機能や能力はもっと崇高なものかもしれないが、進化の過程においてあとで発達したものだ。人が死に、埋められるとその言動は忘れられてしまうが、彼が生前食べた食べ物はよかれあしかれ、子供たちの骨のなかに生き残っていく。私の考えでは食生活の変化は、王朝や宗教の変化ですら及ばないくらい重要である、という主張は十分に納得できる……しかし、不思議なことに、食べ物の重要性はほとんど認められていない。

——ジョージ・オーウェル『ウィガン波止場への道』（土屋宏之訳、ありえす書房）

ここはマサチューセッツ州にあるアメリカ陸軍ネイティック・ソルジャー・システム・センター（ネイティック研究所）だ。私が食品イノベーション研究室に入ってから10分後、フーディーニというロボットが命令を無視しはじめる。機械工学士のマイケル・オカモトと食品科学者のメアリー・スケラが、上司のローレン・オレクシク室長に試運転を見せている最中のことだ。わたしたちは、何が起きたのか確かめようとロボットの周りに集まる。フーディーニは、大型電子レンジと同じくらいの形と大きさで、3Dプリンティング・ツールを使って食べ物を作るようにプログラムされている。一同は本体のガラス製の窓を覗きこみ、これから披露される一見簡単な作業をじっと見守る。順調にいけば、オープンサンドの上に陸軍のトレードマークの星をアボカドで描いた2層のスナックができるはずだ。

ほとんどの3Dプリンター（オタク社会では「メーカーボット」とも呼ばれる）は、プラスチックを使って立体を造形する。プリンター内に点状または直線状に投入した液体ポリマーを硬化させ、それを積層させることによって、ゴムのアヒルから複雑な機械部品や手製の銃器まで、ほぼどんな形も作成することができる。2016年、オレクシクは、商業用3Dプリンターを改造して、食用ペーストを使って造形できるようにしてはどうかとオカモトに提案した。彼はそれを実行し、スケラと一緒にさまざまな幾何学的な形のデザートを出力してきた。たとえば、ハチの巣の形や六角形のチョコレート。渦巻き状のマジパンのナゲット。リーシーズのピーナッツ・バター・カップ（アメリカで人気のあるピーナッツバターをチョコレートカップに入れたお菓子）をくずしたバージョンで、チョコレートの層にサイコロ状の栄養強化ピーナッツ・バターを乗せたもの。どれも出来栄えが美しく、なぜこんな格調高い実験をアメリカ陸軍の研究室がしているのか不思議になる。

「未来の兵士に、ミシュランの3ツ星レストランのデザートを食べさせようってわけじゃありません」と、オレクシクが笑いながら言う。「プラスチックを食べさせることもない。いつもそれを真っ

3D プリンターで出力された食品ペレット

先に訊かれるけど」。しゃれた形のお菓子を出力してきたのは、「単に砂糖が入っているほうが作りやすい」からだ。そういうものは、最適な「レオロジー」――液体の流動や変形の可能性《ポテンシャル》――を持つ傾向がある。これらの砂糖菓子は、もっと壮大で複雑な目標の予備研究にすぎない。その目標とは、彼女のことばを借りれば、「戦闘員《ウォーファイター》〔米軍で兵士を指す正式な用語〕に必要な全栄養を素早く摂れるオンデマンドの食事を出力する」ことだ。

ソイレントを開発した起業家のロブ・ラインハートは、自ら発明した代替食料を「大人の粉ミルク」と説明するが、オレクシクも3Dプリンターで出力する食事について、ほぼ同じように考えている。ラインハートは、ソイレントを「完全食」と呼ぶ。必要なすべての栄養素が凝縮され、1日に何回か飲むだけで、普通の食事をとるよりも効率的に活動できるからだ。

オレクシクの場合、チョコレートとマジパンよりも多様で高栄養の食べ物を出力できなければならない。そのために、オカモトとスケラはさまざまな原料で実験を重ねてきた。たとえばナッツ・バターやパン生地、スプレッド・チーズ、野菜ペーストなど、「健康的で腹持ちがよく、素早く調理したり冷ますことが可能な、栄養強化された物質」だ、とスケラが説明する。

フーディーニは、研究室に導入された新しい機械であり、スペインで開発された世界初の商業生産用食品3Dプリンターのひとつだ。しかし、まだ初期段階の製品なので、故障や誤作動が発生する。出力室は広々として、天井に設置されたポールを下りてくるロボット・アームと、壁の片側にあるカートリッジの収納棚を除くとがらんとしている。太さ数センチのカートリッジは注射器とも呼ばれ、半固形か液体の食品を入れる。今回の試運転で使用するのは2本だけだ。ひとつにはエンドウ・タンパクの粉で作った生地、もうひとつにはアボカドのペーストが入っている。出力室の底面にはガラス板があり、ここに食べ物が押し出される。ガラス板は、押し出された食べ物を素早く熱したり冷やすことができる。食材を調理、冷却、乾燥、凝固させるためにフーディーニが使う仕組みのひとつだ。

ロボット・アームが、サンドイッチのパンもどきになるエンドウ・タンパク生地が入ったカートリッジを選び取る。わたしたちは、その動作を魅入られたように見つめる。細いノズルから生地が力強く絞りだされ、食パン一切れ大の正方形の外辺をなぞる。それが終わると、今度は内側を隙間なく埋めはじめる。と、次の瞬間、生地が突然出なくなった。アームは、おかまいなしに動作を続ける。

「詰まっちゃったみたいね」と、スケラが言う。

「穴があるのかもしれない。空気溜まりかな」と、オカモトがつぶやく。注射器から生地がプスプスッと飛び出し、不意にアームが出力室の隅まで後退する。それから、ちょっとしたかんしゃくを起こしたように、ガラス板の端に生地をぐちゃぐちゃに噴出する。

「詰まりを直してるんだよ！」と、オカモトが大声を上げる。それもつかの間、フーディーニは生地の層を整えて埋める作業には戻らず、カートリッジを排出してしまう。

「こんなはずじゃないのに！」と、スケラが叫ぶ。「次はアボカドを出すつもりよ！」

アームは新たにアボカドのカートリッジを装着すると、出力室の真ん中へ移動し、ひしゃげたフラットブレッドの上にグリーンのでこぼこの陸軍の星を描きはじめる。

オレクシク――灰褐色の柔らかい髪に、明るいブルーの瞳をした、穏やかな55歳の女性――は動じていない。ホルヘ・エローが、アーカンソー州のワタ畑でシー・アンド・スプレーの失敗を笑い飛ばしたのとまったく同じだ。シー・アンド・スプレーのように、フーディーニも機械としてはまだ子供だ。「すぐに進化しますよ」と、オレクシクは断言する。兵士用の完全栄養食を出力するまで、それほど時間はかからないと確信しているようだ。「あと10年で、ひょっとするともっと早く実現できる」

彼女の食料の供給方法は、ウェス・ジャクソンやマーク・オルソンのような古代植物研究者とはまるで違う。だが、目標は3人ともよく似ている。それは、より高質な栄養だ。「3Dプリンターは、軍の戦闘糧食《レーション》に鮮度と完全な栄養を提供できる。いまのレーションより桁違いに健康的で、不純物や汚染物質のない食事、一人ひとりに合わせたおいしい食事を作ることができる。しかも、ゴミの量を大幅に減らせる」と、オレクシクは語る。

栄養補給のパーソナライズ化

ローレン・オレクシクは、マサチューセッツ州のアクスブリッジという小さな町で、6人兄弟の5番目として育った。父親は地元の電力会社の主任、母親は主婦だった。クリスマスになると、子供たちは一人ひとつずつプレゼントをもらうことになっていた。1970年の12月、7歳のローレンが厚紙でできた箱を夢中で開けると、トゥッツィー・ロール〔ココア味のソフトキャンディ〕の手作りセットが現れた。その「トゥート・スウィート」というプレゼントには、チョコレート・ペーストを混ぜるミキサーと、ロールを作るプレス機、出来上がったキャンディの包装紙が入っていた。「すっかり夢中になった」と、彼女は当時を振り返る。「あのおもちゃがきっかけで、食品科学者の道を歩むことになった」。それからは、クリスマス・プレゼントには毎回お菓子作りキットをもらった。コーンと溶けたバターを電球の熱で調理するポップコーン・マシーン。グミの人形とドレスを作る型のセット。「作っても食べなかった。食べるよりも、作ることが大好きだったから」。当然のことながら、ロアルド・ダールの『チョコレート工場の秘密』は100回くらい読み返したという。「ウィリー・ワンカは、私にとってトーマス・エジソンだった」。いまでも自分の研究室を「ワンカの不思議が詰まった工場」と呼ぶほどだ。

オレクシクの家族は、もっと実用的なやり方でも食べ物を生産していた。裏庭に2エーカーの広大な菜園があり、そこではスイートコーンやサヤインゲン、エンドウ、ジャガイモ、タマネギ、トマト、コショウ、リンゴ、ルバーブ、ベリー類、ハーブがふんだんに採れた。自分たちで育てた作物で食事のほとんどを作っていたのだ。冬のあいだ食べる分は、大量に冷凍したり、缶詰めにした。夏は、夕食用のコーンを、お湯が沸きはじめてさあ茹でようというタイミングで、母親に頼まれて採りにいったものだった。「熟れたトウモロコシは、もいだとたんにでんぷんが合成されはじめて、穀粒の甘さが失われていく」。こんなふうにして、庭のすべての野菜の成熟度と風味を見きわめられるようになった。クリスマス・プレゼントと家庭菜園の両方から、新鮮であろうと加工されていようと「食べ物は化学である」と学んだのだ。

高校を卒業すると、食品化学のすぐれたプログラムがある自宅近くのフレーミングハム州立大学に進んだ。在学中は化学学部で働き、19歳の夏休みに近所にあるネイティック研究所でアルバイトの仕事を得た。「幸運だったわ。1980年代初めは、食品化学が盛んな時期だったから」。約1600人の職員が働くこの研究所は、食料のほか、兵士が戦場で使う衣類や道具、シェルターの作成を一手に担っている。当時、軍の全部門の食料を作る戦闘糧食配給局の科学者たちは、3年間常温で保存できる腹持ちのよい主菜の作り方を模索していた。たとえば、「ミートローフのグレイビー添え」や、「ターキーのテトラツィーニ〔クリームソースとキノコのパスタ料理〕」のようなメニューだ。その研究の成果が、MRE（Meals, Ready to Eat：個包装されたレーション）だった。分厚いプラスチックの袋で包装されたMREは、とても食欲をそそるとは言い難い。べったりしたソースに浮いた得体の知れない肉を、調理後に超高温で殺菌したものに、化学保存料を目いっぱいぶちこんである。それでも、それまで数十年間配給されてきたレーションよりはましだった。以前は、スパムのような肉が入った重い缶詰と、扱いに慎重を要するフリーズドライ食品（すぐに粉々になってしまう）しかなかったからだ。オレクシクは、すぐにダン・バーコヴィッツという化学者に師事しはじめた。当時、彼はMREに添える、時間がたっても「焼き立ての」、つまり柔らかくてカビが生えていない状態を保てるパンを開発中だった。数カ月もしないうちに、オレクシクは「3年保存パン」レシピの開発に大いに貢献した。しばらくして、そのレシピで特許権を取得して、研究所にフルタイムで雇用された。

当時は、自分の仕事が社会に大きな影響をもたらせることを知らなかった。自然災害が増えていくとは予測できず、パンデミックで食料サプライチェーンが破壊されるなんて想像もできなかった。それから32年たったいまも、彼女は同じ職場に勤め、新世代の信じがたい食べ物を作る化学者や生物学者、技師のチームを運営している。そのあいだに、戦闘糧食配給局で初となる数々の偉業に協力した。例として、戦場でMREを温める初の無炎レーション加熱器（オレクシクが保有するもうひとつの特許）、初の酸素吸収性プラスチック（酸素を吸い取って食料の鮮度を長期間保つポリマー包装材料）、高高度を飛行するパイロット用の初のチューブ入り食品、そして高い気温でも溶けない初の高融点チョコレート。最近の例では、チームが世界初の「3年保存ピザ」の開発に成功した。1980年代初期にオレクシクが手がけたパンに、ソースとチーズ、ペパロニを加えたものだ。

野菜や肉やチーズを、湿気やカビを寄せつけずに何年も常温保存できるのは、化学が成し遂げた驚異的な功績だ。オレクシクは、そう讃える。「兵士たちに要望を聞くと、絶対に〝ピザがいちばん

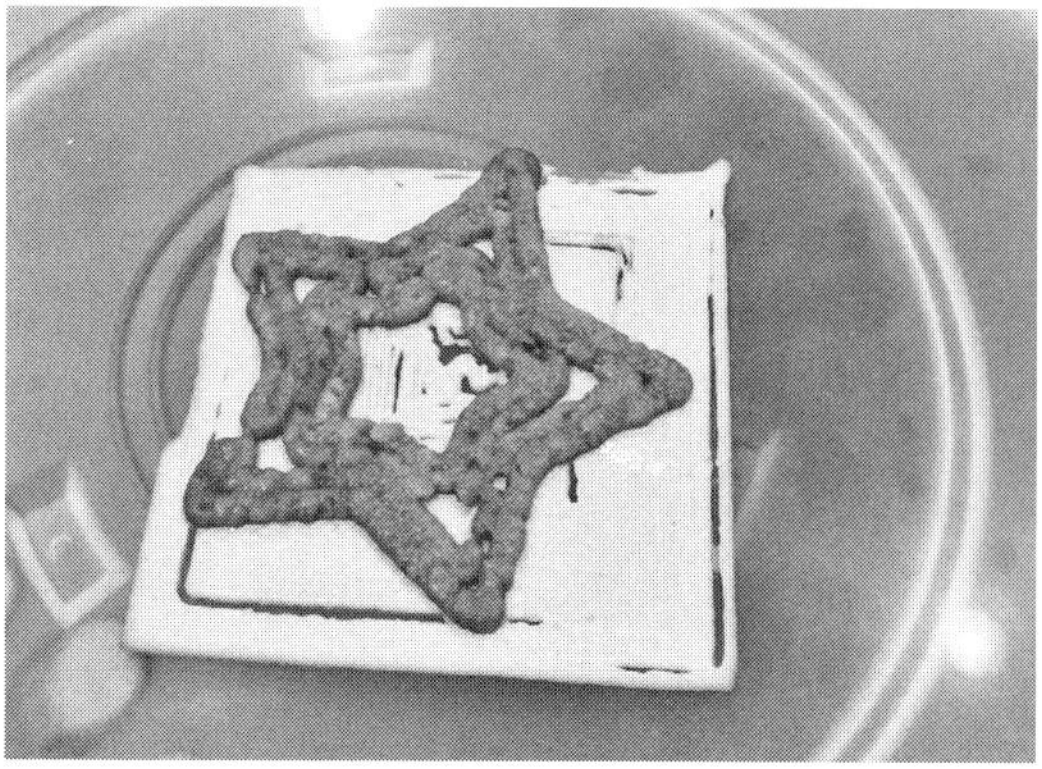

3Dプリンターで出力に失敗した、フラットブレッドとアボカドでできた星

恋しい”と言う」。しかし、目新しさや潜在的な利益の点では、これから先の進歩にはとうてい及ばない。「私の30年のキャリアで、もっとも素晴らしいイノベーションの時代に入ろうとしている。特に、この2年間は素晴らしかった。ロボット、センサー、ビッグデータの到来で、状況が劇的に変わった」

3Dプリンティングに関心を持つようになったのは、特定の栄養ニーズを持つ兵士の食事をどうカスタマイズするか、その方法を探していたときだという。同僚たちは、兵士の健康データをリアルタイムで作成するフィットビット〔身に着けるだけで、日々の健康状態を記録し続ける小さなソーシャル歩数計〕式センサーを、戦闘服の生地に織りこみはじめていた。空軍は、パイロットの汗の成分を定期的に分析して疲労を検知する皮膚貼りつけ型センサーを開発中だった。「もうすぐ兵士一人ひとりについて、ますます詳細な生体情報が得られるようになる。センサーとゲノム情報を使って疲労度とストレス度を監視したり、微生物叢の健康状態や免疫力をもっと詳しく把握できるようになるでしょう。こうしたデータから、栄養ニーズもわかるようになる」。個人データを3Dプリンターに送信できれば、プリンターが薬剤師の役割を果たし、個人に合わせた栄養補助食品を混ぜた食品ペーストでバーやペレットを出力するという。兵士Xがカリウム不足でカロリーを強化する必要があれば、生地に油と粉末のスイートポテトを練りこむ。兵士YにカルシウムとビタミンCが足りなければ、それを栄養補助食品に入れるというふうに。オレクシクが想像するように、そうやって個人化《パーソナライズ》された食品が、どんな僻地の戦闘地域にいても、最寄りのベースキャンプからドローンで届けられるようになる。だから、採れたての原料でなくても、少なくとも出力したての栄養はとることができるはずだ。

栄養補給のパーソナライズ化は、オレクシクたちが生み出したコンセプトではない。ヨガの行者である友人が私に教えてくれたように、インドのアーユルヴェーダ医療の実践者は、何千年も前から一人ひとりの「ドーシャ」に合わせて食事を調整している。最近では、ネスレやキャンベル・スープ・カンパニーなどの巨大食品企業が、パーソナライズ食品のスタートアップに投資している。投資先であるハビット社やフレッシュリー社は、DNA検査の結果をもとにユーザーに合った料理を届けている。「これからのもっとも重要なトレンドは、栄養補給のパーソナライズ化になるでしょう。個人に必要な栄養素を監視して、カスタマイズされた食事をすることが、いまよりはるかに手ごろな値段で実現しやすくなります」と、キャンベル社の元CEOデニス・モリソンは語る。

オレクシクは、3Dプリンティングの世界的リーダーであるオランダの研究組織TNOなどの民間部門のパートナーと協力し、研究を加速させている。「わたしたちの研究はすべて、学究機関か産業界のパートナーと提携しておこなっている。いちばんの目的は兵士に役立てることだけど、最終的には各家庭で使えるようにしたい」。普通の状況なら、平均的なアメリカ人はこのような凝ったキッチン用機械装置など欲しくないし、必要ではないかもしれないと、彼女は十分承知している。同時に、環境と人間の健康状況がますます不安定になり、生鮮食品の供給が以前ほど予測できなくなるにつれて、このようなオンデマンドのカスタマイズされた食料生産で不足分を補えるかもしれないと考えている。

Z世代の兵士と戦略の変化

オレクシクの最近のプロジェクトを後押ししたのは、テクノロジーの急速な変化だけではない。兵士の身体と人口動態の変化も影響している。彼女が開発するレーションは、年間約210万人の兵士に支給される。平均入隊年齢は21歳より少し下で、上限は39歳——この年齢層はZ世代〔1990年代半ばから2000年代半ばに生まれた世代〕に相当する。

「これまでの30年の経験で、兵士の食事に必要なものや要求にもっとも変化があったのがこの世代です」と、オレクシクは語る。変化のいくつかは、人口構成と文化的なものだ。ラテンアメリカ系の志願者がかつてないほど多く、ハラール食〔イスラム教の戒律で食べてよいとされているもの〕を食べるイスラム教徒、ベジタリアン、食品と梱包材量の無駄（MREでは、どちらもごみになる部分が多い）を気にする兵士が増えた。また、食品の品質表や、健康によい原料、栄養素密度、高機能な〔心身の機能が高まる〕食事に配慮する者も増加した。

「いまの兵士は、フィットビット世代。自分の臓器や健康状態を監視することに慣れている。それに、機能性食品への関心がとても高い。〝よりよく戦えるものが食べたい〟と言ってきます」と、オレクシクが続ける。「化学物質が入ったものは食べたがらず、砂糖も控えている。〝本物のフルーツジュースが欲しい〟とか〝怪しげな肉は使わないでくれ〟というリクエストがくる。5年前ですら、そんなことはなかったわ」

しかし、彼らはスマートフォンとタブレットで育った最初の世代でもある。そのせいで、身体的な回復能力にマイナスの影響が見られるという。「ひどく矛盾している。いまの兵士は、昔の兵士より食べ物に驚くほど敏感だけど、基準値で言えば運動能力は高くない。座って過ごす時間が長かったの。私やあなたのように、小さいころに近所を歩き回ったり自転車で走り回ったりせず、ソファでデバイスを見ていた時間がずっと多い。抗生物質と加工食品の量もそう。マカロニ・アンド・チーズを、わたしたちよりたくさん食べて育っている」。こうしたライフスタイルの変化は、兵士の体を大きく変えた。彼女がフォート・ブラッグ〔世界最大の稼働人数を擁するアメリカの軍事施設〕の研究者から聞いた話によると、いまの入隊者は骨密度が著しく低いという。継続的な運動と、栄養価の高い食事が減ったせいだ。「事実としてわかっているのは、基礎訓練をはじめると怪我が多いこと。疲労骨折が飛躍的に増えた。彼らの食事を増強し、骨を強くできるかはわたしたちにかかっている」

彼女がまだ知らないこともたくさんある。軍の科学者たちは、兵士の微生物活性と抗生物質が消化管に及ぼす影響を知るために、便のサンプルをテストしている。また、機能性栄養（栄養強化バー）が、高度な集中力を要する活動をしているときの認知能力――実弾射撃訓練中の命中精度など――に及ぼす影響なども実験中だ。

兵士たちは彼らの世代全体の抽出サンプルだと、オレクシクは指摘する。Z世代は、いまやアメリカの人口の約4分の1を占める。存命中のベビー・ブーム世代やX世代よりも数が多い。「こうした文化的・生物物理学的な傾向は、兵士だけでなく、アメリカの若者全般に当てはまる。将来、兵士と市民の両方で間違いなく栄養のカスタマイズが進むでしょう」

レーションを作るうえで考慮すべき要素はもうひとつある。それは、軍の戦略の変化だ。現在の兵士の任務形態は、第二次世界大戦、ベトナム戦争、ひいてはイラク戦争ともまったく異なる。これまでは、ベースキャンプや、前線近くにいるときでさえ、食事は集団でとっていた。南北戦争中は、前線にパン職人がいたほどだ（地下壕の近くでマスクをしてパン生地をこねる若い女性たちの古い写真を、オレクシクが見せてくれた）。第二次世界大戦では食事が缶詰に変わっていたが、一度に数百人の兵士に温かい食事を出す移動式カフェテリアも設けられていた。湾岸戦争とイラク戦争中でさえ、大勢の兵士に食事を提供する期間限定のキッチンがあった。いまの軍戦略は、ますます少人数の分隊を分散的に展開し、頻繁に移動する傾向にある。「今後は、重い装備を携行できず、より少人数で移動する任務になる。ベースキャンプに長期間戻れないこともありうる」

派遣先も、環境的に不安定な地域が増えるだろう。紛争地域ではリソースが減りつつある。「生鮮食品を見つけたり食用植物を探すなんて、できそうにない。生きるために必要なものは、水も含めてすべて送ってもらわなければならないでしょう」。こうした要素を考え合わせると、オレクシクがフーディーニを使って冒険するのもうなずける。

最小で最大のカロリーと栄養素を

フットボール選手やCEOが絶賛するソイレントのような食品なら、確かに次世代の兵士の需要に応えられる。オレクシクも、チームの目標達成に役立つ商業生産品を探すために、民間部門を定期的に調べている。しかし、液体タイプのソイレントは長期任務に携行するには重すぎるし、粉末タイプは脱水症状を招くため、十分な水がない状況では食べられないかもしれない。私が以前試食したレディワイズ社のフリーズドライのチキン・ポットパイにも、同じことが言える。兵士がアフガニスタンの僻地にいるとして、フリーズドライの主菜はバックパックのなかで場所をとりすぎる。さらに、食べるときに貴重な水を使ううえ、粉々になりやすい。それに、液体とどろどろのマッシュ（ペースト状食材）だけでは兵士が持たないと、オレクシクがつけ加える。「噛むことが必要なの」。彼女が気に入っている商品が、KIND《カインド》バー〔アメリカのスーパーで売られているプロテイン・ナッツ・バー〕だ。これはコンパクトで、栄養がたっぷり含まれている。けれども、甘くて溶けやすく、価格もかなり高い。

チームの生化学者アン・バレットは、自分の研究の最大の目的をこう簡潔に表現する。食料を可能な限り小さくして、最大限のカロリーと栄養素を詰めこむこと。そうやって兵士の携行品を最小限に抑えるのだ。そのために発明したソニックという超圧縮型のエナジーバーが、NASAの火星探査ミッションのメニューに採用されたばかりだ。ソニックは標準的な機能性バーの倍以上のカロリー密度〔食品1グラム当たりのエネルギー〕があり、原料をまとめるために砂糖の入ったシロップや化学的粘結剤を使わない。その代わりに、音波凝集という結合テクニックを用いる。このテクニックは、栄養素や風味を損なわずに原料を「圧縮する」という。

バーのフレーバーは、ココナッツ・アーモンドからハラペーニョ・チェダーまで幅広く揃えている。バレットが、熱のこもったオタク語でプロセスを解説する。「原料に超音波を流すんです。超音波は、人間の聴力の最高可聴限界より高い周波数で共振します。これによって食品の粒子が振動して移動し、粒子間の結合部の表面積が増えるわけです」。わかりやすく言うと、バケツに入った氷を振ると、一つひとつの氷のキューブが細かく砕けてより密に並ぶのに少し似ている。粒子が最適な状態に並んだら〔数ミリ秒しかかからない〕、その混合物に極度の物理的な圧力をかけて、バーの型で打ち抜く。

たった数平方インチ〔1インチは2・54センチ〕の食品を作るにしては、ずいぶん複雑に聞こえるが、出来上がったココナッツ・アーモンド・バーをかじると、私はすっかり虜になった。固いのに、なぜかなめらかで、グミのようなエナジーバーより口当たりがずっといい。濃厚で、ナッツの味がして、甘さとしょっぱさのバランスが絶妙だ。おまけに「熱湯があれば、バーを溶かしてココナッツ・スープにすることもできる」という。

チームのもうひとりの食品科学者ローレン・オコナーは、本物のフルーツ・ジュースが飲みたいという兵士の要望に応えて、放射帯乾燥《ラディアント・ゾーン・ドライング》という斬新な方法を編み出した。この方法は、「穏やかなフリーズドライ製法のようなもの」だという。野戦食には、通常、粉末のクールエイドやタング〔どちらも米国で人気の粉末ジュース〕が含まれる。大量の砂糖が入った栄養ゼロの代物だ。兵士が果物を欲しがるのは、植物性栄養素《ファイトニュートリエント》がたっぷり含まれているからだ。しかし、果物は生ものなので、冷蔵しなければ戦場では長持ちしない。かといって、ファイトニュートリエントは熱にきわめて弱く、乾燥したり低温殺菌すると簡単に破壊されてしまう。オコナーは、次のように説明する。「放射帯乾燥なら、そうした繊細な栄養素を壊しません。果物をピューレにして、極度の低温と圧力で蒸発させるのです」

そうすると、アップル・ビート（濃い紫色）、トロピカル・シトラス（明るいオレンジ）、ストロベリー・バナナ（桃のようなピンク）の細かい色鮮やかな紙吹雪のようなものが出来上がる。「栄養素が破壊されないので、色が保たれるんです」。オコナーがその紙吹雪と少量の冷水を混ぜると、私はまたもや感動する。説明された通りの味だ。さわやかで、みずみずしい。これをオレクシクが開発した特殊な酸素吸収パウチに入れれば、3年間保存できる。

チームの上級メンバーであるトム・ヤンは、いちばん有望かもしれないマクロ波真空乾燥という方

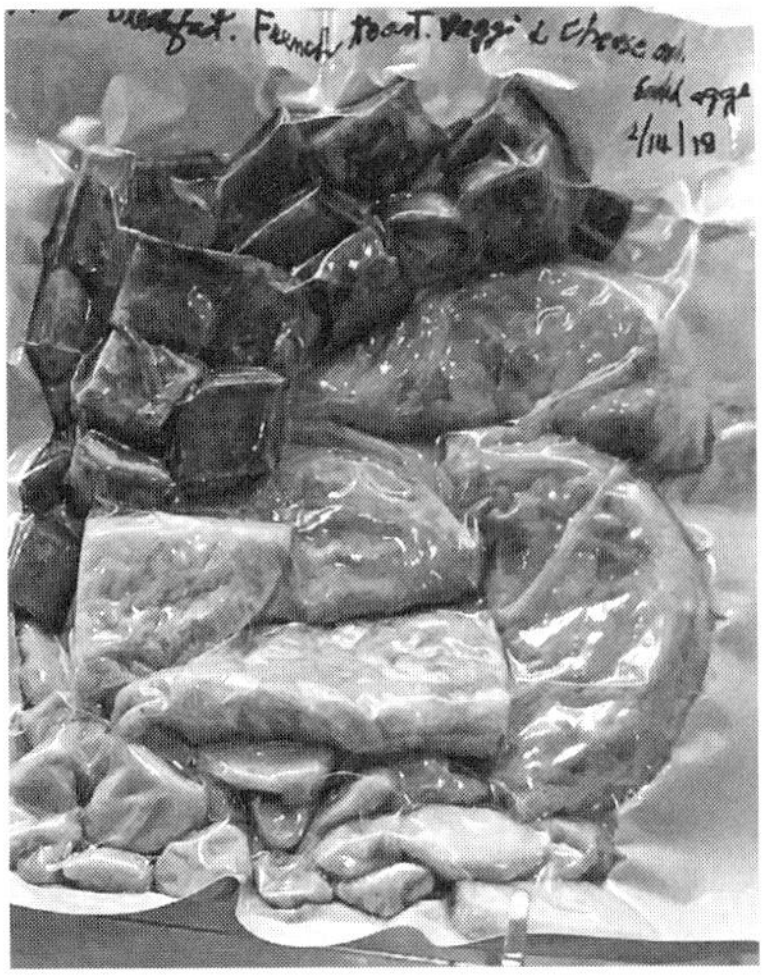

真空乾燥したフレンチトースト、オムレツ、スクランブルエッグ

法で実験を重ねている。マクロ波真空乾燥は、食材の脱水過程を注意深く制御して、フリーズドライ食品のような発砲スチロールの固さではなく、干しあんずと固形パルメザン・チーズの中間くらいのしっかりした食感に変える。「食材が完全に安定するぎりぎりの状態までしか、水分を取り除きません。そうすれば細菌が増殖できず、風味と栄養素もほぼ完ぺきに保たれます」と、ヤンが胸を張る。この方法は、標準的な電子レンジのように食べ物を内側から外側へと乾燥させ（オーブンのように外側から加熱または乾燥させるのではなく）、その過程を注意深くコントロールできる。こうすれば、ほぼすべてのものから水分をある程度取り除くことが可能だ。粗みじん切りのサラダも、三角形のブリー・チーズも、オムレツ、フレンチトースト、マメのタコス、それにマカロニ・アンド・チーズまで。食感は少し違和感を覚えるかも

しれないが、ヤンが差し出したリコリスほどの固さのオムレツは、奇妙においしくて、噛んでいて楽しい。マイクロ波真空乾燥で処理した食べ物は、元の大きさの3分の1くらいになる。果物のように水分が多いと、さらに小さくすることができる。

帰り際に、ヤンが自作品をお土産として持たせてくれる。「生のいちごが15粒、ブルーベリーが20粒ほど含まれています。ほかには何も入っていません」。そう言って、ビニールに包んだ人差し指より少し大きいバーを指し示す。「それから、大盛りのサラダです」と言って、重さも厚さも小切手帳くらいの収縮包装された野菜を渡す。

ネイティック研究所からローガン空港へ向かう途中、私は彼がくれた真空乾燥のオレンジ・バーをひとつ口にする。本当は、フライト前にイースト・ボストンに寄って熱いフォーを食べる予定だったが、渋滞につかまってしまったのだ。車は何キロも数珠つなぎになったまま、一向に動かない。睡眠も食事もほとんどとっていない私は、血糖値が急激に下がるのを感じた。そのとき、ヤンがこのバーに「オレンジが丸ごと6つ入っていて」、天然ビタミンCがたっぷり含まれていると言ったのを思い出した。早速1本取り出して、歯でビニールを噛みちぎる。中身を齧ったとたん、強烈な酸味が口いっぱいに広がり、口内でオレンジの味がはじける。食感は、メロンの皮を噛んでいるようだ。しかし、効果は絶大だ。映画『パルプ・フィクション』で、ユマ・サーマンがジョン・トラボルタにアドレナリン入りの注射器を突き立てられ、昏睡状態から目覚めたシーンによく似ている。体中のシステムが一気に覚醒した気分だ。これなら、代替食というアイデアを受け入れてもいいかもしれない。

食の魂の終わり

ネイティック研究所から帰宅した私は、すぐにアマゾンでソイレントを1箱注文する。地元の店で調達しようとしたのだが、この商品を全米で販売するターゲットとウォルマートでは売り切れていた。近所のクローガーに問い合わせると、「テネシー州の店舗には置いていません」と言われた。ホールフーズはにべもなかった。「うちでは扱いません」と、店長に鼻であしらわれたのだ。アマゾンから商品が届いて、その理由がわかった。12パック入りの段ボール箱の外側に、「遺伝子組み換え成分使用」と太字ではっきりと表示されている。

ソイレントの創業者ラインハートは、この製品をあえて持続可能食品運動の一種のアンチヒーローに位置づけた。この完全食の名前は、１９７０年に製作された『ソイレント・グリーン』というＳＦ映画から拝借したものだ。映画では、本物の食べ物がなくなったディストピアで、登場人物が人肉で作った合成食料で生き延びる。シリコンバレー在住の30代のラインハートは、サニーベールにあるスタートアップのプロジェクトで３人の技術偏重者《テクノイド》と知り合い、２０１３年に共同でこの会社を立ち上げた。彼らは週に80時間働き、冷凍コーンドッグとインスタントラーメンという男子学生社交クラブの典型のような食生活を送っていた。あるとき、食事の時間を節約し、いっさい食事をとらなくてもいいように、飲むだけのインスタント栄養源の「手抜きレシピ」を作ろうと思い立った。ラインハートは、調合法をオープンソース化し、世界中の栄養ハッカーの助けを借りて、脂肪、繊維、炭水化物、35種類のビタミンとミネラルの混合物を数カ月かけて開発した。その後、7000万ドル以上を調達して、スタートアップを立ち上げた。社のキャッチフレーズは、「改質された食」だ。8オンス〔約230グラム〕入りのボトル1本の値段は、3・25ドル。ぎりぎり飢えをしのぐために脂肪が22グラム含まれ、1日の推奨栄養量（アメリカの食品医薬品局、農務省、全米医学アカデミーによる）の20パーセントを摂取できる。アマゾンに寄せられた数千のレビューの一部によると、1日に5本飲めば、1日中「元気」で「活動し続ける」ために必要な栄養をすべて摂取できるという。

ラインハートはソイレントを、救世主的な熱意をこめて「食システム全体を破壊する一方法」と表現する。「食べ物は、人間を動かす化石燃料だ。廃棄物と規制に満ち、重大な地政学的関係によって不均一に配分される巨大市場である」と、2013年に書いている。また、自分が発明した飲むフォーミュラが、水のように蛇口を通して各家庭に運ばれて「市民のリソース」となる世界、気候変動の苦難と世界的な紛争により本物の食べ物を口にすることが娯楽になる世界を思い描く。「将来の食事は、効用や機能のための食事と、体験や社交のための食事に分かれていくだろう」と、主張している。

製品そのものとラインハートの説明には、人間性、さらに言えば喜びが欠けているように思える。批判者の多くは、大なり小なりのユーモアを交えてこの点に言及する。起業からほどない2014年に、彼がアメリカの有名テレビ番組『コルベア・レポート』に出演すると、コメディアンのスティーヴン・コルベアはこう尋ねた。「どうやってこの製品を考えついたんだい？　栄養チューブでつながれた昏睡状態の人を見て、あれが欲しいって思ったの？」。『ニューヨーカー』誌の「食の終焉」という記事は、ハーバード大学公衆衛生大学院のウォルター・ウィレット栄養学部長の次のような主張を引用した。ソイレントは、たとえばリコピン（トマトを赤くする）やフラボノイド（ブルーベリーを青くする）などの、新鮮な果物や野菜に含まれる植物性化学物質の価値を無視している。「健康に最適な食事に入れるべきものをすべて知っている、と考えるのは少々おこがましい」。さらに、植物由来の化学物質を摂らなくても生物学的には生きられるが、「それでは最大限に充実した生活をしたり、体が最適に機能できないかもしれない。人間はただ生きるだけでなく、それよりはるかに多くのことを望んでいる」

　私がオレクシクの代替食技術にぞっとするよりも興味をそそられたのは、戦場の兵士が実際に生き延びることを第一に考えるからだろう。同じコンセプトでも一般市民向けのソイレントには、おそらくたいていの人と同じように、疑わしさとともに嫌悪感を覚えた。この製品は、食の終わりとまでは言わないが、食の魂の終わりを象徴しているように見える。さまざまな意味で、味気ない。私が育った家では、食べ物は愛情の表現でもあった。精神分析医だった母は、子供をほめすぎないように気をつけていた。しかしキッチンで与える風味と香りは、いっさい制限しなかった。いまも食事を作るのが大好きだ。常に愛情をこめて調理し、母の手料理を食べることは、惜しみない愛を感じることでもある。だから私にとって、食べ物のない世界は、多くの人と同じように愛のない世界のように思える。

　それなのに、うっかり兵士のように食事をとってしまうことがある——単純に、何かをお腹に入れて、やるべきことを続けるために。正直に言えば、ボストンで渋滞につかまったときのように、座ってまともな食事をとれないときは、手近な加工食品ですませることが多い。朝食は、しばしば子供たちの食べ残しを、皿を洗ったりメールをチェックしながら立ったままつまむ。ランチはボウル1杯分のシリアルやスプーン1杯のピーナツバター、家族が食べない残り物や、レストランから持ち帰ったプラスチック容器入りの無味乾燥な料理をかきこむことが頻繁にある。早くて便利だが、たいていは味わいに乏しく、栄養的にも理想とはほど遠い。ポストコロナ時代のいまは特に、ラインハルトの哲学にも一理あると思える――レストランが閉まり、隔離によっていつものように地元の市場で生鮮食品が買えず、大勢でわいわい食事を楽しむこともできない日々を乗り越えてきたからだ。「効用や機能のための食事と、体験や社交のための食事」を区別することがわかってきた。

子供のころ、母と祖母は料理にあり余るほどの愛情を注いでいた。毎日、家族の食事を作るために買い出しに行き、調理してテーブルに運び、片づけることに数時間をかけていた。白状すると、夫と私が調理にかける時間はごくわずかだ。それでも夕食だけは、家族そろって食べることにしている。週に何度かは食事を手作りして、家族全員でテーブルを囲む1、2時間をひねり出し、食べ物の力をフルに発揮させる。五感を働かせ、家庭の雰囲気を実感し、家族の絆を深めるのだ。

したがって、ラインハートの大人用粉ミルクとマーケティング戦略に反発しているにもかかわらず、現実には私も彼が述べるような暮らしをすでに実践していることになる。「効用や機能」のための早くて味気ない食事と、「体験や社交」のために家族や友人と食べる食事がはっきりと分かれている。アマゾンでソイレントを注文した理由はここにあった。このフォーミュラが、私が「効用」側でしょっちゅう消費している適当な食事の、もっと合理的な、もしかするともっとよい代わりになるかもしれない、と考えはじめていたからだ。ソイレント、そしていずれは自宅のキッチンのフーディーニが、私のおざなりな朝食や昼食の栄養の質を上げてくれるかもしれない。それによって温存された時間とエネルギーを、家族と一緒に座って楽しむ1日1度の食事に注げるようになるかもしれない。

さらに、ソイレントは動物質をいっさい含まず、きわめて低炭素なうえ、マクドナルドのセットよりも安い。食品廃棄物も出さない。純粋に（調理的な基準ではなく）エコロジーと社会経済学的な基準で見ると、この魂の欠けた食べ物は、地元栽培の1ポンド6ドルもするエアルーム品種のトマトよりも、「持続可能で公平な食べ物」を真に体現しているのかもしれない。

希望の探求

ソイレントを初めて飲むのは、いくぶん努力が必要だ。アマゾンのレビューに書かれた通り、アーモンド・ミルクとパンケーキの生地を足して2で割ったような味がする。どちらも一気飲みしたいとは思わない。2本目でようやく慣れてくる。おいしいにはほど遠いが、妙に満腹になるのだ。3本目になると、次が待ち遠しくなりはじめる。まるでスマートフォンの電源を切るときのような、ほっとした気分になるのだ。1日に1食だけ、あるいは週に何食かだけのあいだ、心のなかで繰り返すわずらわしいつぶやき——何を食べるべきか、その食べ物が欲求を満たしてくれるか、価格が手ごろか、道徳的だろうか、など——を封じてくれる。いまの時代は、ほぼ全員とまではいかなくても、大勢が食事についてあれこれ検討する時間が長すぎる。やみくもに崇拝したり、気を揉んだり、その両方に忙しい。そうしたことすべてからいっときでも解放されると、救われた気分になる。それに、ソイレントは解決策ではないが、少なくとも心の一時停止ボタンを押すよい機会になる。

「最小限の労力で最大限の栄養を提供する完全栄養食」。ソイレントのウェブサイトは、そう謳っている。これは、本書のはじめに紹介したコロンビア大学のルース・ドフリースのコメントと気味が悪いほど一致する。「すべての農具は、以前より少ない労力で、より多くの食料を土から引き出すために設計された」

人間は、食料供給を拡大し、より少ない労力でより多くの主要栄養素を生産するために、1万年にわたってさまざまな技術を生み出してきた。好むと好まざるとにかかわらず、ソイレントはその技術の長い鎖に新しい輪を加えたと言える。

この事実は私を、本書冒頭でフリーズドライの野菜のじょうごで探していた問い——そしてフーディーニが未来的なスナックを作りそこねたときに浮かんだ疑問——に引き戻すことになる。わたしたちは、いったいどれくらいまずい状況にあるのだろうか？　この技術の長い鎖は、いったいどこへ向かうのだろう？　過去の科学技術の失敗と、未来の温暖化と人口増加の影響を考えると、その鎖がよい方向に伸びていくと、確かな論理に基づき、責任を持って期待することはできるのだろうか。これからも地球の全人口が生き延びる食料があるだけでなく、新鮮な食材を味わうといった料理の伝統は失われないだろうか？

答えはイエスだ、と断言できる。これからも地球の全人口を養える食料があり、食の伝統が守られ維持されていく可能性はかなり高い。わたしたちは、いま直面している課題を突破できないほどまずい状態にはない。11カ国とアメリカ国内13州を訪れる長い奇妙な旅は、いつしか希望の探求となり、私はようやくその希望を見つけることができた。

少なくともしばらくのあいだは、大勢の人々が、どんなものを食べたいか、進化している食システムのどの要素を支援したいかを、いま以上に多くの選択肢から選ぶことができるだろう。土と太陽の恵みを受けた地産のオーガニック食材をこれからも食べたければ、そして高いお金を払うことを厭わなければ、ずっとそうできる可能性が高い。もし個人化された栄養を常食とし、最適な健康を保つために体調に合ったものを食べたければ、それも可能だ。食事を作ることも噛むこともいっさいやめたければ、1日約15ドルのソイレント（またはほかの栄養飲料）を毎日宅配してもらい、それだけで生きることもできる。

私にとって本書は、食に関する不安や誤解を解消するプロセスであり、新しいアイデアと将来の可能性を探し求める旅でもあった。おかげで、家庭菜園家でいることや、工業的なアグリビジネスを絶滅させることへのノスタルジックなこだわりを、いくつか捨てることができた。遺伝子組み換えの食べ物や、養殖魚、ペトリ皿の肉、大人用粉ミルクへの誤解も解けた。３Ｄプリンターで出力した食品とソイレントの登場を、楽観的に受け止めるようになった。これからは手早く無造作に口にするファストフードさえ改善されて、ひいては伝統的な食事に対する人々の敬意が深まるだろう。

未来の食事は、変化なしには実現できない。愛する伝統的な食べ物をこれからも栽培し続けるために、食システム――将来、農家が食料を育てるために使う方法、ツール、テクニック――の土台が微妙に、または根本から変わるだろう。新たな食システムに必要なのは、伝統を守り続ける情熱的な草の根活動家と、農家をより賢い効率的な農法へ導く強力な政策だ。地元の小規模な有機農場の堅固なネットワークも、改善された大規模な工業型農業も必要だ。エアルーム品種の植物を守ることと同じくらい、賢い養殖場、AIで動くロボット、有用なGM作物とクリスパーで遺伝子操作された作物が欠かせない。豊かで健全な表土だけでなく、地中の知的センサーが収集するデータも不可欠だ。意欲的なスタートアップと伝統ある巨大食品企業が手を取り合い、万人に役立つ「持続可能な第3の食料生産方法」を開発し、推し進める必要がある。過去の失敗を掘り下げ、技術の限界を押し広げる必要がある。わたしたちは、イノベーションを進めなければならない――謙虚さを失うことなく。

おわりに　世界全体が、ひとつの庭

5月のある日曜日、今日はニワトリの解体処理日だ。私は、午前8時15分に、バージニア州北西部にあるクリスとアニー・ニューマン夫妻の農場に到着する。ポトマック川のほとりにある農場は、古いオークの木立の脇に8エーカーにわたって広がっている。32歳のアニーは疲れているようだ。昨晩は1歳の娘ベティーの世話でほとんど寝ておらず、今朝は夜明け前に起きて300羽のめんどりに餌と水を与えた。その後、産みたての卵を集めてから家族の朝食を作り、3歳の上の子を隣人に預けてきたところだ。36歳のクリスは、アニーよりさらに早く起きてブタに餌をやり、ブロイラーのなかから、今日絞めて日暮れまでに処理と梱包、冷凍保存をする150羽を選別していた。

私は、にわか作りの食肉処理場でふたりと会う。処理場というのは、夫妻の小さな板張りの家の私道に停めた、55平方メートルほどの金属製トレーラーだ。外に発電機があり、なかにはステンレス製の台と、水とお湯を張ったバスタブ、よくわからない機械装置、内側にたくさんのゴム製の太い爪が突き出た巨大な水切りボウル（脱羽機）が並んでいる。まるでドラマの『ブレイキング・バッド』に

ニューマン夫妻の農場

出てくる覚せい剤密造トレーラーのようだ。背の高い円形スタンドもあり、ニワトリを人道的に処理する「殺害コーン」というステンレス製の固定器が8つ取りつけられている。ニワトリたちは、大量に積まれた青いプラスチックのクレート〔なかの見える格子の窓付き箱〕のなかで、赤いトサカともつれた白い羽をほこりまみれにして、静かにうずくまっている。アニーが1・5キロほどの丸々した鳥の足をつかんでは、さかさまにして三角コーンのなかに落とす。コーンの先の狭い口から頭が出ると、のどをつかんで順番にナイフで頸動脈を切っていく。

「しまった」

小柄な1羽がコーンの先から身をくねらせて脱出し、下にあるプラスチックのたらいのなかの深い血だまりに落ちたのだ。たらいのなかでバタバタ暴れる血まみれのニワトリを、クリスが見やる。「まだ小さいな」

「病気なんじゃないかしら。片足がちょっとおかしいもの」と、アニーが言う。

「楽にしてやるか？」と、クリスが尋ねる。

「そうね。こういうの、本当にいや」

アニーはひざまずくと、そのニワトリの首を切り落とした。黒髪に白い肌、優美な顔立ちのアニーは、ジャクソン・ポロックの絵に迷いこんだカットニス・エヴァディーン〔映画『ハンガー・ゲーム』の主人公〕のようだ。頭にかぶった紫色のスカーフから使い古したコンバット・ブーツを履いたつま先まで、全身に鮮血が撥ねかかっている。「汚れるのは慣れっこなの」。画家のアニーは、小さいときから建築請負業者の父親と建設現場に出入りしていた。「こんなふうに生き物が死ぬのは見たくない。何度やっても心が痛むわ」

それでいいんだ、とクリスが口を挟む。「思いやりの心をなくしたらおしまいだからね。そうなったら、農場をやめてオフィスの仕事に戻ったほうがいい」

身長193センチ、頭を剃り上げ、がっしりした腕のクリスは、肉屋用のエプロンの下に「命にはもっと価値がある」と書かれたシャツを着ている。彼の父親は、ポトマック川のすぐ向こう、メリーランド州南部のチェサピークで育った。そこには、クリスと父親の祖先であるアメリカ先住民のピスカタウェイ族が、いまも数千人住んでいる。アフリカ系アメリカ人の母は、ワシントンDC南東部のアナコスティアという低所得地区でクリスを育てた。クリスは幼いときから頭がよく、2年生のときにはもう12年生レベルの本が読めた。「ずいぶん変わった人生だと思う」。ニワトリの肛門から内臓を引きずり出しながら、クリスが語る。「私はホールフーズ・マーケットなんてない黒人地区で、ふたつの人種の血が混じった稀有なオタク少年として育った。それが36歳のいま、有機鶏のケツに手を突っこんでいるんだからね」

本書のために多くの人々を取材したが、農場訪問中やその後に重ねた会話のなかで、この夫婦の取り組みはもっとも英雄的なものとして私の心を打つことになる。彼らだけがとびぬけて成功を収めそうだからではない。つまり食料を大量生産したり、絶大な影響を与えたり、ノーベル賞を受賞しそうだからではなく、私が出会った人々のなかで、対立するさまざまなアイデアを誰よりもよく考え、真に融合させているからだ。新旧の考え方を結びつける人間のイノベーションが、持続可能な食料を大きな規模で再定義できる、という生きた証だ。

クリスとアニーには、決意のようなものがある。小規模農家として、持続可能な食料生産の現状に挑み、それを再考しようという革命的な熱意が。毎日毎日、自分たちのアイデアを畑で試して、伝統とテクノロジー、古いものと新しいものを融合した小規模生産の新しいパラダイムを築こうと奮闘している。彼らを知れば知るほど、ふたりのワカンダ〔映画『ブラックパンサー』に出てくるアフリカの架空の国。テクノロジーが高度に発達しているが、自然との絆が非常に深い〕としか表現できないビジョンが見えてくる。そのワカンダは、いずれはインテリジェント機械が管理と世話をする豊かな食料の森の生態系だ。そして、テクノロジーが自然に仕え、自然を豊かにする場所だ。

自然の永続的なパターンを模倣する

子供のころ、クリスはいまアニーと娘たちと住んでいる家に、父親とときおり遊びにきた。父は地元のインディアン観光協会で、先住民の歴史と文化――どのように暮らし、何を食べていたか、価値観や慣習について――をボランティアとして講義していた。父方の祖母は、ポーポー〔バンレイシ科の果樹〕、カキ、クリなどの地産食材で料理を作り、森に依って立つ農業について教えてくれたという。「ピスカタウェイ族は、食べ物が豊富に採れる恵みの森を何世紀も管理していた。森では、木の高いところや低いところ、茂みや蔓、地面で果物やナッツが採れる。いたるところに食べ物があった」。そう言って、クリスは地所の端にある森を手で示す。「自分たちが生態系の頂点ではなく、そのなかで生きているんだと早くから教わった。人間が息を吐くとそれを木が吸いこむこと、祖先は死ぬと土に埋められて、数百年にわたって生態系に栄養分を与え続けることをね。植物と動物は、腐敗して生まれ変わる。すべての生き物は、死んで再生したものから生まれるんだ」

のちにコンピューター・プログラミングの学位を取ってメリーランド大学を卒業し、ロッキード・マーティン社に高給で採用された二十代のころ、クリスはこうした教えをほとんど意識することがなかった。しばらくすると、財務省のためにソフトウェアを作るチームに加わった。「啓発的な仕事ではなかったね」と、彼は振り返る。28歳のときに、ワシントンDCのアダムズ・モーガン地区にある場末の酒場で、近所の画廊で働くアニーに出会った。アニーが当時を回想する。「彼がこっちに歩いてきて、グリーンの瞳で私を意味ありげに見つめてこう言ったの。〝きみの笑顔って、たったいまポケットにビスケットを見つけたって感じだね〟。それからすべてがはじまった」

自信がついたクリスは、もっと小さな技術企業に転職したが、仕事は過酷をきわめ、たびたび腹痛に襲われるようになった。そんなとき、休暇中に近所の人が貸してくれたマイケル・ポーランの『雑食動物のジレンマ』を読み、パーマカルチャーという概念を知った。「読んだとたん、ピンときた。ずっと昔から知ってるものにほかの誰かが名前をつけた、という感じだった」。パーマカルチャーの基盤は、彼が子供のころに教えられた先住民族の食料生産の原理だった。米国聖公会の会員のアニーも、深く共感したという。「聖書には、土地のスチュワードシップ〔被造物の保全を任された世話係であること〕についてたくさん書かれているの。クリスと私は、互いに異なる信念体系からこの考え方に親しんでいた。ちょうどその中間で、考えが一致したというわけ」

ポーランは、著書でジョエル・サルトンというパーマカルチャーの先駆者を取り上げていた。サルトンが経営する農場は、クリスの自宅から車でほんの数時間のバージニア州西部にあった。2013年夏、クリスは本を読んだ数日後に仕事を辞め、サルトンのワークショップに参加すると、アニーと農場をはじめることを決心した。この農場はのちに「シルバナクア」――水辺の森――と名づけられる。

最初は苦難の連続だった。「農場の経営がどんなに大変か、まるでわかっていなかった」と、クリスが思い起こす。夫婦の血縁で畑仕事の経験がある者といえば、彼の亡くなった母方の祖母だけだった。「先祖は奴隷やタバコ農家、森の住人だったから、僕には農業の血が流れている。でも、やり方を教えてくれる人はいなかった」

ふたりは何冊かの本を読み、大量のYouTubeの動画を見て勉強した。しかし、いくつか重大な見込み違いをしていた。収益計画の思い違いは、ことのほか深刻だった。半年以内に利益を出せると踏んでいたが、赤字が4年間も続いたのだ。2018年の夏に私が訪ねたときは、ちょうど利益が出はじめたころだった。前年の2017年に生産量が3倍に増え、週に平均して卵を1800個とニワトリ180羽、豚肉約540キロ、牛肉約270キロを出荷していた。すべて有機飼育で、ワシントンDC地区の高級店やレストランに卸される。収入は年に17万ドルだが、夫婦の手取りは約2万8000ドル。幼い子どもふたりを抱える家庭としては貧困ラインの収入だ。

そういうわけで、収入を副業で補うことには慣れていた。農場をはじめた1年後、クリスは古巣のソフトウェア企業からパートタイムの単発の在宅仕事を請け負った。この仕事は、いまも「生活のために」週に20時間ほど続けている。アニーは割引百貨店ベルクで店員として働いたが、子供が生まれると辞めざるを得なかった。畑仕事のプレッシャーに、育児のプレッシャーが否応なく加わった。下の娘が生まれてからほどなくして、3歳のマーレンが自閉症と診断された。セラピー治療がはじまり、ただでさえ多忙な日常が、さらに忙しくなった。

「農場生活と聞いて思い浮かべる部分は、確かにとてもロマンチックです。夫婦で畑を耕し、ニワトリを追いかける子供たちを見守ることとか。でも、コヨーテにめんどりの半分を殺されたり、大嵐でも農作業を休めないとき、気温が40℃で湿度が99パーセントなのに1カ月も雨が降らないときは、楽しいとは言えないわね」と、アニーは語る。

もうやめよう、と話し合うこともたまにある。「たまにではなく、もっと頻繁にある」と、クリスは打ち明ける。「でも、そのあとに良心がささやくんだ。〝やめちゃだめだ。おまえは食システムの問題を解決したいんだろう〟ってね」。彼が述べるように、シルバナクアの使命はふたつある。食料生産の最善の方法が「自然の永続的なパターンを模倣すること」だと証明すること、それに役立つあらゆるハイテク・ツールとテクニックを使うことだ。

2050年の感謝祭

2018年に私が訪問する数カ月前、クリスは持続可能な食料運動が本当に有効なのか、倫理的なのかさえ疑問を持ちはじめていた。彼とアニーは、1ポンド10ドルのポークチョップや4ドルの鶏肉を、高級スーパーマーケットやレストランで売っている。しかし、その商品が、友人や幼馴染の大半が住むコミュニティの住民には手が届かないこと、つまり実際はきわめて裕福な人しか買えないことが気になりはじめたのだ。

いまのやり方はエリート主義で、入手しやすさ《アクセシビリティ》格差を助長している。師と仰ぐジョエル・サルトンの信条に、同意できなくなってきた。「貧しい者はもっと食べ物の価値を知り、食べ物にお金をかけるべきだ、と金持ちは繰り返す。私は貧困地区で育ったが、〝貧しい子はもっと食べ物の価値を知る必要がある〟なんて思わない。必要なのは、持続可能な食料のもっとよい公平な栽培方法を見つけること、つまりスマート・テクノロジーを使うことだ」

コードを学んだ彼が、エコロジーとテクノロジーの両方を支持するのは自然なことと言えるだろう。「持続型農家を自称する人には、テクノロジーを恐ろしい脅威と見なしたり、自然界、とりわけ現代食システムを蝕むファシストの暴君と考える者が大勢いる。でも、問題はテクノロジーじゃない。そのテクノロジーを活用する基盤、どんな作物をなぜ、どこで栽培するかの基盤となる倫理や価値観、動機こそが問題だったんだ。これまでわたしたちは、地域の生態系を無視し、世界経済のために食料を育てることばかり重視してきた。テクノロジーを使えば、その仕組みを逆転させることができる」

ソフトウェア・エンジニアのクリスは、「食料をインターフェース」と見なしているという。「栽培方法はますます増えて、ほかのやり方で代用できるようになるだろう。将来は、私の近所の森、カリフォルニアの畑、都市部の気耕栽培用倉庫で同じ果物が生産されるかもしれない。そうした栽培方法が、直接的にしろ間接的にしろ、生態系への影響の修復や緩和に役立つのなら、私はそれを支持するつもりだ」。ケニアのルース・オニアンゴとメキシコのマーク・オルソンと同じように、クリスとアニーは多くの農業伝統主義者が忌み嫌う現代的な方法を使って農業の伝統を守ろうとしている。たとえば、クリスの祖母が教えた「恵みの森」の再生と管理に、ロボットやソフトウェアを活用したい。耕作地と牧草地の周囲を間伐して、リンゴ、チェリー、カキの木で複数の層の栽培スペースを作る予定だ。下のほうには、ベリー類――ハックルベリー、ブルーベリー、ブラックベリー、エノキの実（チェリーに似た食用の実）、グースベリー――の茂みを数層植える。地表ではキノコを栽培し、ブタを連れてきて土を肥やす。森の外にある畑には、窒素が豊富な家畜の糞尿を施して、多年生のオートムギやダイズ、スペルトコムギ、コムギを植える。それに、トウモロコシ、マメ、カボチャを間作し、周囲でヒマワリとハーブを育てるつもりだ。

穀物と果物と野菜のエアルーム品種の種子を植えて、地域の先住植物も復活させる。ただし、遺伝子に工夫を加える。「いまの気候は、先祖の時代とはまったく違う。今後10年、20年でさらにどう変化するかわからないから、遺伝子組み換え技術は外せない。この技術で、暑さと干ばつ、土壌塩分に耐性のある遺伝子を持つ先祖伝来の種子を開発するんだ」。無人自動車ネットワークと、いずれはドローンを使って、肉や卵、野菜を消費者に直接配達したい。いま使っている燃費の悪い平床式トラックに比べると、格段の進歩だ。

ＡＩの導入もさらに推し進める。金銭的余裕ができたら、除草ロボットや、果物とナッツの収穫ロボットにも投資するつもりだ。クリスは、「ロボットが降雨量や日光、季節の変化を監視したり、害虫や受粉媒介者の発生を検知したり、青果物の成熟度と成熟時期、その理由を知らせてくれるようになる」とも予想する。それによって、生態系管理をもっとよく理解できるようになるはずだ。

このプライベートなワカンダが実に魅力的なので、私は未来の祝宴には家族でニューマン夫婦を訪れたいとお願いした。２０５０年の感謝祭は、この農場で過ごしたいと。クリスは、私の願いを聞き入れてくれた。そして、こんなふうに提案する。食卓には彼とアニーの家族が受け継いだ伝統的な食べ物をすべて並べよう。ターキーとカモ、恵みの森の縁で育ったエアルーム品種のトウモロコシとサヤインゲン、ジャガイモ、それにクランベリーとエルダーベリーのソースもつける。先祖から伝わるポーポーとカキとクリも添えよう。どの食材も、21世紀半ばの最高のツールを賢く使うことによって生産され、改善さえされているかもしれない。

マクロ＝パーマカルチャー

恵みの森とパーマカルチャーは完全な解決策ではない、とクリスは釘を刺す。すべての人に手ごろな価格で食料を与えるという「問題全体は解決できない」と。彼とアニーが思い描くのは、「マクロ＝パーマカルチャー」と呼ぶシステムだ。このシステムでは、大都市の中心部から周辺の郊外、農村地域へと、異なる食料生産ゾーンが放射状に広がる。たとえば、都市にいちばん近いゾーンには気耕栽培の垂直農場が集中し、もっとも傷みやすくて栄養豊富な作物を栽培する。郊外では、大規模なコミュニティ菜園を耕す。クリスたちが住むバージニア州北部のような準郊外では、持続可能な食肉や、果物と木の実、そして穀物の一部を生産する森を運営する。

成功させるには、途方もない額の公的資金が必要だ。土地利用法や国際貿易法などの法案にも、前例のない方法で取り組まなければならないだろう。クリスは、たとえこのビジョンが実現しても、工業型農場に取って代わることはないと予想する。いまの農産物の90パーセント以上を占める主要穀物は、これからも工業型農場で生産され続けるだろう（いくつかの穀物は、植物由来の代替肉が普及するにつれて、コムギのように需要が増えるかもしれない)。さらに、マクロ＝パーマカルチャー・システムでは、わたしたちがすっかり馴染んでしまったバナナやアボカド、コーヒー、季節外れの果物と野菜などの輸入ぜいたく品を量産することもできない。

それでもこのビジョンが実現できると思えるのは、パーマカルチャーか工業型農業か、食料生産におけるテクノロジーの完全放棄かやみくもな容認か、という誤った二者択一をする必要がないからだ。その代わりに、このシステムはアニーが言うように「対立するさまざまなアイデア」を後押しする。病気、自然災害、破壊に耐えうる食システムでおこなわれる、多様性のある分散的な生産がいかに重要か、それを歴史は1万年をかけてわたしたちに教えてきた。パンデミックも、その価値を裏づけた。わたしたちは、もっと大勢の人たちを食料供給に巻きこむシステムが重要であることも学んできた。現在、アメリカの作物栽培者は国民の2パーセントにも満たない。30年後に食料を健全に、そして確実に供給するなら、全米と地球全体で、いまよりはるかに大きくて積極的な参加者のネットワークが必要になる。大規模農家だろうと、零細農家だろうと、家庭菜園家だろうと関係ない。政策提唱者も、パーマカルチャー伝道者も、シェフ、植物学者、それにエンジニア、良心的な消費者も……大勢の人々が、食料供給を維持し、それを気候変動と人口増加に適応させる活動にどう関わるべきか、わかるようになるだろう。

そうすることで、わたしたちはクリスとアニーの家に掛けられたピスカタウェイ族のモットーを、手を携えながら実現していく。そこにはこのように書かれている。

「pemhakamik menenachkhasik（世界全体が、ひとつの庭）」

原注は www.intershift.jp/food.html よりダウンロードいただけます

謝辞

多くの家庭がそうであるように、私の家も夕食は感謝の祈りとともにはじまる。感謝の気持ちは、パンのバター、ライスにかけるカレーのように、食べ物に深みと味わいを与えてくれる。わたしたちの多くが、日々さまざまな味覚を楽しみ栄養を得られるのは、世界中で食料の栽培や生産、調理に励んでいる人たちのおかげだ。彼らに敬意と心からの謝意を捧げる。広大な食システムは、完璧ではなく平等とも言い難いが、まったくもって素晴らしい。

誰よりも感謝を捧げたいのは、夫のカーターだ。彼は、私の知性と感情、そしてユーモアを育んでくれる重要な存在だ。カーターの愛情と陽気さがなかったら、本書を完成することははるかに困難で、不可能ですらあったかもしれない。長い執筆期間中、娘のアーリアと息子のニコラスは驚くほど忍耐強く、はつらつとしていた。母親が夜や週末に仕事で家を空けたり、キーボードに向かっていることに文句を言わず、しょっちゅう取材先に同行したり、オフィスで私のお供をしてくれた。だから、この本は彼らのものでもある。

エージェントのキンバリー・ウィザースプーンの見識と友情にも感謝したい。私よりもずっと食の世界に通じていて、このテーマを思いついたときに彼女が背中を押してくれなかったら、書いてみようとは思わなかっただろう。執筆を決めたときに強く支持してくれたヘザー・ジャクソンと、最後まで面倒を見てくれた根気強い編集者のダイアナ・バローニにもお礼を言いたい。ダイアナの率直さ、意欲、忍耐、文章の勢いに関するセンスには大いにお世話になった。彼女に担当してもらえたことは実に幸運だった。ハーモニー・ブックスのミシェル・エニクレリコと、装丁、制作、マーケティング・チームにもお世話になった。妥協のないすぐれた仕事をしてくれて、どうもありがとう。

ブラッド・ウィーナーは、とてつもなく思いやりがあり、並外れた才能に恵まれている。本書の構成を考え、文章に磨きをかけ、世界最高の容赦ない推敲ニンジャであることを証明した。リンジー・ロームは、このようなプロジェクトにはもったいない才能を、掲載写真の選別と整理に活かしてくれた。貴重な時間と熱意を注いでくれたことに、心から感謝している。

本というものは、情報源によって決まると言ってよい。よって、私を自分の仕事と生活に招き入れてくれた各章の中心人物に、特段の謝意を捧げる。本書に反映しきれなかった時間と洞察まで共有してくれた以下の科学者や技師、思想家たちにも謝意を表する。マイケル・ポーラン、タマル・ハスペル、デイヴィッド・ロベル、ポール・ホーケン、ジーン・ノーラン、デイヴィッド・フリードバーグ、ジェリー・ハットフィールド、ルース・ドフリース、ナサニエル・ジョンソン、ダニエル・ニーレンバーグ、パメラ・ロナルド、ダービー・フーヴァー、ジル・ガリクソン、アマヤ・アトゥチャ、アルム・マニ、マーシャ・イシイ=エイトマン、ケンドラ・クライン、ダナ・パール、マーティン・ブルーム、サム・マイヤース、ダニエル・メイスン・ドゥクロズ、ウィリー・フート、アダム・デーヴィス、クリスとアニー・ニューマン夫妻、ウィリー・ペル、ネイサン・リード、オラ・ヘルガ・ヒエトランド、ジョシュ・ゴールドマン、エリック・ニューマン、フィドル・ジャオ、ケイレブ・ハーパー、サム・ケネディ、タイ・ローレンス、ガス・ヴァンダーバーグ、セレステ・ホルツ=シュレシンガー、ピート・ピアソン、エミリー・ブロード・リーブ、スナイハル・デサイ、リサ・

カーティス、ローズ・ワン、ジョン・ロビンソン、ブライアン・ハインバーグ、マヌエラ・ゾニンサイン。

ベッカ・リチャードソンは、何年もリサーチと励ましを与えてくれた。実に心が広く、勤勉で、何でもできる有能な女性だ。アーニャ・シュチェスニエフスキにも、謝意を表したい。農家として、食の活動家として、多くの事実を一つひとつ丹念に探し出したうえ、食料生産の倫理について考えるよう絶えず促してくれた。元教え子のキャロライン・サンダースも同じで、食の歴史について貴重な研究を提供してくれた。

見事な推敲能力を発揮したクラーク・ウィリアムズと、細やかな校正をし、執筆場所としてスワニー・アエリーを使わせてくれたシンディ・カーシュナーにも、感謝したい。以下の人たちにも、深い謝意を表する。静かで平穏なオアシスで書くためにフェローシップを提供してくれたメサ・レフュージュ、アラバマ州の山小屋を使わせてくれたグレタ・ゲインズとその家族、トレーラーハウスと焼き菓子と充実した執筆生活の模範を共有してくれたキャサリン・シュルツとケイシー・セップにも。

私の能力の限界を絶えず押し広げ、この職業を続けさせてくれる作家の友人と師たちにもお礼を言いたい。特にソウルメイトのアリス・ランダルと、ジュリエット・エイルペリン、レベッカ・ペイリー、アリックス・バーゼレー、フローレンス・ウィリアムズ、ジョン・ミーチャム、ニック・トンプソン、アメリー・グリーヴァン、キャロライン・ウィリアムズ、ミランダ・パーヴィス、ベン・オーステン。研究資金を出してくれたダナ・ネルソン、それにセシリア・ティッチ、テレサ・ゴッドゥ、ティフィニー・タン、スティーヴ・ウェルネケをはじめ、ヴァンダービルト大学の生徒と同僚たちにも、支援とやる気をもらった。

母のナンシーは、食事の用意と孫たちの世話をしながら、絶え間ない好奇心、それに仕事へのひたむきさを示すことで、絶えずサポートをしてくれた。物語を語ることと歴史、そして進取の気性を愛し、土地の手入れに献身する父ルーファスにもお礼を伝えたい。継父のコールデン・フロランスと継母のホープ・グリスコムは、寛大な支援を与え、忍耐強く見守ってくれた。義理の母のリン・リトルは、私の家族と仕事を全力で応援し、心のこもった記事の切り抜きを数え切れないほどたくさん送ってくれた（アメリカの郵便局も彼女に感謝している）。兄のルーファスとブロンソン・グリスコムは、私の親友でもあり、すべてにおいて信頼できる助言者でもある。ソフィー・シモンズとコートニー・リトルは、私と子供たちのために幾度となく料理を作ってくれた。アリ・コミンスキー、サラ・トロイ・クラーク、イーヴィー・ケネディ、トーリー・モーガン、ダニエラ・ファルコーネ、リサ・ムロマは、私に代わって子供たちを見てくれた。クリスティーナ・マングリアン、サラ・ダグラス、リサ・スミス、タナズ・エシャジアン、アレックス・ケリー、キース・ミーチャム、ヴァンダナ・エイブラムソン、ポーリーン・ディアズ、ミュージック・ロウのシャクティのみんなは、常に思いやりに満ちていて、そのおかげで心安らかでいられる。

最後に、オリヴィア・テイラー・バーカー（1974〜2014年）の思い出と類まれな鑑を示してくれたことに特段の謝意を捧げる。ブラウン大学2年生のとき、彼女が校内新聞『インデペンデント』に記事を書くように勧めなければ、ジャーナリストにはならなかっただろう。あれ以降、私が読み、語るあらゆる物語の中心には彼女がいる。オリヴィアは、素晴らしいストーリーやおいしい食事を誰よりも愛していた。あまりに早く世を去ってしまったが、ありがたいことにいまも心のなかにいてくれる。

ご近所のスーパーに出向けば、溢れんばかりの食材に囲まれる私たちには実感しにくいが、いまや地球規模の食料危機の時代を迎えている。その要因は、気候変動や急速な人口増加、分配の不平等などであり、さらにパンデミックの影響が加わった。実際に温暖化によって、世界の主要穀物の収量は長期的に低下しており、深刻な食料不安を抱える人々も増えている。一方で、世界の人口は２０５０年には97億人に上昇する見込みだ。ＩＰＣＣ（気候変動に関する政府間パネル）の予想によれば、干ばつなどで穀物価格が大幅に上がり、食料不安や飢餓のリスクがさらに高まる。そして、現在の農業方法では人間の文明を支えきれないほど温暖化が進むかもしれないと警告する。ところが、温暖化の影響を受ける食農システムは、温室効果ガスや環境劣化をもたらす大きな要因でもある。つまり、食農システムが変われば、食の危機だけではなく、気候変動や環境に及ぼすリスクも抑えられるわけだ。

では、私たちはどう危機に立ち向かうべきか？　環境ジャーナリストである著者は、その答えを求めて世界各地の食と農業の未来を変えるイノベーターたちを取材。彼らの活動とビジョンを通して、新たな指針を提唱する。それは、たんなるフードテック礼賛でもなく、自然回帰的な主張でもない、多様で複眼的な「第3の方法」だ。すなわち、最先端テクノロジーと環境エコロジー、革新と伝統をともに活かすイノベーションこそが、真に持続可能《サステナブル》で公平な次代を拓くのだ。

重要なのは、著者がこうした着眼を得たのが、実際に世界12カ国（アメリカ13州を含む）を訪ね、現地の風土や人々との交流を重ねた体験に基づいていることだ。本書の第1章で「魔法使いvs.予言者」とたとえられるように、私たちはテクノロジーか環境保護かといった二者択一に陥りがちだ。だが、それでは今日の持続不可能な食の危機を乗り越えられない。たとえば、遺伝子組み換え（GM）作物への反応が、そのことを端的に示している。著者自身もGMに懐疑的だったので、反対する側のさまざまな見解がきちんと検証されていく。食品としての安全性・環境への影響・種子企業による独占的支配……などなど。こうした検証とともに、遺伝子操作された種子を導入しているケニアの乾燥地帯にあるトウモロコシ農場へと赴く。そこは「畑があるのに飢えている」という厳しい環境に置かれている。生き延びるためには、干ばつや害虫などに強い種子が求められる。すでに世界各地では、さまざまな環境ストレスに耐えられるGM作物が現地の食料危機や貧困を救っている。GM作物の栽培面積は途上国が半分以上を占め、また生産者の9割以上が小規模農家だ。

「遺伝子組み換えでない」――先進国の消費者はこんな食品表示を見て安心する（GM食品が人体に無害であることは科学的に証明されているにもかかわらず）。本書は厳しい環境に暮らす人々の実態と展望を伝えることで、遺伝子組み換えに対する複眼的思考を促していく。

同様のことは、「オーガニック」で「サステナブル」な食品にも当てはまる。こうした自然に優しい食品は、価格が高く、先進国の一部の消費者向けになっている。持続可能な未来を築くには、「公平」であることも欠かせないが、入手しやすさ格差《アクセシビリティ》が生まれ、多くの人々に届かない。一方、人為的に改良されたハイブリッド種子やGM種子は高収量で食品コストも安価になる。ところが、除草剤に耐性のあるこうした作物が、その除草剤が効かないスーパー雑草の出現によって、ますます強力な除草剤を大量に使わざるを得なくなっている。ひいては土壌の劣化や健康被害をもたらす。そこで注目されるのがＡＩやロボットなど先端テクノロジーの活用だ。たとえば、除草ロボットは化学物質をピンポイントで噴射し、除草剤・農薬の使用量を減らせる。ＧＭ種子も買わずに済むようになり、種子のコストを約４分の３も削減できる。さらに、除草ロボットが進展すれば、土をまったく耕さない不耕起栽培や混作をしやすくなり、土壌も革命的に健全になるだろう。

精密農業や垂直農場（植物工場）では、ＡＩを利用して作物をこまやかに管理できる。気耕栽培《エアロポニックス》の垂直農場なら土壌浸食の恐れもなく、収穫高も劇的に増える。「デジタル・テロワール」と呼ばれる独特な風味と食感を与えることも可能だ。問題は太陽光の代わりにＬＥＤライトを使うため、エネルギーコストがかかることだ。だが近年では、太陽光発電を利用するなど改善に乗りだしている。さらに、ＰＦＣ（パーソナル・フード・コンピューター）が実現すれば、家庭や学校などでスマートな屋内栽培が広がっていくだろう。

太陽光で光合成をする野外の植物にも問題が起きている。大気中の二酸化炭素が増えて光合成が促進されているのだ。早く成長し炭水化物の蓄積量が増える一方で、タンパク質のようにきわめて重要な栄養素とミネラルの生成量が減っている（ジャンク・フード効果）。温暖化が進む将来の農作物は、この傾向にさらに拍車がかかる。そこで関心を集めているのが、気候耐性があり栄養価の高い古代植物の復活だ。すでにモリンガやキヌアなどはスーパーフードとして人気があるが、期待されているのは気候変動にさらされる地域の主要食料となることだ。そのために、クリスパーのようなゲノム編集ツールの活用も進められている。

ほかにも本書には、アメリカ陸軍が開発する3Dプリンター出力の個人化《パーソナライズ》された栄養補助食品、肉に代わるタンパク質源としても注目を浴びるサケ養殖、培養肉やGM酵母菌を用いた乳製品などなど、興味深いトピックが満載だ。そして、自然と文明・テクノロジーが対立するものではなく、共存しうることを教えてくれる。食品廃棄物ゼロにせよ、水不足を解消する糞尿飲用化テクノロジー（トイレから蛇口へ）にせよ、もともと自然のもつ循環性に沿った創意工夫にほかならない。

なお、本書の邦訳は、原著のペーパーバック版（2021年刊）に基づいている。元のハードカバー版（2019年刊）から、コロナ禍など新たな話題が加えられ、食料サプライチェーンの脆弱さも露わになった。多様性のある分散的な食農システム（マクロ＝パーマカルチャー）がいかに大切か。わが国でも農水省により持続可能性・イノベーション重視の「みどりの食料システム戦略」が策定（2021年）されたが、私たちの誰もがその道程と成果に関わっている。

本書出版プロデューサー　真柴隆弘

著者
アマンダ・リトル　Amanda Little
ヴァンダービルト大学の「ジャーナリズムとサイエンス・ライティング」教授。ブルームバーグのコラムニストとして、環境、農業とイノベーションについて執筆。環境、食、テクノロジーに関する記事を、フォーブス、ブルームバーグ・ビジネスウィーク、ワシントンポスト、ニューヨーク・タイムズ・マガジン、タイム、ワイアードなどに寄稿している。本書でノーチラス・ブックアワード、レイチェル・カーソン環境書籍賞を受賞。また、環境ジャーナリズムの分野で優れた業績をあげた人物に贈られるジェーン・バグリー・リーマン賞を受賞。前著は『*Power Trip: The Story of America's Love Affair with Energy*』。

★年間ベストブック W 受賞
ノーチラス・ブックアワード（2019）
レイチェル・カーソン環境書籍賞（2020）

訳者
加藤 万里子（かとう まりこ）
翻訳家。訳書は、デイビッド・サックス『アナログの逆襲：「ポストデジタル経済」へ、ビジネスや発想はこう変わる』、アニー・ジェイコブセン『ペンタゴンの頭脳：世界を動かす軍事科学機関 DARPA』、エレナ・ボテロ＆キム・パウエル『最速でトップに駆け上がる人は何が違うのか？』など。

写真クレジット（記載のない写真は著者によるもの）
p.034: U.S. Department of the Interior/U.S. Geological Survey; p.051: Andy Ferguson; p.061: Andy Ferguson; p.068: Chris Clavet, North Carolina State University; p.113: Everlyne Situma; p.128: Justin Kaneps; p.138: Blue River Technology; p.140: Blue River Technology; p.149: L. Brian Stauffer, University of Illinois at Urbana-Champaign; p.157: Eric Gregory Powell; p.160: Eric Gregory Powell; p.165: Sean Gallagher for National Geographic Image Collection/Alamy; p.172: Eric Gregory Powell; p.178: Chris Sattleberger/Getty Images; p.182 AeroFarms; p.189: AeroFarms; p.202: Knut Egil Wang/Institute; p.215: Sting Ray; p.222: Mowi; p.237: Memphis Meats; p.243: Memphis Meats; p.245: Liz Marshall/©2018 Meat the Future, Inc.; p.251: Impossible Foods; p.261: Andrew Brown/The Kroger Co.; p.273: feedbackglobal.org, p.282: The Compost Company; p.288: Roei Greenberg; p.319: Zacharias Abubeker; p.329: Jim Webb; p.335: Jim Richardson; p.349: Food Innovation Laboratory, U.S. Army Research Development and Engineering Center; p.374: Chris Newman

サステナブル・フード革命

食の未来を変えるイノベーション

2021年12月20日　第1刷発行

著　者　　アマンダ・リトル
訳　者　　加藤 万里子
発行者　　宮野尾 充晴
発　行　　株式会社 インターシフト
　　　　　〒156-0042　東京都世田谷区羽根木 1-19-6
　　　　　電話 03-3325-8637　FAX 03-3325-8307
　　　　　www.intershift.jp/
発　売　　合同出版 株式会社
　　　　　〒184-0001　東京都小金井市関野町 1-6-10
　　　　　電話 042-401-2930　FAX 042-401-2931
　　　　　www.godo-shuppan.co.jp/
印刷・製本　モリモト印刷
装丁　織沢 綾

カバー画像：Involved Channel, d3verro© (Shutterstock.com)

ISBN 978-4-7726-9574-9　C0060　NDC400　188x130

口に入れるな、感染する！

危ない微生物による健康リスクを科学が明かす

ポール・ドーソン、ブライアン・シェルドン　久保尚子訳　１８００円＋税

床に落とした食べ物でも、すぐに拾えば大丈夫？　ドリンクに入れる氷・レモンから、どれだけ細菌が移る？……身近にひそむ見えない健康リスクが、数字で見える。　★竹内薫さん、推薦！

「身近な感染リスクを厳密かつユーモラスに紹介」──竹内薫『日本経済新聞～目利きが選ぶ３冊』

道を見つける力

人類はナビゲーションで進化した

M・R・オコナー　梅田智世訳　２７００円＋税

GPSによって人類はなにを失うか？　脳のなかの時空間から、言語・物語の起源まで、ナビゲーションと進化をめぐる探究の旅へ。★岡本裕一朗、更科功、角幡唯介、小川さやか、山本貴光さん絶賛！

「太古の人類が現代科学と結び付く……極めてエキサイティング」──岡本裕一朗『四国新聞』

「非常に面白かった……このテーマでこれほどの本を書く人がいるとは」──角幡唯介「twitter」

もっと！

愛と創造、支配と進歩をもたらすドーパミンの最新脳科学

ダニエル・Z・リバーマン、マイケル・E・ロング　梅田智世訳　２１００円＋税

私たちを熱愛・冒険・創造・成功に駆り立て、人類の運命をも握るドーパミンとは？　書評、多数！

★養老孟司さん、激賞！「本書の内容は世間の一般常識とするに値する」～『毎日新聞』

デジタルで読む脳 X 紙の本で読む脳
「深い読み」ができるバイリテラシーの脳を育てる

メアリアン・ウルフ　大田直子訳　２２００円＋税

かけがえのない「読書脳」が失われる前に、新たな「バイリテラシー脳」をいかに育てるか――「読む脳」科学の世界的リーダーによる画期的な提唱！　★立花隆、山本貴光、永江朗、藤田直哉さん絶賛！

「これからの時代は、この方向（バイリテラシー脳）で進む以外にない」――立花隆『週刊文春』

「関係者必読である」――永江朗『週刊朝日』

合成テクノロジーが世界をつくり変える
生命・物質・地球の未来と人類の選択

クリストファー・プレストン　松井信彦訳　２３００円＋税

生命・物質・地球をつくり変える合成テクノロジー。人類が神の領域に迫りつつあるいま、「変成新世」における未来への選択が問われる。★ノーチラス・ブックアワード受賞！

「我々がいま〝合成の時代〟にいる現実を、テクノロジーを具体的にあげて突き付けてくる」
――栗原裕一郎『東京新聞』

「限りなく〝神の領域〟に近づく人類には、歯止めが必要なのか。深く考えさせられる」

――『ビジネスパーソンの必読書～産経新聞』

猫はこうして地球を征服した　人の脳からインターネット、生態系まで

アビゲイル・タッカー　西田美緒子訳　2200円＋税

愛らしい猫にひそむ不思議なチカラ！　世界中のひとびとを魅了し、リアルもネットも席巻している秘密とは？　★全米ベストセラー★年間ベストブック＆賞、多数！★柄谷行人、渡辺政隆、竹内久美子、竹内薫、仲俣暁生、冬木糸一さん絶賛！

「猫好きは必読！」――竹内薫『日本経済新聞～目利きが選ぶ3冊』

「猫がこれでもかというほどダークな側面を持っていることが紹介される」――竹内久美子『週刊文春』

人類の意識を変えた20世紀　アインシュタインからスーパーマリオ、ポストモダンまで

ジョン・ヒッグス　梶山あゆみ訳　2300円＋税

20世紀の「大変動」を経て、人類はどこへ向かうのか？　文化・アート・科学を横断し、新たな希望を見出す冒険が始まる。★松岡正剛、瀬名秀明、吉川浩満さん絶賛！

「ヒッグスは巧みに20世紀の思想と文化を圧縮展望した」―松岡正剛『セイゴオ「ほんほん」』

「類書と一線を画す好著」――瀬名秀明『週刊ダイヤモンド』